普通高等职业教育"十三五"规

信息技术基础教程

丁韵梅　陶雪梅　主　编
段　言　杨　旭　宁功林　王海荣　赵　恒　副主编
刘存伊　卢　欢　邢　涛　参　编

清华大学出版社
北　京

内容简介

本书结合高职高专学前教育专业的教学特点，在介绍计算机基础知识的基础上，更加注重对学前教育教师进行信息技术应用能力的培养。全书包括九大项目，分别为信息技术与计算机基础、Windows 7 操作系统、计算机网络及 Internet 应用、文字处理软件 Word 2010、电子表格软件 Excel 2010、图像处理软件 Photoshop、音频和视频处理软件、演示文稿制作软件 PowerPoint 2010，以及综合实例大演练。

本书适合高职高专院校的学前教育专业和师范专业的学生使用，也适合其他跨专业的学生选修使用。

图书在版编目(CIP)数据

信息技术基础教程 / 丁韵梅，陶雪梅主编．—北京：清华大学出版社，2016(2018.8 重印)
(普通高等职业教育"十三五"规划教材)
ISBN 978-7-302-44363-6

Ⅰ．①信…　Ⅱ．①丁…　②陶…　Ⅲ．①电子计算机-高等职业教育-教材　Ⅳ．①TP3

中国版本图书馆 CIP 数据核字(2016)第 165190 号

责任编辑：刘志彬
封面设计：汉风唐韵
责任校对：宋玉莲
责任印制：刘海龙

出版发行：清华大学出版社
网　　址：http：//www. tup. com. cn，http：//www. wqbook. com
地　　址：北京清华大学学研大厦 A 座　　**邮　　编**：100084
社 总 机：010-62770175　　**邮　　购**：010-62786544
投稿与读者服务：010-62776969，c-service@tup. tsinghua. edu. cn
质量反馈：010-62772015，zhiliang@tup. tsinghua. edu. cn
印 装 者：三河市国英印务有限公司
经　　销：全国新华书店
开　　本：185mm×260mm　　**印　　张**：18　　**字　　数**：413 千字
版　　次：2016 年 9 月第 1 版　　**印　　次**：2018 年 8 月第 3 次印刷
定　　价：49.80 元

产品编号：071547-02

Preface 前言

本书结合高职高专学前教育专业的教学特点，在介绍计算机基础知识的基础上，更加注重对学前教育教师进行信息技术应用能力的培养，同时培养学生利用信息技术分析问题、解决问题的能力以及自主学习的能力。

本书从学前教育专业特点出发，以培养学生在幼儿园教学实际中所需信息技术应用能力为出发点，从计算机基础入手，循序渐进，最终使学生掌握计算机及 Windows 7 操作系统的基本操作，能够完成 Word 2010 文档编辑、Excel 2010 表格处理、Photoshop 图像处理、音频和视频处理、PowerPoint 2010 演示文稿制作等任务。全书包括九大项目，分别为信息技术与计算机基础、Windows 7 操作系统、计算机网络及 Internet 应用、文字处理软件 Word 2010、电子表格软件 Excel 2010、图像处理软件 Photoshop、音频和视频处理软件、演示文稿制作软件 PowerPoint 2010 以及综合实例大演练。

与其他“信息技术”相关课程的教材相比，本书的主要特点如下。

1. Windows 7 操作系统中重点介绍了“附件”中画图工具的使用方法。

2. 以素材获取和搭建云空间为重点，介绍了多种网络应用。

3. 加入多媒体素材的处理，包括图像处理、音频处理、视频处理等，填补了传统“信息技术”相关教材的空白。

4. 演示文稿以课件制作为重点，为学生将来的实际工作提供有力支撑。

由于水平有限，在教材的编写过程中，难免会出现一些疏漏之处，恳请广大读者批评指正。

编　者

Contents 目录

项目1 信息技术与计算机基础

项目2 Windows 7 操作系统

项目3 计算机网络及 Internet 应用

项目4 文字处理软件 Word 2010

项目 5 电子表格软件 Excel 2010

项目 6 图像处理软件 Photoshop

项目 7 音频和视频处理软件

项目 8 演示文稿制作软件 PowerPoint 2010

项目 9　综合实例大演练

1 项目1 Chapter 1 信息技术与计算机基础

>>> **学习目标**

1. 理解信息与信息技术的概念，了解信息技术的发展简史。
2. 了解计算机的发展、特点、分类、应用等。
3. 掌握计算机中数据的表示方法、数据的转换、数据的单位，了解字符编码。
4. 掌握计算机系统的基本组成，了解计算机的硬件组成。
5. 掌握计算机的开关机方法，掌握标准的打字指法，能够熟练地输入中英文字符。

在短短的数十年间，信息产业高速发展，现在，人们可通过互联网浏览信息、进行网上购物，真正做到"秀才不出门，能知天下事""购物在网上，能购天下物"。互联网、智能机器人、电子商务、办公自动化、数字化生存……这一切，都与信息和信息技术有着密切的关系。迅速地筛选和获取信息、准确地鉴别信息、创造性地加工和处理信息，将是所有社会成员应具备的、如同"读、写、算"一样重要的基础能力之一。

计算机是20世纪最伟大的科学技术发明之一，对人类的生产和社会活动产生了极其重要的影响。目前，计算机已应用到各个领域，并形成了规模巨大的计算机产业，带动了全球范围的技术进步。本章将从多方面介绍信息技术及计算机基础知识。"信息技术基础"课程比"计算机基础"课程的内容更加广泛，"信息技术基础"课程偏重于信息技术基础、多媒体技术使用等方面的内容，不仅仅要求学生掌握计算机应用技术，更重要的是具有一定的信息素养。"计算机基础"课程偏重的是计算机的工作原理等一些技术性的内容。

1.1 信息与信息技术

1.1.1 信息

信息，指音讯、消息、通信系统传输和处理的对象，泛指人类社会传播的一切内容。人们通过获得、识别自然界和社会的不同信息来区别不同事物，进而认识和改造世界。

人们一般说到的信息多指信息的交流，如古代人与人之间的口耳相传或途经驿站传递文书、军事情报等，近代通过邮局传递信件，现代通过电报、电话交流信息，而当代则通过计算机网络快捷方便地交流信息。

1.1.2 信息的特征

信息必须依赖于载体而存在，它具有客观性、普遍性、时效性、价值性、依存性、共享性、传递性和可加工性等特征。

1. 客观性

信息是事物的特征和变化的客观反映。由于事物的特征和变化是不以人们意志为转移的客观存在，因此，反映这种客观存在的信息同样带有客观性。

2. 普遍性

信息在我们身边无处不在、无时不有，所以信息具有普遍性。

3. 时效性

人们获取信息的目的在于利用，只有那些及时传递出来并适合需求者的信息才能被利用。信息的价值在于及时传递给更多的需求者，从而创造出更多的物质财富。信息经过一定的时间往往会失去价值，“新”和“快”是信息的重要特征。最简单的例子，某人买彩票中了500万元大奖，但超过30天不去领取，500万元就不能领取了。还有“红灯停，绿灯行”也是信息时效性的体现。

4. 价值性

信息是为人类服务的，它是人类社会的重要资源，人类利用它认识和改造客观世界。

5. 依存性

信息是一种抽象的运动，这种抽象的运动包含特定的内涵和内容。这种抽象的内涵不能被人感知，也不能传递，就不能称为信息。真正意义上的信息必须借助载体表现，信息和信息载体密不可分。若将信息载体和信息割裂开来，两者都失去存在的意义，如红绿灯、光盘等。

6. 共享性

信息与一般物质资源不同，它不属于特定的占有对象，是可以为众多人共同享用的。实物转赠之后，就不再属于原主，而信息通过双方交流，两者都有得无失。这一特性通常以信息的多方位传递来实现。

萧伯纳有一句名言：我有一个苹果，你也有一个苹果，假如我们互相交换的话，我们各自还是都有一个苹果；但如果你有一种思想，我也有一种思想，我们再进行交换的时候，我们就会各自同时拥有两种思想。

7. 传递性

传输是信息的一个要素，也是信息的明显特征，应高效地传递信息，没有传递就没有信息，信息就失去了有效性。同样，传递的快慢对信息的效用影响极大，例如“烽火告急”“信鸽传书”。现在信息的传递方式是多样化的，例如，我们可以通过报纸、电视，也可以通过网络了解新闻。

8. 可加工性

信息的可加工性包括多方面内容，如信息的可拓展、可引申、可浓缩等。这一特征使信息得以增值或便于传递、利用，如拍摄出来的视频要通过后期的编辑才有更好的效果。

1.1.3 信息技术

信息技术(Information Technology，IT)是管理和处理信息所采用的各种技术的总称，一切与信息的获取、加工、表达、交流、管理和评价等有关的技术都可以称为信息技术。信息技术也常被称为信息和通信技术(Information and Communications Technology，ICT)，包括传感技术、通信技术、计算机技术和控制技术等。

1.1.4 信息技术发展简史

1. 第一次信息技术革命

第一次信息技术革命的主要标志是语言的使用。

在距今5万～3.5万年前，人类不仅会制造工具，而且会说话，使用语言是人类区别于其他生物的重要特征之一。人类使用大脑存储信息，使用语言交流和传播信息。

2. 第二次信息技术革命

第二次信息技术革命的主要标志是文字的使用。

文字大约出现在公元前3500年。文字的出现使人类在信息的存储和传播方面取得了重大突破，超越了时间和地域的局限。

3. 第三次信息技术革命

第三次信息技术革命的主要标志是印刷术的应用。

大约在公元1040年，我国开始使用活字印刷术。印刷术的广泛使用使书籍和报刊成为信息存储和传播的重要媒介，有力地推动了人类文明的进步。

4. 第四次信息技术革命

第四次信息技术革命的主要标志是电报、电话、广播、电视的发明及普及。

19世纪中叶以后，随着电报、电话的发明及电磁波的发现，人类通信领域产生了根本性的变革，实现了利用金属导线上的电脉冲来传递信息以及通过电磁波来进行无线通信。

5. 第五次信息技术革命

第五次信息技术革命的主要标志是计算机的普及应用及计算机与现代通信技术的结合，它将人类社会推进到了数字化的信息时代。

1.1.5 新一代信息技术

1. 云计算

云是网络、互联网的一种比喻说法。提供资源的网络被称为"云"，"云"中的资源在使用者看来是可以无限扩展的，并且可以随时获取、按需使用、随时扩展、按使用付费。云端指网络资源，从云端来按需获取服务内容就是云计算。广义的云计算是指服务的交付和使用模式，通过网络以按需、易扩展的方式获得所需的服务，这种服务可以是IT和软件、互联网相关的，也可以是任意其他的服务。

2. 物联网

物联网可以简单地理解为物物相连的互联网，在国际上又称为传感网，这是继计算机、互联网与移动通信网之后的又一次信息产业浪潮。世界上的万事万物，小到手表、钥匙，大到汽车、楼房，只要嵌入一个微型感应芯片，把它变得智能化，这个物体就可以"自动开口说话"。再借助无线网络技术，人们就可以和物体"对话"，物体和物体之间也能"交流"，这就是物联网。随着信息技术的发展，物联网的应用领域不断扩大，如智能交通、环境保护、政府工作、公共安全、平安家居、智能消防、工业监测、老人护理、个人健康、花卉栽培、水系监测、食品溯源等。目前，实际生活中正在建设的智慧城市就是物联网的应用领域，如图1-1-1所示。

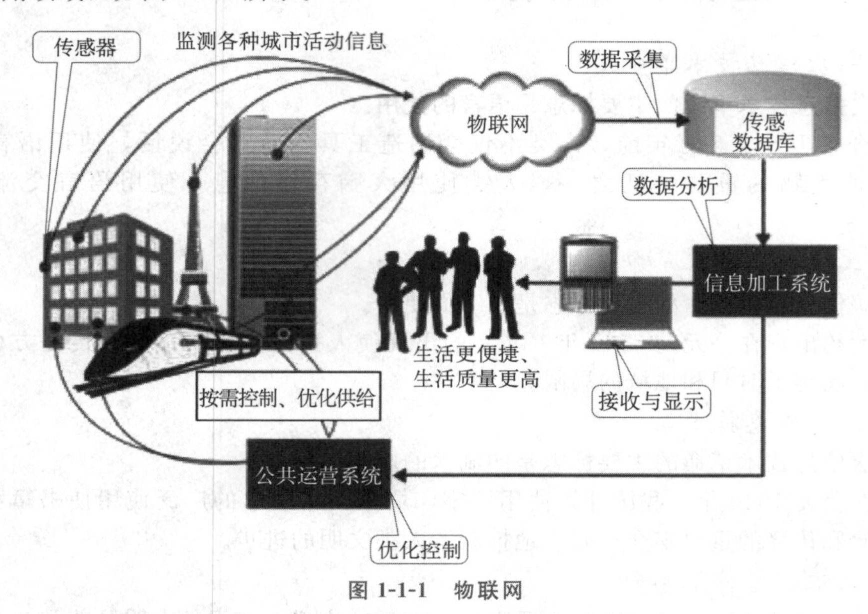

图1-1-1　物联网

3. 大数据

大数据，指种类多、流量大、容量大、价值高、处理和分析速度快的真实数据汇聚的产物。大数据又称巨量资料或海量数据资源，指的是所涉及的资料量规模巨大到无法透过目前主流软件工具，在合理时间内达到撷取、管理、处理，并整理成为帮助企业经营决策的资讯。

大数据的4V特点即数量(volume)、多样性(variety)、速度(velocity)和真实性(veracity)。

4. 人工智能

2016年3月9日可能会成为写入人类史册的一天——持续五天的谷歌AlphaGo(阿尔法狗)大战李世石的比赛开始，一场世界上最会下围棋的人与人工智能的超级对弈，被全人类通过网络直播共同围观。AlphaGo获得了比赛胜利，最终双方总比分定格在4∶1，人机围棋大战巅峰对决至此落幕，不过关于人工智能与围棋的故事仍在延续。

人工智能(artificial intelligence，AI)是研究、开发用于模拟、延伸和扩展人的智能的理论、方法、技术及应用系统的一门新的技术科学。人工智能是计算机科学的一个分支，它企图了解智能的实质，并生产出一种新的能以人类智能相似的方式做出反应的智能机器，该领域的研究包括机器人、语言识别、图像识别、自然语言处理和专家系统等。人工智能从诞生以来，理论和技术日益成熟，应用领域也不断扩大，可以设想，未来人工智能带来的科技产品将会是人类智慧的“容器”。人工智能是对人的意识、思维信息过程的模拟，它不是人的智能，但能像人那样思考、也可能超过人的智能。

1.2 计算机概述

1946 年 2 月 14 日，由美国军方订制的世界上第一台电子计算机——电子数字积分计算机(Electronic Numerical And Calculator，ENIAC)在美国宾夕法尼亚大学问世了。ENIAC 是美国奥伯丁武器试验场为了满足计算弹道需要，由美国政府和宾夕法尼亚大学合作开发研制成的。这部机器重达 30 吨，使用了 18000 多个真空管，占地 167 平方米，功耗为 150kW，其运算速度为每秒 5000 次的加法运算。以圆周率的计算为例，中国的古代科学家祖冲之利用算筹，耗费 15 年心血，才把圆周率计算到小数点后 7 位数。一千多年后，英国人香克斯以毕生精力计算圆周率，才计算到小数点后 707 位。而使用 ENIAC 进行计算，仅用了 40 秒就达到了这个纪录。ENIAC 的问世具有划时代的意义，表明电子计算机时代的到来。

1.2.1 计算机的发展

世界上第一台计算机诞生以来，在不到 70 年的时间里，计算机技术获得突飞猛进的发展。在人类科技史上，还没有一种学科可以与电子计算机的发展相提并论。人们根据计算机的性能和其使用的主要元器件，将计算机的发展分成几个阶段，每一阶段在技术上都是一次新的突破，在性能上都是一次质的飞跃。

1. 第一代：电子管计算机(1946—1957 年)

第一代计算机又称电子管计算机，也叫真空管计算机，其主要标志是采用真空电子管作为计算机的逻辑元件，软件方面采用的是机器语言、汇编语言。电子管计算机的应用领域以军事和科学计算为主，特点是体积大、功耗高、速度慢(一般为每秒数千次至数万次)、价格昂贵，但为以后的计算机发展奠定了基础。

2. 第二代：晶体管计算机 (1958—1964 年)

第二代计算机又称晶体管计算机，其特征是用晶体管取代了电子管作为基本逻辑部件。晶体管计算机采用晶体管制作，体积缩小、能耗降低、可靠性提高、运算速度提高(一般为每秒数 10 万次，可高达 300 万次)，性能比第一代计算机有很大的提高。

3. 第三代：集成电路计算机 (1965—1969 年)

第三代计算机又称集成电路计算机，其特征是采用中、小规模集成电路制作各种逻辑部件，从而使计算机体积小、重量更轻、耗电更省、寿命更长、成本更低，运算速度有了更大的提高。集成电路计算机的系统软件有了很大发展，出现了分时操作系统，多用户可以共享计算机软硬件资源。在程序设计方面上采用了结构化程序设计，为研制更加复杂的软件提供了技术上的保证。

4. 第四代：大规模、超大规模集成电路计算机(1970 年至今)

第四代计算机又称大规模、超大规模集成电路计算机，其特征是大规模、超大规模集成电路代替了原来的中小规模集成电路，使计算机体积、重量、成本均大幅度降低，出现了微型机。微型机所具有的体积小、耗电少、价格低、性能高、可靠性好等显著优点，使它在社会生活的各个方面得到广泛应用。

5. 第五代：人工智能计算机(可预见的未来)

1982 年以来，一些西方国家开始研制第五代计算机，其特点是以人工智能原理为基础，突破原来的计算机体系结构模式，用大规模集成电路或其他新器件作为逻辑部件，不仅可以进行数值计算，还能进行声音、图像、文字等多媒体信息的处理。随着第五代计算机研究的进展，研发人员又提出了光计算机、生物计算机、分子计算机、量子计算机等新概念。

今后，计算机还将朝着微型化、智能化、网络化等方向发展，其本身的性能越来越优越，应用范围也会越来越广泛。

我国从 1956 年开始研制计算机，1958 年我国研制出第一台电子计算机，1964 年成功研制出晶体管计算机，1971 年成功研制出集成电路计算机，1983 年成功研制出每秒运算 1 亿次的“银河 1”巨型机。目前，我国计算机制造业非常发达，已成为世界计算机主要零配件中心之一，但是一些计算机核心技术(如 CPU、操作系统等)仍掌握在西方发达国家手中。

1.2.2 计算机的特点

计算机的主要特点表现在以下几个方面。

1. 运算速度快

运算速度是计算机的一个重要性能指标。计算机的运算速度通常用每秒钟执行定点加法的次数或平均每秒钟执行指令的条数来衡量。计算机的运算速度已由早期的每秒几千次(如 ENIAC 机每秒钟仅可完成 5000 次定点加法)发展到现在的最高可达每秒几千亿次乃至万亿次。

计算机高速运算的能力极大地提高了工作效率，把人们从浩繁的脑力劳动中解放出来。过去用人工旷日持久才能完成的计算，计算机在“瞬间”即可完成。曾有许多数学问题，由于计算量太大，数学家们终其毕生也无法完成，使用计算机则可轻易地解决。

2. 计算精度高

在科学研究和工程设计中，对计算的结果精度有很高的要求。一般的计算工具只能达到几位有效数字(如过去常用的四位数学用表、八位数学用表等)，而计算机对数据的结果精度可达到十几位、几十位的有效数字，根据需要甚至可达到任意的精度。

3. 存储容量大

计算机的存储器可以存储大量数据，这使计算机具有了“记忆”功能。目前，计算机的存储容量越来越大，已高达千兆数量级的容量。计算机具有“记忆”功能，是与传统计算工具的一个重要区别。

4. 具有逻辑判断功能

计算机的运算器除了能够完成基本的算术运算外，还具有进行比较、判断等逻辑运算的功能。这种能力是计算机处理逻辑推理问题的前提。

5. 自动化程度高，通用性强

由于计算机的工作方式是将程序和数据先存放在机内，工作时按程序规定的操作，一步一步地自动完成，一般无须人工干预，因而自动化程度高。这一特点是一般计算工具所不具备的。

▶ 1.2.3 计算机的分类

计算机的种类很多，分类方法很多，常用的是按规模和处理能力进行分类。

1. 超级计算机或巨型计算机

超级计算机具有很强的计算和处理数据的能力，主要特点表现为高速度和大容量，配有多种外部和外围设备及丰富的、高功能的软件系统。现有的超级计算机运算速度大都可以达到每秒一太(Trillion，万亿)次以上。超级计算机多用于国家高科技领域和尖端技术研究，是国家科技发展水平和综合国力的重要标志。它们主要用来承担重大的科学研究、国防尖端技术和国民经济领域的大型计算课题及数据处理任务，如大范围天气预报、整理卫星照片、原子核物的探索、研究洲际导弹、宇宙飞船等。其他情况，例如制定国民经济的发展计划，项目繁多，时间性强，要综合考虑各种各样的因素，依靠巨型计算机能较顺利地完成。

图 1-2-1 “天河一号”超级计算机

“天河一号”为我国首台千万亿次超级计算机，如图 1-2-1 所示。它每秒钟 1206 万亿次的峰值速度，是中国超级计算机前 100 强之首，也使中国成为继美国之后世界上第二个能够自主研制千万亿次超级计算机的国家。

2. 大型计算机

大型计算机包括通常所说的大型机和中型机。一般只有大中型企事业单位才有必要配备大型主机，并以这台机器及其外部设备为基础，组成一个计算中心，统一安排对主机资源的使用，如图 1-2-2 所示。在 20 世纪 60—80 年代，信息处理主要是采用“主机＋终端”的方式，即主机集中式处理方式。进入 80 年代以后，随着个人计算机和各种服务器的高速发展，大型机的市场变的越来越小，很多企业都放弃了原来的大型机改用小型机和服务器。进入 90 年代后，经济进入全球化，信息技术得以高速的发展，随着企业规模的扩大，信息分散管理的弊端越来越多，运营成本迅速的增长，信息集中成了不可逆转的潮流。这时，人们又把目光集中到大型机的身上，大型机的市场逐渐地恢复了活力，直至今天，大型机还占有了不可替代的市场份额。90 年代后期，大型机的技术得以飞速的发展，其处理能力也大踏步的提高。

3. 小型计算机

由于大型机价格昂贵，操作复杂，只有大企业大单位才能买得起，小型计算机通常能满足部门性的要求，为中小企事业单位所采用，如图 1-2-3 所示。例如，我国高等院校及中小学计算机中心以一台小型机为主机，配以几十台甚至上百台终端机，以满足学生学习程序设计等课程的需要。

图 1-2-2 大型计算机

图 1-2-3 小型计算机

4. 微型计算机

微型计算机，指由微处理器作为 CPU 的计算机，简称微机，也称电脑。微型计算机的特点是体积小、灵活性大、价格便宜、使用方便。一般公司办公和家用的电脑都是微机，如图 1-2-4 所示。

5. 工作站

工作站与微机之间的界限并不十分明显，高性能的工作站各项功能接近于小型机。工作站运算速度通常比微型计算机要快，要配置大屏幕显示器和大容量的存储器，而且要有比较强的网络通信功能，主要用于特殊的专业领域，例如图像处理、计算机辅助设计等方面，如图 1-2-5 所示。

图 1-2-4 微型计算机

图 1-2-5 工作站

1.2.4 计算机的应用

计算机的用途广泛，归纳起来有以下几个方面。

1. 数值计算

数值计算即科学计算。数值计算是指应用计算机处理科学研究和工程技术中所遇到的数学计算。应用计算机进行科学计算，如卫星运行轨迹、水坝应力、气象预报、油田布局、潮汐规律等，可为问题求解带来实质的进展，手工计算方式需要几百名专家几周、几个月甚至几年才能完成的计算，计算机只要几分钟就可得到正确结果。

2. 信息处理

信息处理是对原始数据进行收集、整理、分类、选择、存储、制表、检索、输出等的加工过程。信息处理是计算机应用的一个重要方面，涉及的范围和内容十分广泛，如自动阅卷、图书检索、财务管理、生产管理、医疗诊断、编辑排版、情报分析等。

3. 实时控制

实时控制是指及时搜集检测数据，按最佳值对事物进程的调节控制，如工业生产的自动控制。利用计算机进行实时控制，既可提高自动化水平，保证产品质量，也可降低成本，减轻劳动强度。

4. 辅助设计

计算机辅助设计为设计工作自动化提供了广阔的前景，受到了普遍的重视。利用计算机的制图功能，实现各种工程的设计工作，称为计算机辅助设计，即CAD，如桥梁设计、船舶设计、飞机设计、集成电路设计、计算机设计、服装设计等。当前，人们已经把计算机辅助设计、辅助制造(CAM)和辅助测试(CAT)联系在一起，组成了设计、制造、测试的集成系统，形成了高度自动化的“无人”生产系统。

5. 智能模拟

智能模拟亦称人工智能。利用计算机模拟人类智力活动，以替代人类部分脑力劳动，这是一个很有发展前途的学科方向。第五代计算机的开发，将成为智能模拟研究成果的集中体现。具有一定学习、推理和联想能力的机器人不断出现，正是智能模拟研究工作取得进展的标志。智能计算机作为人类智能的辅助工具，将被越来越多地用到人类社会的各个领域。

1.3 计算机中的信息编码

1.3.1 计算机中数值的概念

1. 进位计数制

进位计数制是指用进位的方法进行计数的方法。日常生活中使用的多为十进位计数制，而计算机中使用的是二进位计数制，有时也使用八进位计数制和十六进位计数制。

要理解数制，必须先理解两个概念：基数和位权。

基数指用该进制表示数时所用到的数字符号的个数。常用 R 表示，称 R 进制。如十进制数用十个数字来表示大小不同的数，因此基数为 10。

位权指数字在不同位置上的权值。每一种进制数中的数字符号所在的位置叫数位，不同数位有不同的“位权”，用一个以基数为底的指数来表示，即 R^i，R 代表基数，i 是数位的序号。

一般规定整数部分个位为 0，十位为 1，…，依次增 1；小数部分小数点右面的第一位为－1，第二位为－2，…，依次减 1。如十进制数 123.45，基数为 10，1 的位权为 10^2，2 的位权为 10^1，3 的位权 10^0，4 的位权为 10^{-1}，5 的位权为 10^{-2}。

2. 计算机中的数值

1）十进制数

十进制数是用 0～9 共十个数字来表示大小不同的数，基数是 10，它的计数规则是“逢十进一，借一当十”，它的权是以 10 为底的幂。按位权展开的形式是：

$1234.56=1\times10^3+2\times10^2+3\times10^1+4\times10^0+5\times10^{-1}+6\times10^{-2}$

2）二进制数

二进制数是用 0 和 1 共两个数字表示大小不同的数，基数为 2，它的计数规则是“逢二进一，借一当二”；它的权是以 2 为底的幂，按位权展开的形式是：

$(1101.11)_2=1\times2^3+1\times2^2+0\times2^1+1\times2^0+1\times2^{-1}+1\times2^{-2}$

3）八进制数

八进制数是用 0～7 共八个数字来表示大小不同的数，基数是 8，它的计数规则是“逢八进一，借一当八”，它的权是以 8 为底的幂。按位权展开的形式是：

$(1261.11)_8=1+8^3+2\times8^2+6\times8^1+1\times8^0+1\times8^{-1}+1\times8^{-2}$

4）十六进制数

十六进制数是用 0～9、A～F 共十六个数字来表示大小不同的数，基数是 16，它的计数规则是“逢十六进一，借一当十六”，它的权是以 16 为底的幂。按位权展开的形式是：

$(2D5F.2A)_{16}=2\times16^3+13\times16^2+5\times16^1+15+16^0+2\times16^{-1}+10\times16^{-2}$

以上介绍的几种数制除了用在括号外面加数字下标的形式表示外，还可以在数字后面加写相应的英文字母作为标识：B(表示二进制)、O(表示八进制)、D(表示十进制)、H(表示十六进制)。十进制的括号和字母可以省略。

▶ 1.3.2　数制之间的转换

将数从一种数制转换为另一种数制的过程叫作数制间的转换。

1. 二进制、八进制、十六进制数转换为十进制数

对于任何一个二进制、八进制、十六进制数转换为十进制数，只需把各数位的值乘以该位位权，再按十进制加法相加即可。这种方法也叫“位权法”。

【例 1】将二进制数 101.11 转换为十进制数。

$(101.11)_2=1\times2^2+0\times2^1+1\times2^0+1\times2^{-1}+1\times2^{-2}=4+1+0.5+0.25=5.75$

【例 2】将八进制数 136.4 转换为十进制数。

$(136.4)_8=1\times8^2+3\times8^1+6\times8^0+4\times8^{-1}=64+24+6+0.5=94.5$

【例 3】将十六进制数 2A.C 转换为十进制数。

$(2A.C)_{16}=2\times16^{1}+10\times16^{0}+12\times16^{-1}=32+10+0.75=42.75$

2. 十进制数转换为非十进制数

将十进制数转换为非十进制数，分别将整数部分采用"除基取余倒读"法，小数部分采用"乘基取整正读"法，再把两部分组合起来，就可以得到对应的结果。

【例 4】将十进制数 75.375 转换为二进制数。

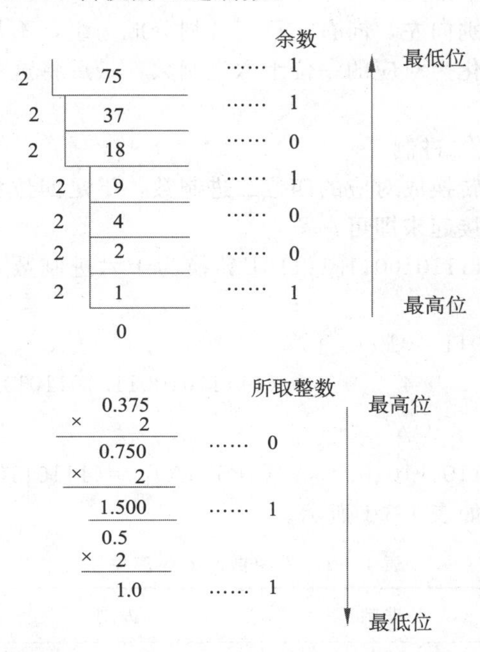

分析：整数部分转化为二进制数，应除 2 倒取余法。小数部分转化为二进制，应乘以 2 取整法。

所得结果为：$(75.375)_{10}=(1001011.011)_{2}$

依此类推，可以完成将 75.375 转化为八进制和十六进制。

但是必须注意的是，在有些情况下，十进制小数不能精确地转化为非十进制的小数，例如 0.33。在这种情况下，只能根据需要的精度对十进制小数做近似转化。

3. 二进制数与八进制数的相互转换

二进制数与八进制数的相互转换转换规则如下。

1）二进制数转换成八进制

以小数点为中心，分别向左、向右，每三位划分成一组，不足三位的分别向高位或低位以 0 补足，每组分别转化为对应的一位八进制数，最后将这些数字从左到右连接起来即可。

2)八进制数转换成二进制

将每一位八进制数转换成对应的三位二进制数，不足三位分别向高位以 0 补足，将这些二进制数从左到右连接起来即可。

【例 5】将二进制数 10010011.1011 转换为八进制数，八进制数 672.25 转换为二进制数。

010　010　011.101　100

2　2　3.5　4　　$(10010011.1011)_{2}=(223.54)_{8}$

6　7　2.2　5

110　111　010.010　101　　$(672.25)_8=(110111010.010101)_2$

4. 二进制数与十六进制数之间的相互转换

二进制数与十六进制数之间的转换规则和二进制数与八进制数之间的转换规则方法类似。

1）二进制数转换成十六进制

以小数点为中心，分别向左、向右，每四位划分成一组，不足四位的分别向高位或低位以0补足，每组分别转化为对应的一位十六进制数，最后将这些数字从左到右连接起来即可。

2）十六进制数转换成二进制

将每一位十六进制数转换成对应的四位二进制数，不足四位分别向高位以0补足，将这些二进制数从左到右连接起来即可。

【例6】 将二进制数11111010011.101101转换为十六进制数，十六进制数3B5.6A转换为二进制数。

0111　1101　0011.1011　0100

7　D　3.B　4　　$(11111010011.101101)_2=(7D3.B4)_{16}$

3　B　5.6　A

0011　1011　0101.0110　1010　　$(3B5.6A)_{16}=(1110110101.0110101)_2$

常用数制的对应关系如表1-3-1所示。

表1-3-1　常用数制的对应关系

十进制	二进制	八进制	十六进制
0	0	0	0
1	1	1	1
2	10	2	2
3	11	3	3
4	100	4	4
5	101	5	5
6	110	6	6
7	111	7	7
8	1000	10	8
9	1001	11	9
10	1010	12	A
11	1011	13	B

续表

十进制	二进制	八进制	十六进制
12	1100	14	C
13	1101	15	D
14	1110	16	E
15	1111	17	F
16	10000	20	10

1.3.3 计算机的数据单位

数据在计算机中以二进制的形式存储，存储单位通常有位、字节、字、字长等。

1. 位

位(bit)，是计算机中数据存储的最小单位。通常用 b 表示。一位可表示为 0 或 1。

2. 字节

字节(Byte)，是计算机中数据存储的基本单位，八位连续的二进制位称为一个字节，用 B 表示。各单位的换算关系是：

1KB=1024B

1MB=1024KB

1GB=1024MB

1TB=1024GB

一个 8GB 的 U 盘可以存储 8×1024M 字节=8×1024×1024K 字节=8×1024×1024×1024 字节。

3. 字

字(word)，一个汉字占两个字节。

1.3.4 编码

编码是在一个主题或单元上为数据存储、管理和分析的目的而转换信息为编码值(如数字)的过程。

常见的编码方式包括 ASCII 码，国标、区位、准国标(汉字编码)，GBK 码，BIG5 码，HZ 码，ISO－2022CJK 码，UCS 和 ISO10646，Unicode 码。其中，ASCII 码是最广泛应用于计算机的编码。

1. ASCII 码(美国信息交换标准编码)

ASCII 码规定了用从 0～127 的 128 个数字来代表信息的规范编码，其中包括 33 个控制码、1 个空格码和 94 个形象码。形象码中包括了英文大小写字母、阿拉伯数字、标点符号等。我们平时在计算机上阅读的英文文本，就是以形象码的方式传递和存储的。

ASCII 字符代码表如表 1-3-2 所示。

表 1-3-2　ASCII 字符代码表

高四位 / 低四位		ASCII 非打印控制字符										ASCII 打印字符												
		0000					0001					0010		0011		0100		0101		0110		0111		
		0					1					2		3		4		5		6		7		
		十进制	字符	Ctrl	代码	字符解释	十进制	字符	Ctrl	代码	字符解释	十进制	字符	十进制	字符	十进制	字符	十进制	字符	十进制	字符	十进制	字符	Ctrl
0000	0	0	BLANI HULL	^@	NUL	空	16	►	^P	DLE	数据链路转意	32	(space)	48	0	64	@	80	P	96	`	112	p	
0001	1	1	☺	^A	SOH	头标开始	17	◄	^Q	DC1	设备控制 1	33	!	49	1	65	A	81	Q	97	a	113	q	
0010	2	2	☻	^B	STX	正文开始	18	↕	^R	DC2	设备控制 2	34	"	50	2	66	B	82	R	98	b	114	r	
0011	3	3	♥	^C	ETX	正文结束	19	!!	^S	DC3	设备控制 3	35	#	51	3	67	C	83	S	99	c	115	s	
0100	4	4	♦	^D	EOT	传输结束	20	¶	^T	DC4	设备控制 4	36	$	52	4	68	D	84	T	100	d	116	t	
0101	5	5	♣	^E	ENQ	查询	21	§	^U	NAK	反确认	37	%	53	5	69	E	85	U	101	e	117	u	
0110	6	6	♠	^F	ACK	确认	22	■	^V	SYN	同步空闲	38	&	54	6	70	F	86	V	102	f	118	v	
0111	7	7	•	^G	BEL	震铃	23	↕	^W	ETB	传输块结束	39	'	55	7	71	G	87	W	103	g	119	w	
1000	8	8	◘	^H	BS	退格	24	↑	^X	CAN	取消	40	(	56	8	72	H	88	X	104	h	120	x	
1001	9	9	○	^I	HT	水平制表符	25	↓	^Y	EM	媒体结束	41	)	57	9	73	I	89	Y	105	i	121	y	
1010	A	10	◙	^J	LF	换行/新行	26	→	^Z	SUB	替换	42	*	58	:	74	J	90	Z	106	j	122	z	
1011	B	11	♂	^K	VT	竖直制表符	27	←	^[	ESC	转意	43	+	59	;	75	K	91	[	107	k	123	{	
1100	C	12	♀	^L	FF	换页/新页	28	└	^\	FS	文件分隔符	44	,	60	<	76	L	92	\	108	l	124	|	
1101	D	13	♪	^M	CR	回车	29	↔	^]	GS	组分隔符	45	—	61	=	77	M	93	]	109	m	125	}	
1110	E	14	♫	^N	SO	移出	30	▲	^6	RS	记录分隔符	46	.	62	>	78	N	94	^	110	n	126	~	
1111	F	15	¤	^O	SI	移入	31	▼	^—	US	单元分隔符	47	/	63	?	79	O	95	_	111	o	127	△	^Back space

注：表中的 ASCII 字符可以用 ALT+小键盘上的数字键输入。

2. 汉字编码

汉字编码是为汉字设计的一种便于输入计算机的代码。

1) 汉字编码的困难

(1) 数量庞大。随着社会的发展，新字不断出现，汉字总数不断增多。一般认为，现在汉字总数已超过 6 万个(包括简化字)。虽有研究者主张规定 3000 多或 4000 字作为当代通用汉字，但处理时仍比由 26 个字母组成的英文文本要困难得多。

(2)字形复杂。汉字的字体有古体今体，繁体简体，正体异体；而且笔画相差悬殊，少的 1 笔，多的达 36 笔，简化后平均为 9.8 笔。

(3) 存在大量一音多字和一字多音的现象。汉语音节 416 个，分声调后为 1295 个(根据《现代汉语词典》统计，轻声 39 个未计)。以 1 万个汉字计算，每个不带调的音节平均超过 24 个汉字，每个带调音节平均超过 7.7 个汉字。有的同音同调字多达 66 个。一字多音现象也很普遍。

2) 汉字进入计算机的途径

(1) 机器自动识别汉字。计算机通过“视觉”装置(光学字符阅读器或其他)，用光电扫描等方法识别汉字。

(2) 通过语音识别输入。计算机利用人们给它配备的“听觉器官”，自动辨别汉语语音要素，从不同的音节中找出不同的汉字，或从相同音节中判断出不同汉字。

(3) 通过汉字编码输入。根据一定的编码方法，由人借助输入设备将汉字输入计算机。

目前，国内外都在研究机器自动识别汉字和汉语语音识别，虽然取得了不少进展，但由于难度大，预计还要经过相当一段时间才能得到解决。在现阶段，比较现实的就是通过汉字编码方法使汉字进入计算机。

1.4 计算机系统的组成

1.4.1 计算机系统的基本组成

一个完整的计算机系统是由硬件系统和软件系统两大部分组成的，如图 1-4-1 所示。

硬件指计算机的各种看得见、摸得着的实实在在的物理设备的总称，是计算机系统的物质基础。

软件是在硬件系统上运行的各类程序、数据及有关文档的总称。

没有配备软件的计算机叫“裸机”，不能供用户直接使用。而没有硬件对软件的物质支持，软件的功能则无法发挥。只有硬件和软件相结合才能充分发挥计算机系统的功能。

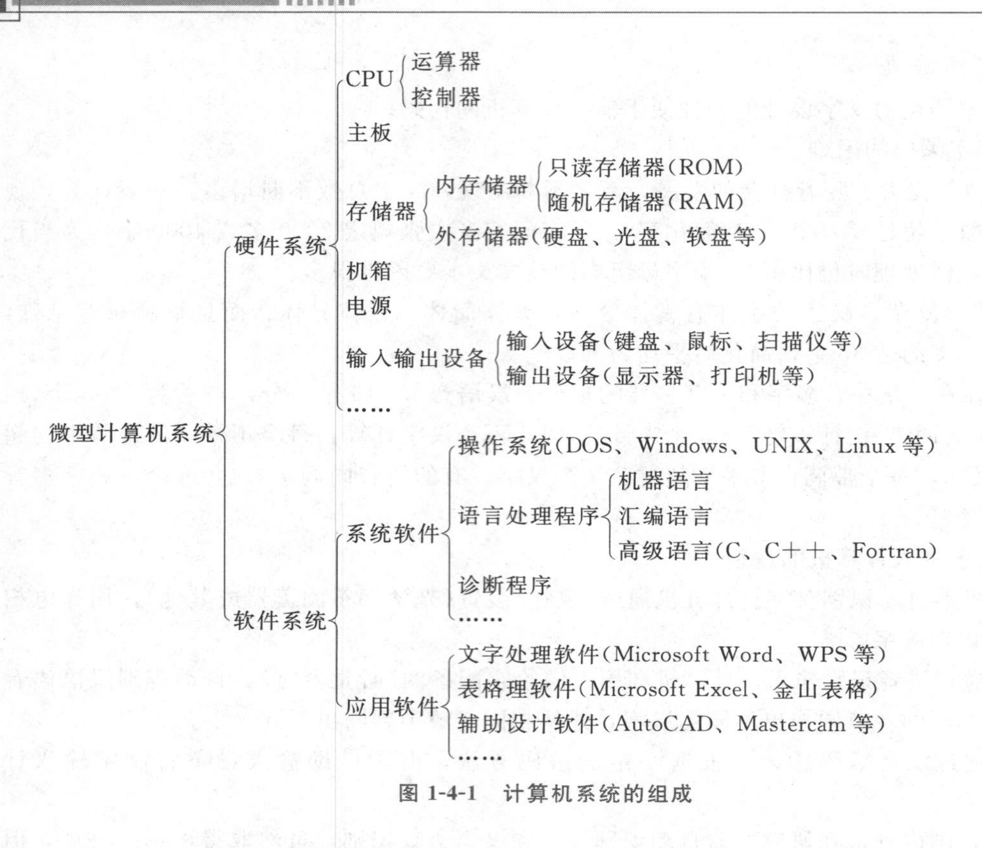

图 1-4-1 计算机系统的组成

▶ 1.4.2 计算机的硬件组成

计算机从外观上进行划分，可以将其分为主机和外部设备(显示器、键盘、鼠标、打印机和音响等)两大部分，如图 1-4-2 所示。

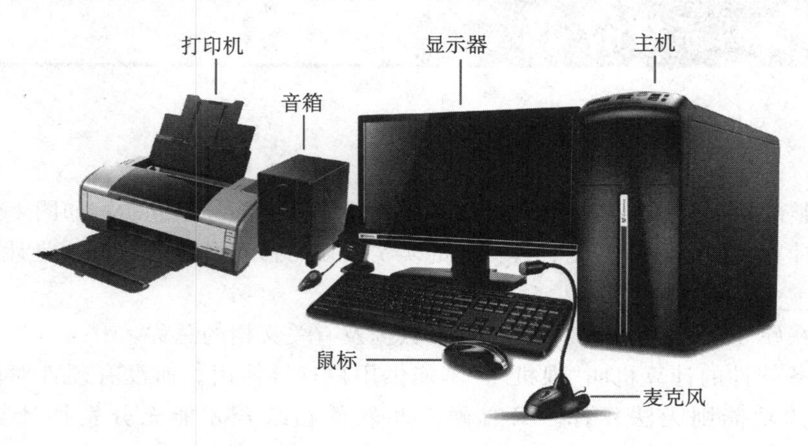

图 1-4-2 计算机的硬件组成

主机是计算机的主体，包括 CPU、主板、内存、显卡、声卡、硬盘、电源等组件，如图 1-4-3 所示。

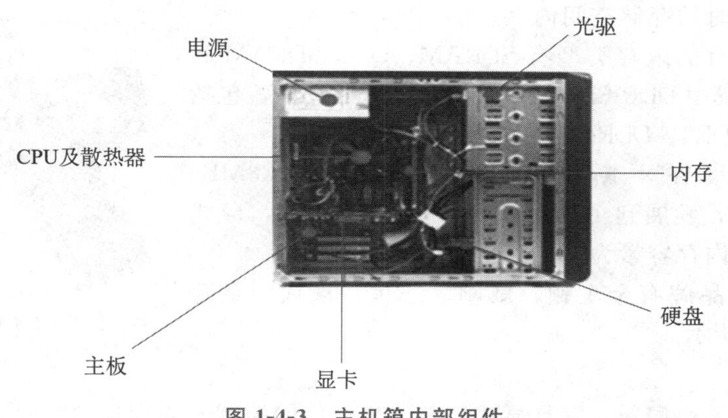

图 1-4-3 主机箱内部组件

1. CPU

中央处理器(central processing unit，CPU)是一块超大规模的集成电路，是一台计算机的运算核心和控制核心，其功能是执行算术、逻辑运算及控制计算机自动、协调地完成各种操作，是计算机系统的核心部件。常见的 CPU 品牌有 Intel 和 AMD 等，如图 1-4-4 所示。

图 1-4-4 Intel 和 AMD 的 CPU

2. 主板

如果把电脑比作人体，那 CPU 就是大脑，而主板就是人体的神经系统，起着连接电脑硬件设备，协调设备工作及传输发送数据的作用。

主板是一块印制电路板，主要包括芯片组、各种插槽(如 CPU、内存、显卡、声卡、网卡等插槽)以及外部设备接口(如硬盘、USB 等接口)等，如图 1-4-5 所示，其中核心组成部分是芯片组。

目前，市场上主板品牌很多，常见的品牌有华硕、微星等。

图 1-4-5 主板

3. 内存

内存又称为内存储器或主存，一般指随机存取存储器(RAM)，是计算机的重要的部件之一，它是 CPU 与其他设备沟通的桥梁。内存是电脑的一个缓冲区，电脑将读取的信息流首先放在临时的存储空间内存里。

市场中主要有的内存类型有 SDRAM、DDR SDRAM 和 RDRAM 三种，其中 DDR SDRAM(人们习惯称为 DDR，包括 DDR、DDR2、DDR3、DDR4)内存占据了市场的主流。

内存的容量在不断发展中，从 64MB、128MB、256MB、512MB，发展到 1GB、2GB。进入 21 世纪，台式机中主流采用的内存容量为 4GB、8GB 甚至 16GB。

内存的主要品牌有金士顿、威刚、三星、现代、金邦等，如图 1-4-6 所示。

图 1-4-6　内存

4. 显卡

显卡又叫显示适配器，它是显示器与主机通信的控制电路和接口。显卡作为电脑主机里的一个重要组成部分，是电脑进行数模信号转换的设备，承担输出显示图形的任务，如图 1-4-7 所示。对于从事专业图形设计的人来说，显卡非常重要。显卡的接口类型有 ISA、PCI、AGP 总线接口，目前主流接口是 AGP 总线接口。

图 1-4-7　显卡

显卡主要分为集成显卡和独立显卡两类。

常见的显卡品牌有蓝宝石、华硕、七彩虹、技嘉、微星等。

5. 声卡

声卡是多媒体计算机系统的基本配件之一。随着音频采集、压缩以及还原技术的成熟，声卡在计算机中的应用也越来越广泛。有时声卡也可以集成在主板上。

6. 硬盘

硬盘是外存储器，电脑主要的存储媒介之一。由一个或者多个铝制或者玻璃制的碟片组成，碟片外覆盖有铁磁性材料，如图 1-4-8 所示。

硬盘分类：

硬盘有固态硬盘(SSD)、机械硬盘(HDD)、混合硬盘(HHD)。SSD 采用闪存颗粒来存储，HDD 采用磁性碟片来存储，混合硬盘是把磁性硬盘和闪存集成到一起的一种硬盘。

选购硬盘主要考虑容量、转速、平均访问时间、传输速率、缓存等参数。

常见的硬盘品牌有西部数据、希捷和东芝。

7. 电源

计算机工作的动力源，电源的优劣对电脑有非常大的影响，直接影响着计算机的使用寿命。计算机电源从规格上主要分为 AT 电源和 ATX 电源，ATX 电源是目前的主流电源。

图 1-4-8　硬盘

8. 外设

外设包括外存储器、输入设备、输出设备。

外存储器有硬盘驱动器、软盘驱动器、光盘驱动器、U 盘及其他移动设备。

输入设备有鼠标、键盘、扫描仪、手写板、摄像头等。

输出设备有显示器、打印机、绘图仪、音箱等。

▶ 1.4.3　计算机软件系统的基本组成

计算机只有硬件还不行，若想让它正常工作，必须给它安装一些无形的东西，这就是软件。计算机的硬件是看得见、摸得着的部分，而软件则是看不见、摸不着的部分，也就是说，硬件是计算机的物质基础，软件是它的思想灵魂。

计算机软件系统可分为系统软件和应用软件两大类。

系统软件是各类操作系统，如 Windows、Linux、UNIX 等，还包括操作系统的补丁程序及硬件驱动程序，都是系统软件类。

应用软件是为了某种特定的用途而被开发的软件。它可以是一个特定的程序，例如一个图像浏览器；也可以是一组功能联系紧密、可以互相协作的程序的集合，例如微软的 Office 软件；也可以是一个由众多独立程序组成的庞大的软件系统，例如数据库管理系统。应用软件可以细分成很多种类，如工具软件、游戏软件、管理软件等。

较常见的应用软件有文字处理软件，如 WPS、Word 等；图形图像处理软件，如 Photoshop等；辅助设计软件，如 AutoCAD 等；教育与娱乐软件等。

▶ 1.4.4　计算机的工作原理

半个世纪以来，计算机已发展成为一个庞大的家族，尽管在性能、结构、应用等方面存在差别，但是它们的基本组成结构却是相同的。现在我们所使用的计算机硬件系统的结构一直沿用了由美籍著名数学家冯·诺依曼提出的模型，它由运算器、控制器、存储器、输入设备、输出设备五大功能部件组成，如图 1-4-9 所示。

随着信息技术的发展，各种各样的信息，例如文字、图像、声音等，经过编码处理，都可以变成数据。于是，计算机就能够实现多媒体信息的处理。

各种各样的信息通过输入设备进入计算机的存储器，然后送到运算器，运算完毕把结果送到存储器存储，最后通过输出设备显示出来。整个过程由控制器进行控制。

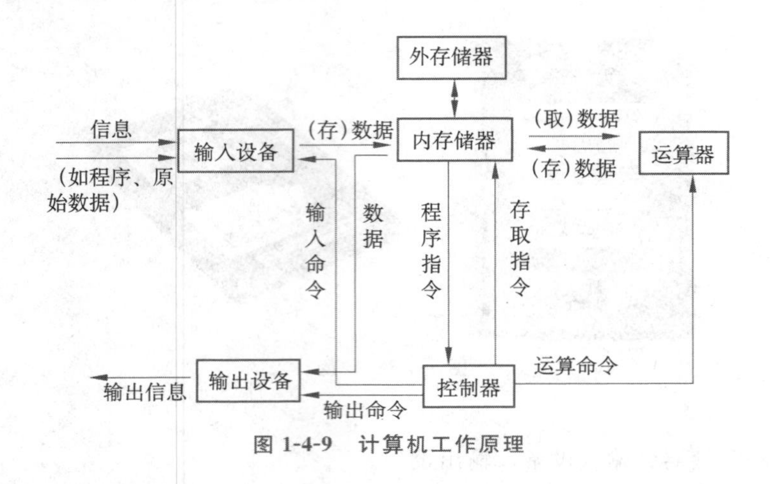

图 1-4-9 计算机工作原理

1.5 计算机的基本操作

1.5.1 计算机开机、关机和重新启动

1. 开机

一般主机箱上都有两个按钮，通常大的那个是电源开机按钮，小的是重启按钮，开机可以直接按开机按钮。

由于计算机在刚加电和断电的瞬间会有较大的电冲击，会给主机发送干扰信号导致主机无法启动或出现异常，因此，在开机时应该先给外部设备加电，然后才给主机加电。但是如果个别计算机，先开外部设备(特别是打印机)则主机无法正常工作，这种情况下应该采用相反的开机顺序。关机时则相反，应该先关主机，然后关闭外部设备的电源。这样可以避免主机中的部位受到大的电冲击。

在计算机运行过程中，机器的各种设备不要随便移动，不要插拔各种接口卡，也不要装卸外部设备和主机之间的信号电缆。如果需要做上述改动的话，则必须在关机且断开电源线的情况下进行。

不要频繁地开关机器。关机后立即加电会使电源装置产生突发的大冲击电流，造成电源装置中的器件被损坏，也可能造成硬盘驱动突然加速，使盘片被磁头划伤。因此，如果要重新启动机器，则建议在关闭机器后等待 10 秒钟以上。一般情况下用户不要擅自打开机器，如果机器出现异常情况，应该及时与专业维修部门联系。

2. 关机

关机一般有三种常用的方法。

(1) 物理关机法。直接按电源开关按钮可以关机，这属于非正常关机，对计算机有一定的影响，不建议大家使用。

(2)“开始”菜单下的关机法。单击“开始”菜单(或按键盘上的 Win 键)出现对话框就可以选择待机、关机、重新启动三种操作了，如图 1-5-1 所示。

(3) Power 键关机法。按键盘上的 Power 键关机，有的键盘上直接有关机按钮，其效

图 1-5-1　关闭计算机

果是一样的。有的键盘直接为关机键。

3. 重启

一般有两种方法进行计算机重启：一是直接用主机箱上的重启按钮；二是用关机法的第(2)种，选重启。

1.5.2　鼠标的使用

Windows 中的许多操作都可以通过鼠标完成。

按键：鼠标有左、右两键，左按键又叫作主按键，大多数的鼠标操作是通过主按键的单击或双击完成的。右按键又叫作辅按键，主要用于一些专用的快捷操作。鼠标的基本操作包括指向、单击、双击、拖动和右击。

指向：指移动鼠标，将鼠标指针移到操作对象上。

单击：指快速按下并释放鼠标左键。单击一般用于选定一个操作对象。

双击：指连续两次快速按下并释放鼠标左键。双击一般用于打开窗口，启动应用程序。

拖动：指按下鼠标左键，移动鼠标到指定位置，再释放按键的操作。拖动一般用于选择多个操作对象，复制或移动对象等。

右击：指快速按下并释放鼠标右键。右击一般用于打开一个与操作相关的快捷菜单。

1.5.3　计算机键盘的使用

图 1-5-2　键盘

1. 键盘的分区

计算机键盘分为打字键区(主键盘区)、功能键区、游标/控制键区、数字键区(数字小键盘区或副键盘区），如图 1-5-2 所示。

要熟练地使用计算机，必须要有正确的击键姿势和键入指法。

2. 键盘操作正确的姿势

初学键盘输入时，首先必须注意的是击键的姿势，如果初学时姿势不当，就不能做到准确快速地输入，也容易疲劳。

身体应保持笔直，稍偏于键盘右方；应将全身重量置于椅子上，座椅要旋转到便于手指操作的高度，两脚放平；两肘轻轻贴于腋边，手指轻放于规定的字键上，手腕平直。人与键盘的距离，可移动椅子或键盘的位置来调节，以调节到人能保持正确的击键姿势为止；显示器宜放在键盘的正后方，输入原稿前，先将键盘右移 5cm，再将原稿紧靠键盘左侧放置，以便阅读。

3. 正确的键入指法

击键时手腕要平直，手臂要保持静止，全部动作仅限于手指部分；手指要保持弯曲，稍微拱起，指尖后的第一关节微成弧形，分别轻轻地放在字键中央；输入时，手抬起，只有要击键的手指才可伸出击键；击毕立即缩回，不可停留在已击的字键上；输入过程中，要用相同的节拍轻轻地击字键，不可用力过猛。

4. 基准键位与手指的对应关系

基准键位与手指的对应关系如图 1-5-3 所示。

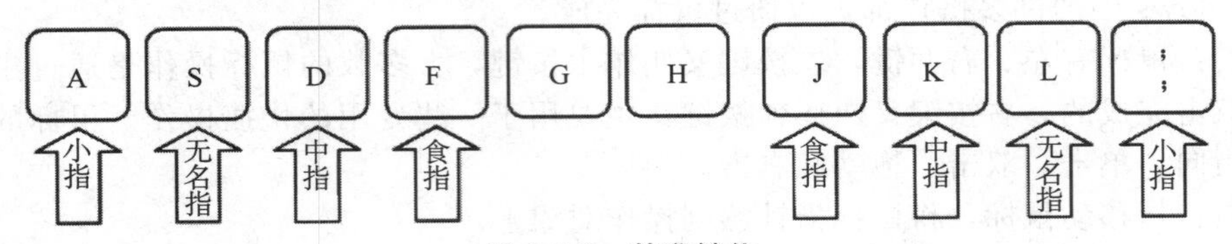

图 1-5-3　基准键位

5. 键盘指法分区

在基准键位的基础上，对于其他字母、数字、符号都采用与 8 个基准键的键位相对应的位置来记忆，例如，用击 D 键的左手中指击 E 键，用击 K 键的右手中指击 I 键等，如图 1-5-4 所示。

图 1-5-4　键盘指法分区

项目2 Chapter 2 Windows 7 操作系统

>>> 学习目标

1. 掌握操作系统的基本概念，了解常见的操作系统。
2. 掌握 Windows 7 操作系统的基本操作。
3. 掌握文件和文件夹的管理。
4. 能够熟练使用 Windows 7 系统中的常用附件，如截图工具、录音机、计算器、记事本等。
5. 熟练掌握画图软件的使用方法，并能够绘制简单图画。

2.1 操作系统概述

操作系统(Operating System，OS)是计算机系统中的系统软件，是用于控制和管理计算机硬件和软件资源、合理组织计算机工作流程、方便用户充分而高效地使用计算机的一组程序集合，在计算机与其用户之间起到接口的作用。目前，市场上主流的操作系统如下。

▶ 2.1.1 UNIX 操作系统

UNIX 操作系统是一个强大的多用户、多任务操作系统，支持多种处理器架构，按照操作系统的分类，属于分时操作系统，最早由 KenThompson、Dennis Ritchie 和 Douglas Mcllroy 于 1969 年在 AT&T 的贝尔实验室开发。UNIX 操作系统基本都是安装在服务器上，没有用户界面，使用命令操作。进入该系统后，就看到一个黑底的界面和一个光标在闪烁，如图 2-1-1 所示。UNIX 操作系统没有娱乐软件，不能看图片，不能听音乐。

▶ 2.1.2 Linux 操作系统

Linux 操作系统是一种自由和开放源代码的类 UNIX 操作系统，由 UNIX 发展而来，

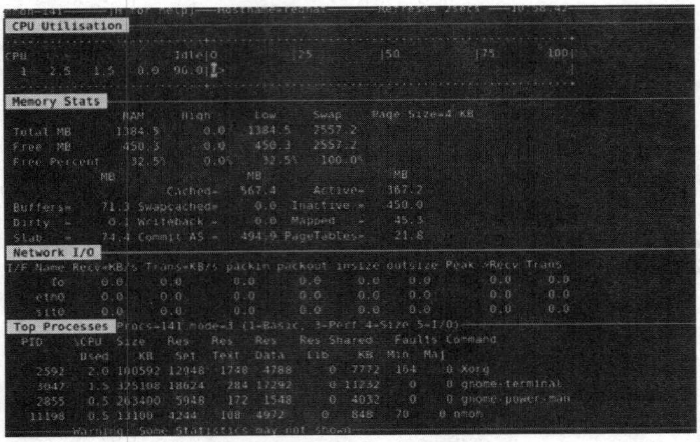

图 2-1-1　UNIX 操作系统的界面

继承了 UNIX 的许多特征。Linux 操作系统诞生于 1991 年的 10 月 5 日，以它的创始人林纳斯·托瓦兹命名。Linux 是开源的、免费的，谁都可以拿去修改，然后开发出有自己特色的操作系统。

Linux 存在许多不同的版本，但它们都使用了 Linux 内核，可安装在各种计算机硬件设备中，从手机、平板电脑、路由器和视频游戏控制台，到台式计算机、大型机和超级计算机。它是一个技术领先的操作系统，世界上运算最快的 10 台超级计算机运行的都是 Linux 操作系统。我们所熟知的电影《泰坦尼克号》在制作计算机动画效果时，因为 Linux 操作系统的安全性和机器运行快而选用它作为设计平台。

▶ 2.1.3　IOS 操作系统

IOS(iphone operation system)是由苹果公司开发的移动操作系统。苹果公司最早于 2007 年 1 月 9 日的 Macworld 大会上公布这个系统，最初是设计给 iPhone 使用的，后来陆续套用到 iPod touch、iPad 以及 Apple TV 等产品上。

IOS 有着良好的用户体验，具有简单易用的界面、令人惊叹的功能，以及超强的稳定性，内置的众多技术和功能让 Apple 设备始终保持着较好的用户体验。

iPod touch、iPad、iPhone 都是苹果公司的移动数码通信产品，都采用 IOS 操作系统，它们都可以通过 APP 下载应用软件，包括游戏、社交、音乐、办公等软件。

▶ 2.1.4　Android 操作系统

Android 是一种基于 Linux 操作系统的自由及开放源代码的操作系统，主要用于移动设备，如智能手机和平板电脑。2011 年第一季度，Android 在全球的市场份额首次超过塞班系统，跃居全球第一。2013 年第四季度，Android 手机的全球市场份额已经达到 78.1%。

▶ 2.1.5　Windows 操作系统

Windows 是为个人计算机和服务器用户设计的操作系统，有时也被称为视窗操作系统，如图 2-1-2 所示。Windows 操作系统是由微软公司开发，有着良好的用户界面，操作简单，多用于我们平时的台式计算机和笔记本电脑。目前，常用的是 Windows 7 版本。

图 2-1-2 Windows 操作系统

2.2 Windows 7 的基本操作

2.2.1 Windows 7 操作系统简介

Windows 7 是由微软公司开发的操作系统，内核版本号为 Windows NT 6.1。

Windows 7 可供家庭及企业工作环境中的笔记本电脑、平板电脑、多媒体中心等使用。Windows 7 延续了 Windows Vista 的 Aero 风格，并且在其基础上增添了一些功能。

Windows 7 可供选择的版本有简易版(Starter)、普通家庭版(Home Basic)、高级家庭版(Home Premium)、专业版(Professional)、企业版(Enterprise)(非零售)和旗舰版(Ultimate)。

2009 年 7 月 14 日，Windows 7 正式开发完成，并于同年 10 月 22 日正式发布。10 月 23 日，微软正式在中国发布 Windows 7 版本。

与其他版本的 Windows 操作系统相比，Windows 7 的新特性如下。

1. 易用

Windows 7 操作系统简化了许多设计，如快速最大化、窗口半屏显示、跳转列表、系统故障快速修复等。

2. 简单

Windows 7 操作系统让搜索和使用信息更加简单(具有本地、网络和互联网搜索功能)，直观的用户体验更加高级，还整合了自动化应用程序提交和交叉程序数据透明性。

3. 效率

Windows 7 操作系统中，系统集成的搜索功能非常强大，只要用户打开“开始”菜单并开始输入搜索内容(无论应用程序还是文本文档)，搜索功能都能自动运行，极为方便。

4. 小工具

Windows 7 操作系统的小工具可以单独在桌面上放置。2012 年 9 月，微软停止了对 Windows 7 小工具下载的技术支持，原因是 Windows 7 和 Windows Vista 中的 Windows 边栏平台具有严重漏洞。

5. 高效搜索框

Windows 7 操作系统资源管理器的搜索框在菜单栏的右侧，可以灵活调节宽窄。它能快速搜索系统中的文档、图片、程序、帮助，甚至网络等信息。Windows 7 操作系统的搜索是动态的，当我们在搜索框中输入第一个字的时候，它的搜索就已经开始工作，大大提高了搜索效率。

值得一提的是，Windows 7 到目前为止仍然被很多用户所推崇的一大特点就是 Aero 毛玻璃特效主题。它继承了 Windows Vista 的优点并发扬光大，透明玻璃感让使用者能够看到文档背后的内容。

Windows 7 的界面即屏幕工作区，如图 2-2-1 所示。

图 2-2-1 Windows 7 的界面

2. 2. 2 Windows 7 的桌面设置

1. 桌面壁纸设置

在桌面上单击鼠标右键打开快捷菜单，选择“个性化”命令，如图 2-2-2 所示。

在弹出的界面中选择“桌面背景”，如图 2-2-3 所示。

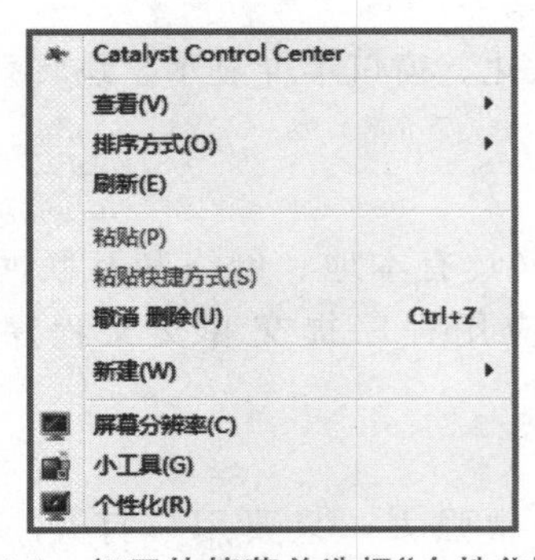

图 2-2-2 打开快捷菜单选择“个性化”命令

图 2-2-3 选择“桌面背景”

可以直接选择默认效果，也可选择图片库，勾选自己保存的图片，单击“保存修改”即可，如图 2-2-4 所示。

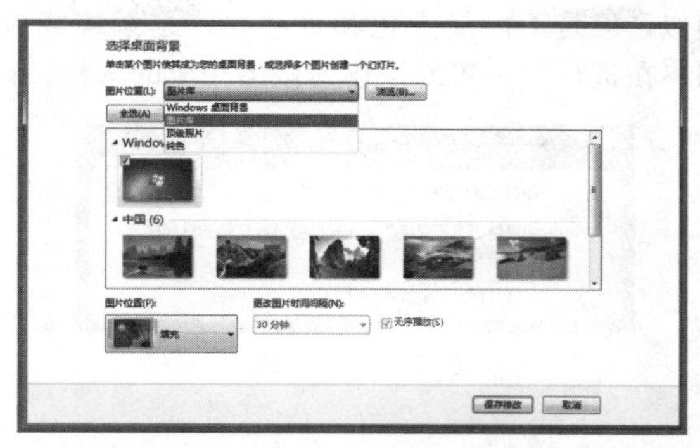

图 2-2-4　更改 Windows 桌面壁纸

2. 图标

图标用来表示计算机内的各种资源，如文件、文件夹、磁盘驱动器、打印机等，由图形和文字两部分组成，如图 2-2-5 所示。

快捷方式图标是一个链接对象的图标，它与某个对象(如程序、文档)相链接，能快速地访问到指定的对象。Windows 7 操作系统中，可以为任何一个对象建立快捷方式，并可以随意将快捷方式放置于 Windows 中的任何位置，例如，可以在桌面、“开始”菜单中为 Word 2010 创建快捷方式，如图 2-2-6 所示。

图 2-2-5　图标

图 2-2-6　Word 2010 快捷方式图标

3. 窗口

大部分应用程序都有自己的工作窗口，并且窗口的组成基本相同。一个典型的窗口由标题栏、菜单栏、工具栏、窗口边框、系统菜单、滚动条、工作区和状态栏等几部分内容组成，如图 2-2-7 所示。

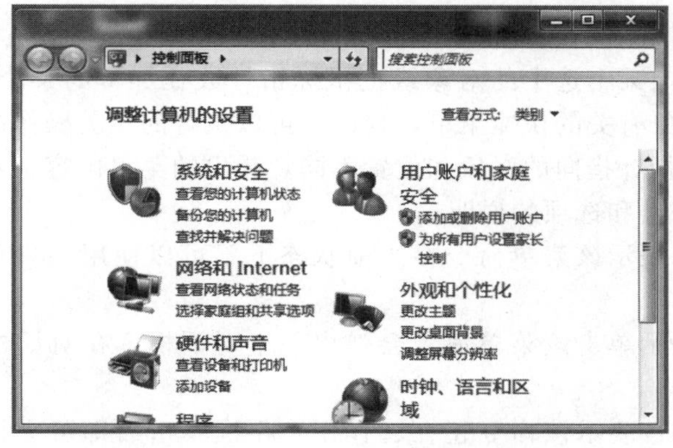

图 2-2-7　程序的工作窗口

窗口的基本操作包括移动窗口、改变窗口大小、最小化、最大化、还原及关闭窗口等。

4. 对话框

对话框与窗口很相似，但是不能最大化和最小化，是系统或应用程序与用户进行交互、对话的场所，让用户在进行下一步的操作前做出相应的选择，如图 2-2-8 所示。

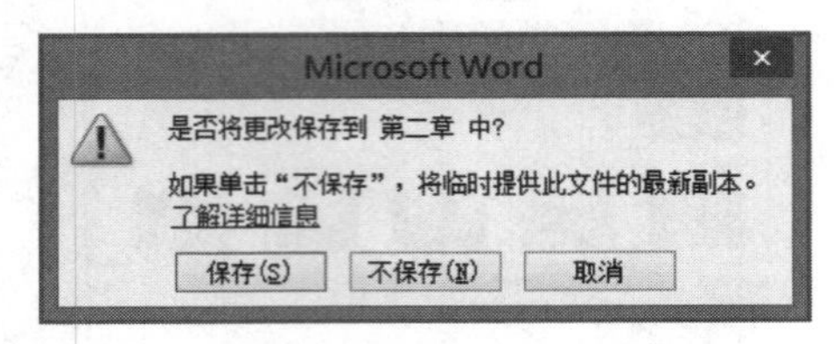

图 2-2-8 对话框

5. 菜单

1）下拉式菜单

一般应用程序或文件夹窗口中均采用下拉式菜单，菜单位于应用程序窗口标题栏下方，在菜单中有若干条命令，这些命令按功能分组，分别放在不同的菜单项里。单击某一菜单项，即可展开它下面的下拉式菜单，如图 2-2-9 所示。

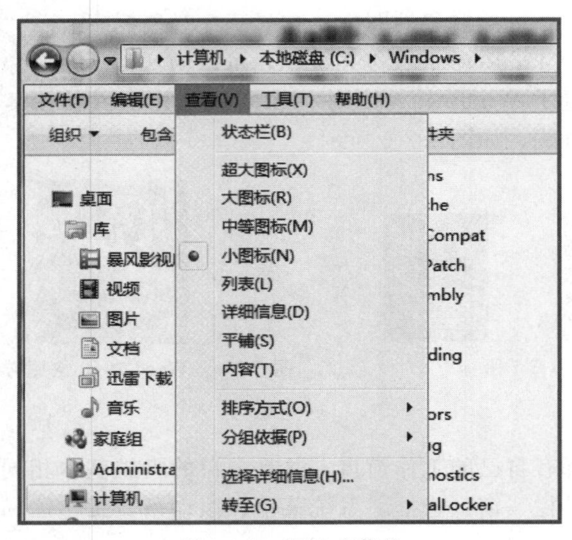

图 2-2-9 下拉式菜单

2）弹出式快捷菜单

当把鼠标指针指向某个选中的对象或把鼠标指针放在屏幕的某个位置时，右键单击，即可弹出一个与该对象有关的快捷菜单，列出了可以执行的相关操作命令，如图 2-2-10 所示。右键单击时鼠标指针指向的对象和位置不同，弹出的菜单内容也不一样。

3）菜单中常用符号和选项的说明

• 灰色的命令：表示该菜单命令在当前状态下不可以使用，只有符合相应条件后才能执行。

• 带省略号：表示单击该菜单命令会弹出一个对话框，在对话框中做出选择后才能继续执行。

• 菜单前有√号：表示该命令正在起作用，再次单击后即可去掉菜单前的√号，表

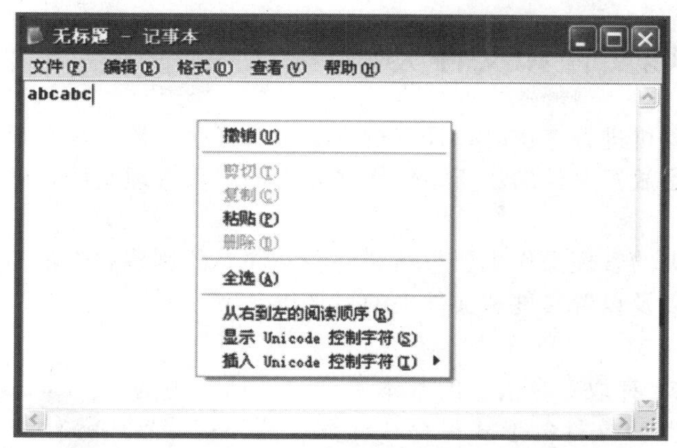

图 2-2-10 弹出式快捷菜单

示该菜单不再起作用。

• 菜单后的三角形：表示该菜单还有下级子菜单。

6. 任务栏

任务栏包含多个任务按钮，便于进行任务切换——显示桌面和跳转列表的使用，如图 2-2-11 所示。

图 2-2-11 任务栏

7. “开始”菜单

“开始”菜单如图 2-2-12 所示。

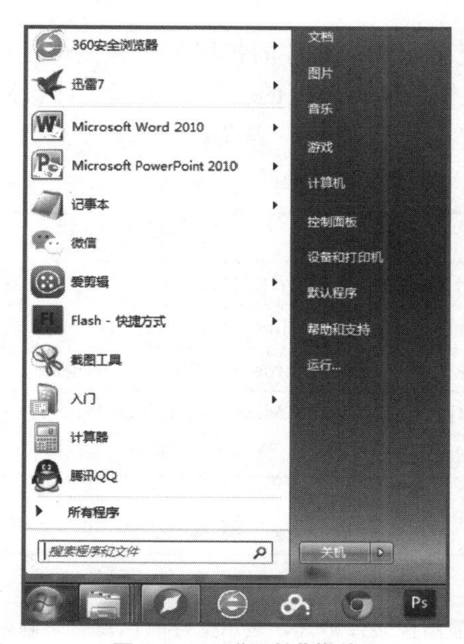

图 2-2-12 “开始”菜单

▶ 2.2.3 管理文件和文件夹

在日常使用计算机进行工作时，计算机中所有的程序、数据都是以文件的方式存储在磁盘上，而文件夹是放置文件的场所。使用文件夹组织和管理文件，已成为使用 Windows 7 的重要操作之一。

对文件和文件夹的管理操作主要包括文件和文件夹的创建、选取、重命名、移动、复制、删除和查找，以及设置文件和文件夹的属性等。

1. 文件

文件是 Windows 存取磁盘信息的基本单位，计算机中的任何程序和数据都是以文件的形式保存在计算机的外存储器(如硬盘、光盘、U 盘等)上。文件是磁盘上存储信息的集合，可以是文字、图片、影片和应用程序等。Windows 中的任何文件都是用图标和文件名来识别的，每个文件都有自己唯一的名称，文件名由主文件名和扩展名两部分组成，中间由“.”分隔，如图 2-2-13 所示。Windows 7 正是通过文件的名字来对文件进行管理的。

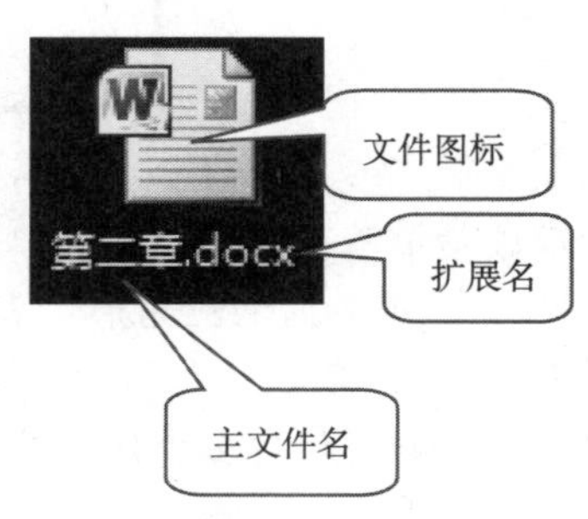

图 2-2-13 文件

主文件名最多可以由 255 个英文字符或 127 个汉字组成，或者混合使用字符、汉字、数字，甚至空格。但是，文件名中不能含有 \、/、:、＜、＞、?、*、”和 | 字符。

扩展名通常为几个英文字符。扩展名决定了文件的类型，也决定了可以使用什么程序来打开文件。常说的文件格式指的就是文件的扩展名。

2. 文件的分类

在 Windows 7 操作系统中，利用文件的扩展名识别文件是一种常用的重要方法。文件的种类是由文件的扩展名来标示的。常见的文件有文本文件、图像文件、音频文件、视频文件和压缩文件等，其扩展名如表 2-2-1～表 2-2-5 所示。

表 2-2-1 文本文件

文件扩展名	文件简介
.txt	文本文件，用于存储无格式文字信息
.doc/.docx	Word 文件，使用 Microsoft Office Word 创建
.xls	Excel 电子表格文件，使用 Microsoft Office Excel 创建
.ppt	PowerPoint 幻灯片文件，使用 Microsoft Office PowerPoint 创建
.pdf	PDF(portable document format)是一种电子文件格式

表 2-2-2 图像文件

文件扩展名	文件简介
.jpeg	广泛使用的压缩图像文件格式，显示文件颜色没有限制，效果好，体积小
.psd	著名的图像软件 Photoshop 生成的文件，可保存各种 Photoshop 中的专用属性，如图层、通道等信息，体积较大

续表

文件扩展名	文件简介
.gif	用于互联网的压缩文件格式，只能显示256种颜色，可以显示多帧动画
.bmp	位图文件，不压缩的文件格式，显示文件颜色没有限制，效果好，唯一的缺点就是文件体积大
.png	PNG能够提供长度比GIF小30%的无损压缩图像文件，是网上比较受欢迎的图片格式之一

表 2-2-3　音频文件

文件扩展名	文件简介
.wav	波形声音文件，通常通过直接录制采样生成，其体积比较大
.mp3	使用MP3格式压缩存储的声音文件，是使用最为广泛的声音文件格式
.wma	微软制订的声音文件格式，可被媒体播放机直接播放，体积小，便于传播
.ra	RealPlayer声音文件，广泛用于互联网声音播放

表 2-2-4　视频文件

文件扩展名	文件简介
.swf	Flash视频文件，通过Flash软件制作并输出的视频文件，用于互联网传播
.avi	使用MPG4编码的视频文件，用于存储高质量视频文件
.wmv	微软制订的视频文件格式，可被媒体播放机直接播放，体积小，便于传播
.rmvb	RealPlayer视频文件，广泛用于互联网视频播放
.mp4	目前主流视频格式，支持html5

表 2-2-5　压缩文件

文件扩展名	文件简介
.rar	通过RAR算法压缩的文件，目前使用较为广泛
.zip	使用ZIP算法压缩的文件，历史比较悠久
.jar	用于JAVA程序打包的压缩文件
.cab	微软制订的压缩文件格式，用于各种软件压缩和发布

3. 文件夹

文件夹是存放文件的场所，在Windows中，文件夹由一个黄色的小夹子图标和名称组成，如图2-2-14所示。为了方便管理文件，用户可以创建不同的文件夹，将文件分门别类地存放在文件夹内。文件夹中除了包含文件之外也还可以包含其他文件夹，Windows 7采用树形结构的方式来组织管理文件。

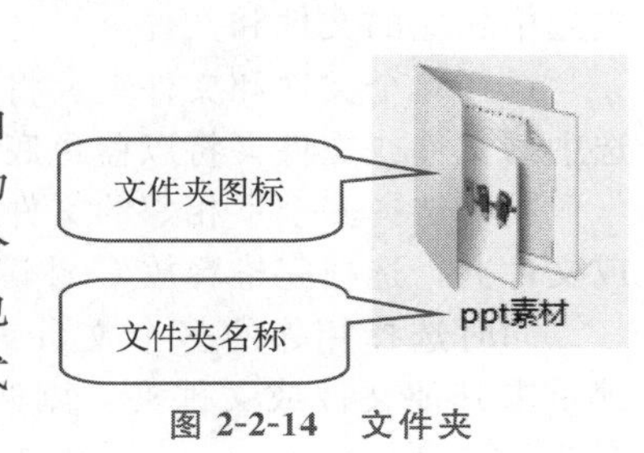

图 2-2-14　文件夹

4. 资源管理器的使用方法

打开资源管理器的方法很多，常用的操作方法是单击“开始”→“所有程序”→“附件”→“Windows 资源管理器”命令，打开“资源管理器”窗口。

“资源管理器”窗口自上而下依次是标题栏、菜单栏、工具栏、地址栏、列表窗口和状态栏等，如图 2-2-15 所示。

Windows 7 资源管理器在窗口左侧的列表区，将计算机资源分为收藏夹、库、家庭网组、计算机和网络五大类，便于用户更好更快地组织、管理及应用资源。在查看和切换文件夹时，上方目录处会根据目录级别依次显示，中间还有向右的小箭头。单击其中某个小箭头时，该箭头会变为向下，显示该目录下所有文件夹名称。单击其中任一文件夹，即可快速切换至该文件夹访问页面，便于用户快速切换目录。用户单击文件夹地址栏处，可以显示该文件夹所在的本地目录地址，如图 2-2-16 所示。

图 2-2-15　资源管理器

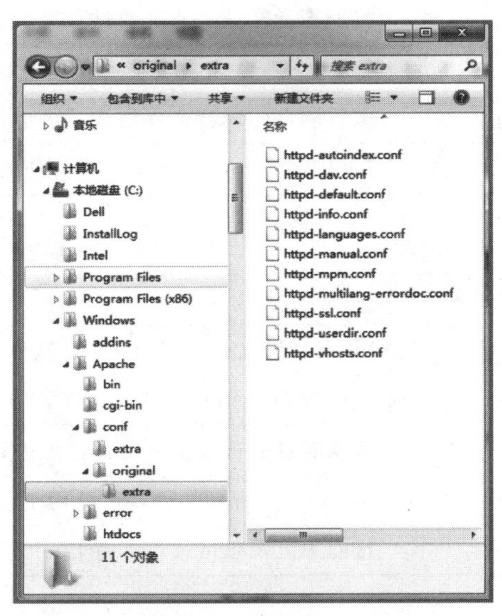

图 2-2-16　文件夹所在目录地址

5. 创建文件和文件夹

通常情况下，用户可利用文档编辑程序、图像处理程序等应用程序创建文件。此外，也可以直接右击打开快捷菜单，选择“新建”命令，创建各种类型的空白文件，或创建文件夹来分类管理文件，如图 2-2-17 所示。

6. 选取文件和文件夹

在 Windows 7 操作系统中，对文件和文件夹进行移动、复制、重命名等操作前，都要先选中相应的文件和文件夹。

选择单个文件和文件夹：将鼠标指针指向需选定的文件或文件夹，然后单击即可，被选中的文件或文件夹将以蓝色底纹显示，如图 2-2-18所示。

同时选择多个不相邻的文件或文件夹：在按住 Ctrl 键的同时，依次单击要选择的文件或文件夹，选择完毕释放 Ctrl 键即可，如图 2-2-19 所示。

同时选择相邻的多个文件或文件夹：单击选中第一个文件或文件夹后，按住 Shift 键单击其他文件或文件夹，则两个文件或文件夹之间的全部文件或文件夹均被选中，如图 2-2-20 所示。

文件夹(F)
快捷方式(S)
Microsoft Access 数据库
ACDSee 图像序列
ACDSee BMP 图像
联系人
Microsoft Word 97 - 2003 Document
Microsoft Word Document
WPS演示 演示文稿
WPS表格 工作簿
Microsoft PowerPoint Show
Microsoft Office PowerPoint Show
Microsoft Office Publisher 文档
WinRAR 压缩文件
文本文档
WPS文字 文档
Microsoft Office Excel Workbook
Microsoft Office Excel Workbook
WinRAR ZIP 压缩文件
公文包
AMD VISION Engine Control Center
查看(V)
排序方式(O)
刷新(E)
粘贴(P)
粘贴快捷方式(S)
撤消 删除(U)
Ctrl+Z
共享文件夹同步
新建(W)
打开360安全桌面
屏幕分辨率(C)
小工具(G)
个性化(R)

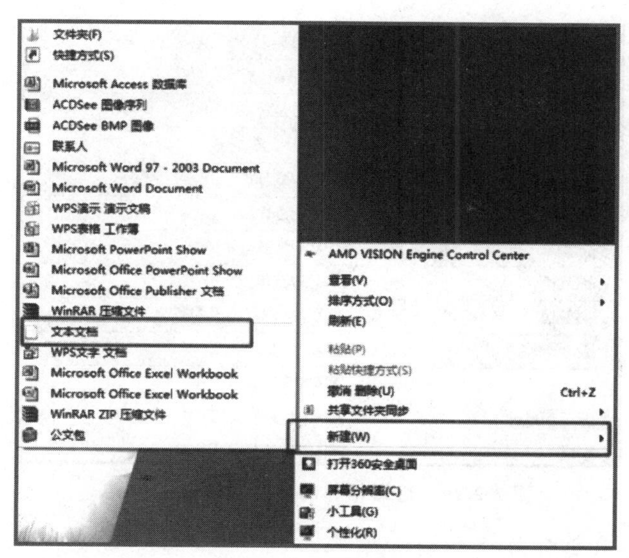

图 2-2-17 创建文件

Adobe Photoshop CS3 2015/5/4 8:30 文件夹
excel2010 2014/11/24 14:57 文件夹
FFOutput 2015/5/5 11:02 文件夹
office2010 2015/2/27 9:04 文件夹
ppt2010 2014/11/30 23:19 文件夹
PPT模板 2014/10/16 13:22 文件夹
ppt素材 2014/10/24 15:41 文件夹
RECYCLER 2014/11/26 14:45 文件夹
SPSS22.0 2015/5/26 9:32 文件夹
spss问卷分析 2015/7/3 14:22 文件夹
temp 2014/10/9 10:54 文件夹
Usb 2.0 Driver 2014/3/4 17:16 文件夹
鲅鱼圈 2015/4/15 10:44 文件夹
备课 2014/11/30 23:20 文件夹

图 2-2-18 选取单个文件或文件夹

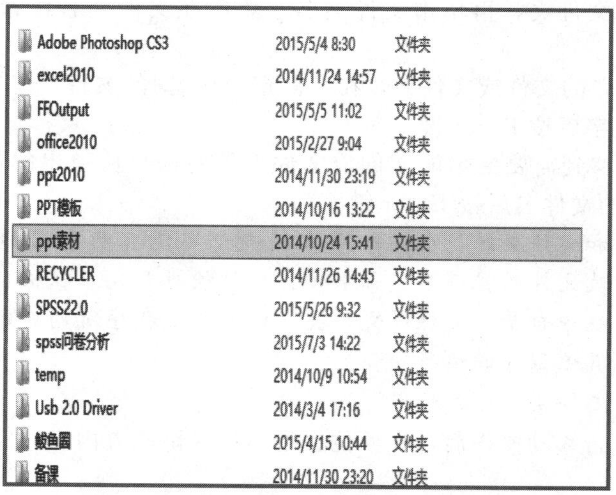

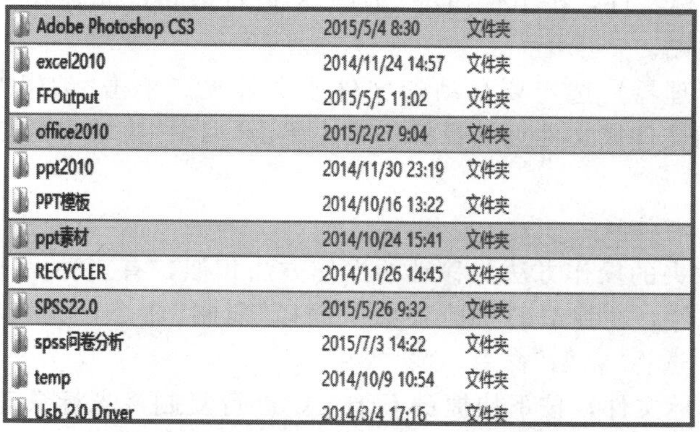

Adobe Photoshop CS3 2015/5/4 8:30 文件夹
excel2010 2014/11/24 14:57 文件夹
FFOutput 2015/5/5 11:02 文件夹
office2010 2015/2/27 9:04 文件夹
ppt2010 2014/11/30 23:19 文件夹
PPT模板 2014/10/16 13:22 文件夹
ppt素材 2014/10/24 15:41 文件夹
RECYCLER 2014/11/26 14:45 文件夹
SPSS22.0 2015/5/26 9:32 文件夹
spss问卷分析 2015/7/3 14:22 文件夹
temp 2014/10/9 10:54 文件夹
Usb 2.0 Driver 2014/3/4 17:16 文件夹

图 2-2-19 选取不相邻多个文件或文件夹

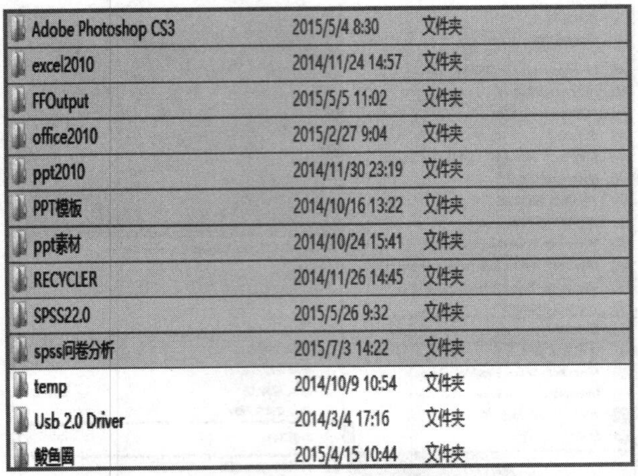

Adobe Photoshop CS3	2015/5/4 8:30	文件夹
excel2010	2014/11/24 14:57	文件夹
FFOutput	2015/5/5 11:02	文件夹
office2010	2015/2/27 9:04	文件夹
ppt2010	2014/11/30 23:19	文件夹
PPT模板	2014/10/16 13:22	文件夹
ppt素材	2014/10/24 15:41	文件夹
RECYCLER	2014/11/26 14:45	文件夹
SPSS22.0	2015/5/26 9:32	文件夹
spss问卷分析	2015/7/3 14:22	文件夹
temp	2014/10/9 10:54	文件夹
Usb 2.0 Driver	2014/3/4 17:16	文件夹
鲅鱼圈	2015/4/15 10:44	文件夹

图 2-2-20　选取相邻的多个文件或文件夹

7. 重命名文件和文件夹

重命名文件和文件夹的方法有三种。

(1) 单击选择该文件夹，再单击文件夹名，然后在文件夹名位置输入新的名字，按 Enter 键。

(2) 先选择要更名的文件或文件夹，在当前窗口中选择“文件”→“重命名”命令，在文件名位置输入新的名字后按 Enter 键。

(3) 将鼠标指针移到需要更名的文件或文件夹处右击，从弹出的快捷菜单中选择“重命名”命令，输入新的文件名后按 Enter 键。

注意： 命名文件和文件夹时，在同一个文件夹中不能有两个名称相同的文件或文件夹，还要注意不要修改文件的扩展名。如果文件已经被打开或正在被使用，则不能被重命名。此外，不要对系统中自带的文件或文件夹，以及其他程序所创建的文件或文件夹重命名，以免引起系统或其他程序的运行错误。

8. 移动文件或文件夹

文件或文件夹进行移动操作后，在原位置处不再保留原有内容，完成此操作有以下三种方法。

(1) 选定文件，右击选择“剪切”命令，光标移至目标位置右击，选择“粘贴”命令。

(2) 单击选择目标文件，按下快捷键 Ctrl＋X 进行剪切，光标移至目标位置，按下快捷键 Ctrl＋V 进行粘贴。

(3) 打开资源管理器，选定要移动的文件或文件夹。单击“编辑”菜单中的“剪切”命令，然后打开要移动文件或文件夹的目标位置。单击“编辑”菜单中的“粘贴”命令，完成移动操作。

9. 复制文件或文件夹

复制文件或文件夹的操作方法与移动的操作方法相似，有三种操作方法。

(1) 右击选定文件，在弹出的快捷菜单中选择“复制”命令，光标移至目标位置右击，在弹出的快捷菜单中选择“粘贴”命令。

(2) 单击选择目标文件，按下快捷键 Ctrl＋C 进行复制，光标移至目标位置，按下快捷键 Ctrl＋V 进行粘贴。

(3) 打开资源管理器，选定要移动的文件或文件夹。单击“编辑”菜单中的“复制”命令，然后打开要移动文件或文件夹的目标位置。单击“编辑”菜单中的“粘贴”命令，完成移动操作。

10. 删除文件或文件夹

删除文件或文件夹的方法有三种。

(1) 单击鼠标右键，选择“删除”命令。

(2) 先选定文件或文件夹后，再按键盘上的 Delete 键。

(3)选定要删除的文件或文件夹。单击“文件”菜单中的“删除”命令，打开“确认文件删除”对话框。确定删除后，单击“是”按钮，被删除的文件或文件夹放入“回收站”；否则，单击“否”按钮，则取消删除操作。

11. 查找文件或文件夹

单击“开始”按钮，在展开的菜单列表中选择“搜索”项，或右击“开始”按钮，在弹出的快捷菜单中选择“搜索”项，打开“搜索结果”对话框，然后设置搜索选项，单击“搜索”按钮，系统开始查找，并在右窗格中显示找到的文件或文件夹。对于搜到的文件或文件夹，用户可对其进行复制、移动、查找和打开等操作。

12. 文件夹的压缩和解压缩

要进行文件夹的压缩和解压缩，首先要安装文件压缩软件，如 WinRAR 等。

选择需要压缩的文件夹，右击并在弹出的快捷菜单中选择“添加到压缩文件”选项，弹出“正在创建压缩文件”对话框，并以绿色进度条的形式显示压缩的进度中，压缩完成后，用户可以在窗口中发现多了一个和源文件夹名称一样的压缩文件。

▶ 任务 1 新建文件和文件夹

1. 任务描述

(1) 在计算机上建立本人的文件夹，以“学号+姓名”命名，例如 141101 李明。

(2) 在文件夹中建立四个子文件夹，名称分别为文档、图片、音乐、视频。

(3) 在各子文件夹中建立或复制文件。

2. 操作步骤

(1) 新建文件夹，选中该文件夹，右键单击重命名为“141101 李明”，如图 2-2-21 所示。

(2) 双击进入“141101 李明”文件夹，在空白处依次新建名称为视频、图片、文档、音乐的文件夹，如图 2-2-22 所示。

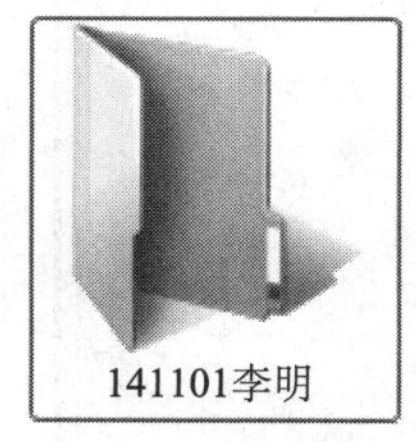

图 2-2-21 创建文件夹“141101 李明”

图 2-2-22 创建子文件夹

(3) 双击进入“文档”文件夹，新建一个 Word 文档。

2.3 Windows 7 的附件

在 Windows 7 操作系统中，“开始”菜单的“附件”选项下有很多实用的小工具，例如记事本、写字板、计算器、画图等这些系统自带的工具虽然体积小巧、功能简单，但是却常常发挥很大的作用，让我们使用计算机更便捷、更有效率。

单击“开始”→“所有程序”→“附件”命令，即可启动附件程序，如图 2-3-1 所示。

2.3.1 便签

便签，像便利贴一样贴在我们的桌面上，如图 2-3-2 所示，方便记录一些待处理的事情。可以在便签上右击设置不同的颜色，帮助相互区分。便签的叠放用鼠标拖动即可。

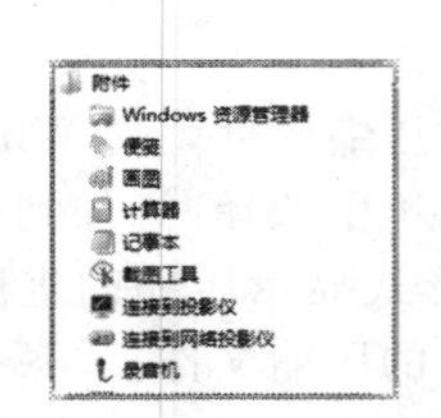

图 2-3-1　启动附件程序

图 2-3-2　便签

2.3.2 计算器

打开计算器的“查看”菜单，如图 2-3-3 所示。除了原先就有的科学计算器功能外，Windows 7 的计算器还加入了编程和统计功能。除此之外，Windows 7 的计算器还具备了单位转换、日期计算及贷款、租赁计算等实用功能。

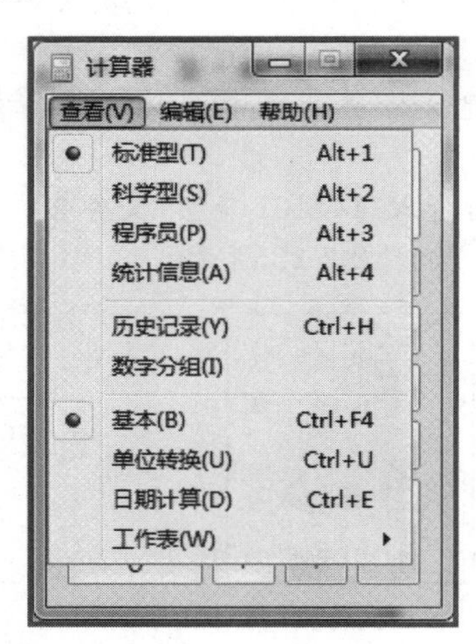

图 2-3-3　计算器

通过单位换算功能，我们可以对面积、角度、功率、体积等的不同计量单位进行相互转换；日期计算功能可以很轻松地帮助我们计算倒计时等；“工作表”菜单下的功能可以帮助我们计算贷款月供额、油耗等，非常实用，能够给我们带来许多便利。

▶ 2.3.3 截图工具

截图工具的界面如图 2-3-4 所示，单击“新建”就可以进行屏幕捕捉截图了。当出现十字光标拖动鼠标画出范围，松开鼠标的瞬间，图案就会出现在画布上，可以选择保存为图片或是进行复制发送，同时该工具还可以配合画笔、银光笔和橡皮做简单的标记。

图 2-3-4 截图工具

▶ 2.3.4 录音机

录音机，如图 2-3-5 所示操作简单，单击“开始录制”按钮就可以录音了，中途可以暂停，结束录音会生成 . wma 格式的音频文件。

图 2-3-5 录音机

▶ 2.3.5 写字板

写字板是 Windows 系统中自带的、更为高级一些的文字编辑工具，相比记事本，它具备了格式编辑和排版的功能。Windows 7 系统中的写字板采用了 Office 2007 的元素——Robbin 菜单，如图 2-3-6 所示。通过这种新的界面，写字板的主要功能在界面上方一览无余，我们可以很方便地使用各种功能，对文档进行编辑、排版。写字板中一共有两个 Ribbon 菜单项，在“查看”菜单中，我们可以为文档加上标尺或者放大、缩小进行查看，也可以更改度量单位等。

▶ 2.3.6 画图软件

与写字板一样，Windows 7 也引入了 Ribbon 菜单，从而使得这个小工具的使用更加方便，如图 2-3-7 所示。此外，Windows 7 的画图工具加入了不少新功能，如刷子功能可以让我们更好地进行“涂鸦”，而通过图形工具，我们可以为任意图片加入设定好的图形框，如五角星图案、箭头图案以及用于表示说话内容的气泡框图案，使得画图功能更加实用。

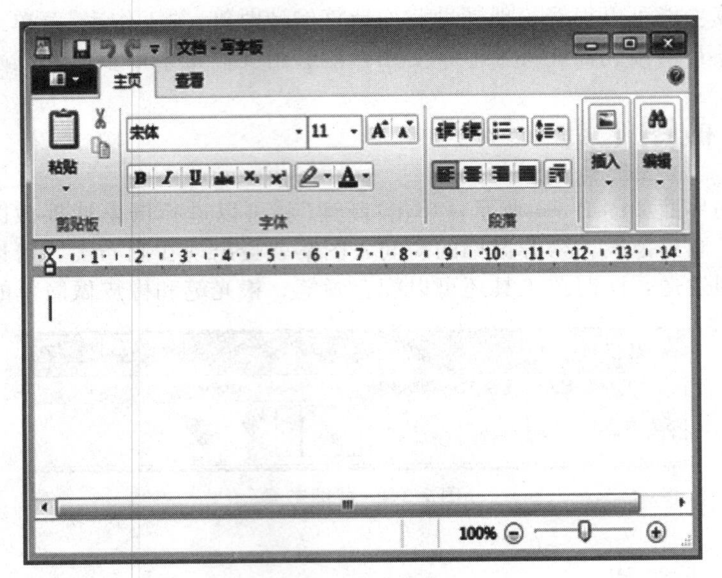

图 2-3-6 写字板

图 2-3-7 画图工具界面

1. 标题栏

标题栏位于整个软件界面的最上层，可以显示图画的名称。在标题栏最左侧有保存、撤销和重做三个操作的快捷方式，为绘图提供方便。

2. 工具栏

在窗口中，标题栏下方是工具栏，里面包含有菜单按钮和许多画图工具。菜单按钮具有新建、打开、保存等多种功能；工具栏里分为“主页”和“查看”两个选项卡。

1）“主页”选项卡

“主页”选项卡里有剪贴板、图像、工具、刷子、形状、笔触、颜色等选项。

在“剪贴板”内可以将选中的图像进行剪切、复制、粘贴等操作，如图 2-3-8 所示。

在“图像”内可以自由框选对象区域，并且可以对图像或者图片进行裁剪、调整大小和旋转等操作，如图 2-3-9 所示。

图 2-3-8 剪贴板

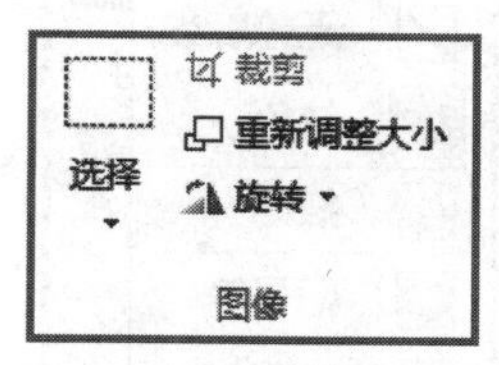

图 2-3-9

“工具”内有铅笔工具、颜料桶工具、文本工具、橡皮擦工具、颜色选取器工具和放大镜工具，如图 2-3-10 所示。

“刷子”内有很多笔触效果，例如毛笔笔刷、蜡笔笔刷、记号笔等，如图 2-3-11 所示。

图 2-3-10 画图中的工具

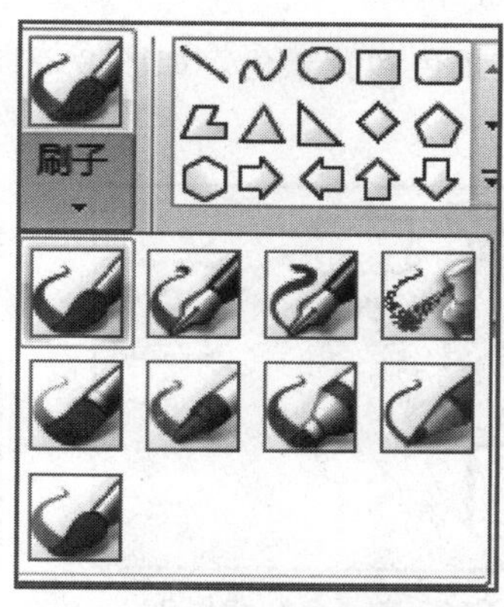

图 2-3-11 刷子的笔触效果

“形状”里有各种固定形状，例如矩形、五角星形、椭圆形等，如图 2-3-12 所示。形状里的轮廓和填充分别指图形的外边框颜色和内部颜色，具有纯色、蜡笔、记号笔等多种效果，如图 2-3-13 所示。

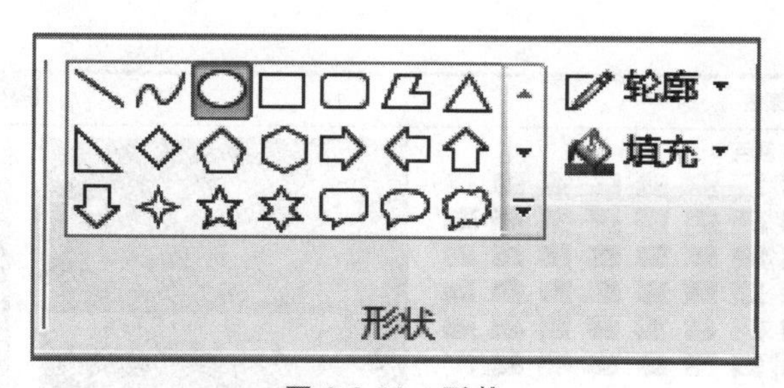

图 2-3-12 形状

- 选中椭圆形状，在画布上按 Shift 键的同时拖动鼠标，即可画出正圆。
- 选中直线形状，在画布上按 Shift 键的同时拖动鼠标，即可画出直线。
- 选中曲线形状，在画布上先将拖动出直线，鼠标拖动拉出曲线，在想弯曲的地方按一下左键确定最后弧度，即可画出曲线。
- 选中矩形形状，在画布上按 Shift 键的同时拖动鼠标，即可画出正方形。

通过调节笔触大小，可以改变铅笔、刷子等的粗细，如图 2-3-14 所示。

图 2-3-13　形状里的轮廓效果

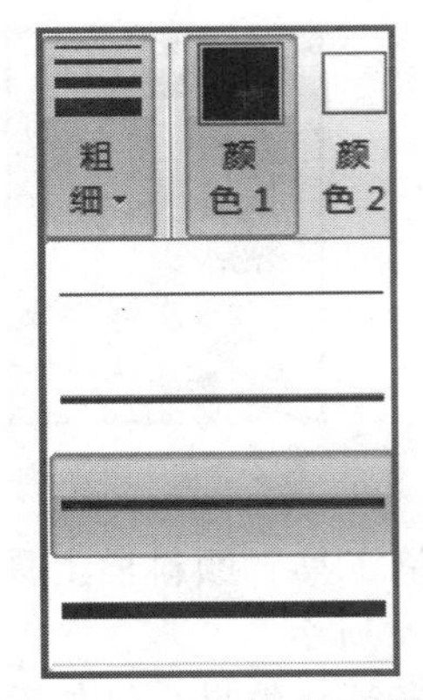

图 2-3-14　笔触大小调节

颜色分为前景色和背景色，如图 2-3-15 所示。在每一笔绘画时都需要先调节前景色，再进行绘制。

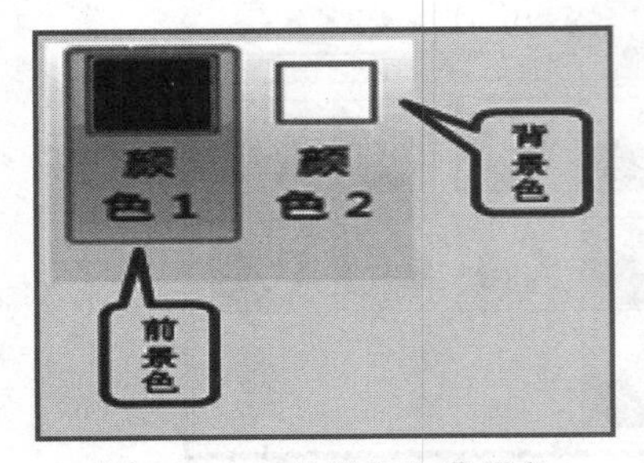

图 2-3-15　前景色和背景色

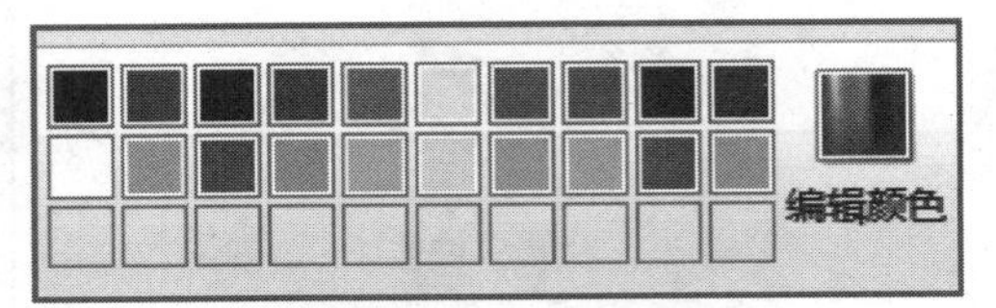

图 2-3-16　画图的颜色盒

画图的颜色盒有 20 种已保存的颜色供选择，如图 2-3-16 所示。如果我们常用的颜色没在这 20 种颜色中，可以单击“编辑颜色”，出现“编辑颜色”窗口，如图 2-3-17 所示，在自定义颜色里调整好需要的颜色后单击“确定”，刚刚调好的颜色就会出现在颜色盒第三排备选颜色里。

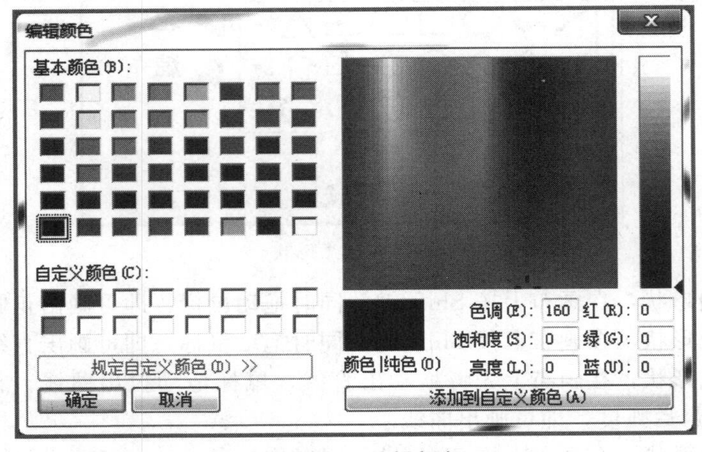

图 2-3-17　编辑颜色

2）“查看”选项卡

“查看”选项卡里可以放大和缩小画布视图，也可以显示标尺、网格线或者全屏，方便绘图，如图 2-3-18 所示。

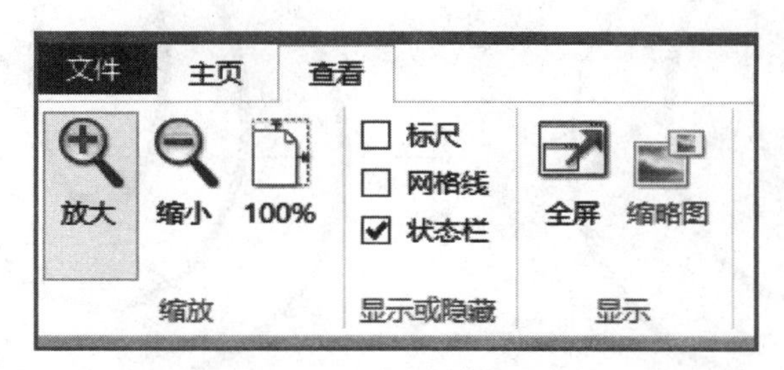

图 2-3-18 “查看”选项卡

3. 绘图区

界面的中间是绘图区，也称为工作区，里面有一个空白的画布，可以在里面绘画。

4. 状态栏

状态栏可以显示绘图的像素，并且可以改变画布大小，如图 2-3-19 所示。

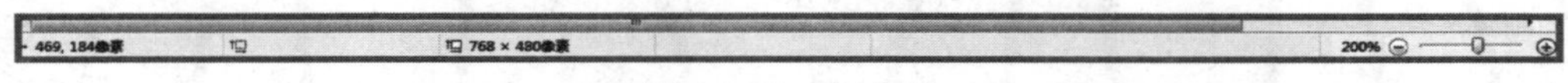

图 2-3-19 状态栏

操作技巧

“查看”选项卡中，缩放工具组里有放大和缩小命令，可以快速缩放图片。

“主页”选项卡中，工具组里有放大镜，可以对图片的局部进行放大观察。

“查看”选项卡中，显示工具组里有全屏和缩略图命令，可以对图片进行全屏或缩略图浏览。

“主页”选项卡中，图像工具组有旋转命令，可以对图片进行旋转操作。

可以用画笔在原图片上涂鸦、做标记，可以剪裁原图片的尺寸，添加文字等。

▶ 任务 2 绘制小花伞

1. 任务描述

使用画图工具绘制小花伞，主要掌握椭圆、直线、曲线、选择等工具的使用。

2. 操作步骤

(1) 选择“文件”→“新建”命令，拖曳画布边缘的控点调整画布的大小。

(2) 选择椭圆工具，按 Shift 键同时拖动画正圆作为雨伞外部轮廓。单击正圆最上边的顶点位置再画一个椭圆形，椭圆形要适当的大一些，再画一个小椭圆，作为雨伞骨架的条纹，如图 2-3-20 所示。

(3) 单击图像菜单下的选择按钮，矩形框选雨伞的上半部轮廓，如图 2-3-21 所示。按住鼠标左键移动到其他位置，如图 2-3-22 所示，小雨伞外框画好。

(4) 选择形状工具栏里的曲线工具，绘制雨伞花边的弧线，如图 2-3-23 所示。然后选择直线和曲线(或者椭圆)工具，画雨伞的手柄。

(5) 选择颜料桶工具，给雨伞添加不同的颜色，如图 2-3-24 所示。还可以在雨伞上添加点缀的图案，如图 2-3-25 所示。

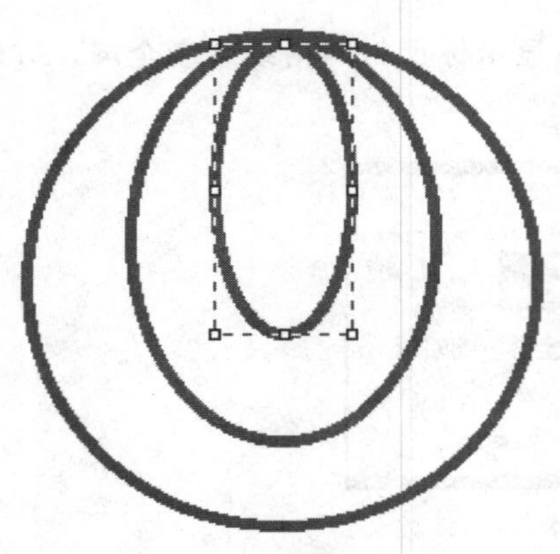

图 2-3-20　椭圆绘制

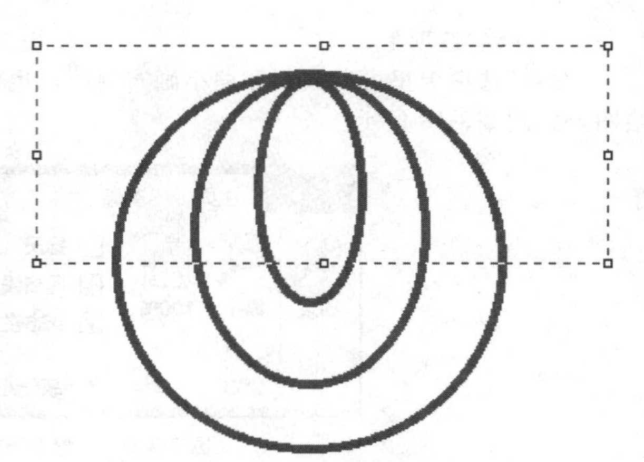

图 2-3-21　框选雨伞的上半部轮廓

图 2-3-22　小雨伞外框

图 2-3-23　绘制雨伞弧线

图 2-3-24　燃料桶工具添加不同的颜色

图 2-3-25　添加点缀的图案

▶ 任务 3　绘制可爱的猴子

1. 任务描述

使用画图工具绘制可爱的猴子。练习画图工具的使用，熟练掌握任意选择、复制、粘贴及旋转等操作方法。

2. 操作步骤

(1) 选择"文件"→"新建"命令，拖曳画布边缘的控点调整画布的大小。

（2）选择椭圆工具，按 Shift 键同时拖动画正圆作为头部，接着用同样的方法画眼睛，腮红用椭圆画出叠放在眼睛上，多余的线条用橡皮擦掉，用油漆桶点选前景色分别上色，然后调整粗细线条为最细，选四角星形图案画图，如图 2-3-26 所示。

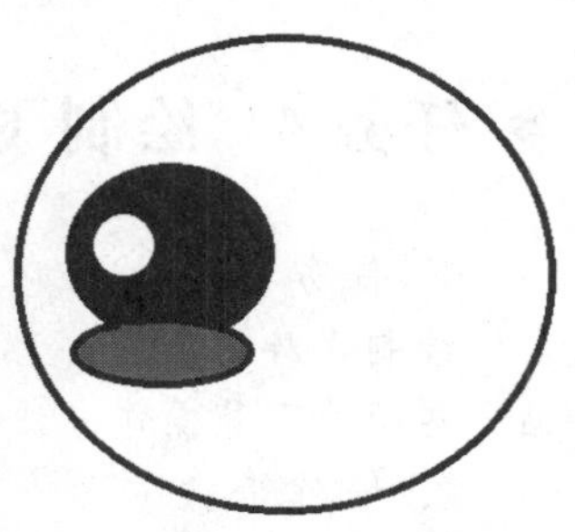

图 2-3-26 绘制眼睛

（3）一只眼睛画好后，用图像工具组里的选择工具将其圈出，用复制的方式得到一样的另一只眼睛，如图 2-3-27 所示。

（4）用铅笔工具调整好笔触的粗细，控制好鼠标画出鼻子和嘴。选中曲线工具画猴子的耳朵，在需要弯曲的地方拖曳鼠标，效果如图 2-3-28 所示。

图 2-3-27 复制眼睛

图 2-3-28 绘制鼻子、嘴和耳朵

（5）同理，画出猴子的头尖，效果如图 2-3-29 所示。用铅笔工具把剩下的身体补充完整。

（6）选择闪电形状来绘制尾巴，用旋转工具调整闪电的角度，并放到猴子身上，如图 2-3-30所示。

图 2-3-29 猴子的头尖

图 2-3-30 绘制尾巴

（7）绘制星星，插入文字，填充背景颜色，如图 2-3-31 所示。

图 2-3-31 可爱的猴子效果图

▶ 任务 4　绘制飞舞的蜜蜂

1. 任务描述

绘制飞舞的蜜蜂，熟练运用形状工具、颜料桶等工具，掌握选择、旋转、复制、粘贴、透明处理等操作方法。

2. 操作步骤

(1) 选择“文件”→“新建”命令，拖曳画布边缘的控点调整画布的大小。

(2) 前景色设置为黑色，选择椭圆工具，按 Shift 键同时拖动画正圆作为蜜蜂头部轮廓。在这个正圆里左侧画一个较小的正圆作为眼眶，再用更小的正圆作为眼球。选中蜜蜂左侧眼睛，复制粘贴后形成右眼。使用曲线工具画出小蜜蜂的嘴巴，如图 2-3-32～图 2-3-34 所示。

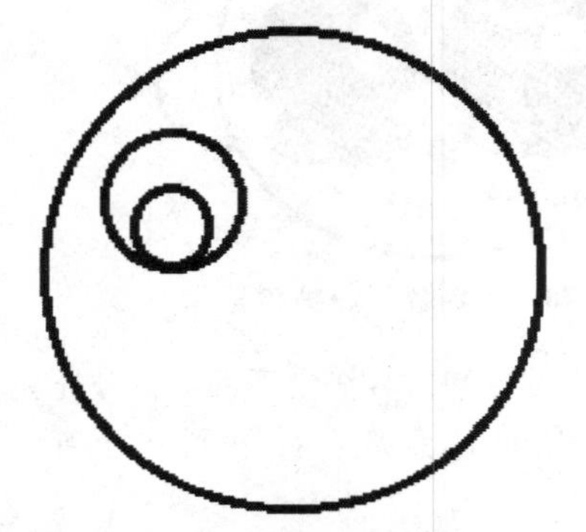

图 2-3-32　头部轮廓和眼眶

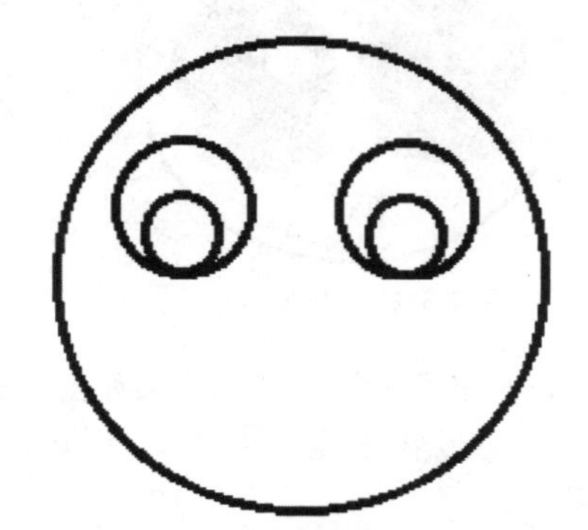

图 2-3-33　左眼复制粘贴后形成右眼

(3) 选择曲线工具，用鼠标在画布的空白部分拉出一条向左弯曲的线，改变前景色为紫色，在曲线的头部画一个小圆作为蜜蜂的触角。选择选取工具将该触角框选，在虚线框中单击鼠标右键，选择“复制”命令，然后将该触角拖到蜜蜂头顶的右上部，进行粘贴。在移动过程中应选择“透明处理”命令，如图 2-3-35 所示。

图 2-3-34　小蜜蜂的嘴巴

图 2-3-35　蜜蜂的触角

(4) 前景色设置为黑色，选择椭圆工具，在画布的空白部分画一个竖着的椭圆作为蜜蜂的身体，用橡皮擦掉上面多余的部分。选择选取工具框选蜜蜂身体，透明处理后拖曳蜜蜂头部的下面。选取曲线工具，在蜜蜂的身体部分依次画一些曲线，如图 2-3-36 所示。

图 2-3-36 蜜蜂的身体部分

(5) 选择椭圆工具，在画布的空白处，画一个扁平的椭圆，用选取工具将其框选，在虚线框中单击鼠标右键，选择“重新调整大小”命令，在弹出的对话框中，将“扭倾斜”下的“水平”改为“45 度”后单击“确定”按钮，再用橡皮擦掉多余的部分，移动到身体左侧。同理，复制粘贴绘制出右侧翅膀，如图 2-3-37 所示。

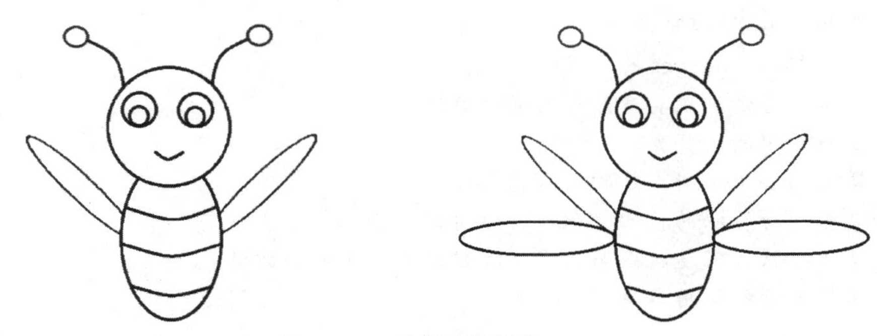

图 2-3-37 绘制蜜蜂翅膀

(6) 使用直线工具在蜜蜂的身体下方绘制尾巴。使用颜料桶工具给蜜蜂身体的各部位涂上颜色，效果如图 2-3-38 所示。

图 2-3-38 飞舞的蜜蜂效果图

3 项目3 Chapter 3 计算机网络及Internet应用

>>> **学习目标**

1. 了解计算机网络的概念及分类标准。
2. 掌握查看 IP 地址的方法。
3. 了解接入 Internet 的方式。
4. 掌握多台计算机共享账号上网的方法。
5. 了解常用的浏览器。
6. 掌握 Internet 浏览器的基本选项设置。
7. 掌握网络资源的搜索、下载、保存的方法。
8. 掌握接收、回复、撰写、发送和转发电子邮件的方法。
9. 掌握云盘的使用方法。

3.1 计算机网络概述

计算机网络就是利用通信线路和通信设备将分布在不同地点的具有独立功能的多个计算机系统互相连接起来，在网络软件的支持下实现彼此之间的数据通信和资源共享的系统。

计算机网络可按不同的标准进行分类。

▶ 3.1.1 按地理范围分类

通常根据网络范围和计算机之间互联的距离将计算机网络分为三类：广域网、局域网和互联网。

广域网又称远程网，是研究远距离、大范围的计算机网络。广域网涉及的区域大，如城市、国家、洲之间的网络都是广域网。广域网一般由多个部门或多个国家联合组建，能实现大范围内的资源共享，例如，我国的电话交换网(PSDN)、公用数字数据网(China

DDN)、公用分组交换数据网(China PAC)等都是广域网。

局域网又称局部网，研究有限范围内的计算机网络。局域网一般在10千米以内，以一个单位或一个部门的小范围为限(如一个学校、一个建筑物内)，由这些单位或部门单独组建。这种网络组网便利，传输效率高。我国应用较多的局域网有总线网、令牌环网和令牌总线网。

互联网又称网际网，是用网络互联设备将各种类型的广域网和局域网互连起来，形成的网中网。互联网的出现，使计算机网络从局部到全国进而将全世界连成一片，这就是因特网(Internet)。

3.1.2 按拓扑结构分类

拓扑结构就是网络的物理连接形式。

1. 总线型网络

所有节点都连到一条主干电缆上，这条主干电缆就称为总线，如图3-1-1所示。

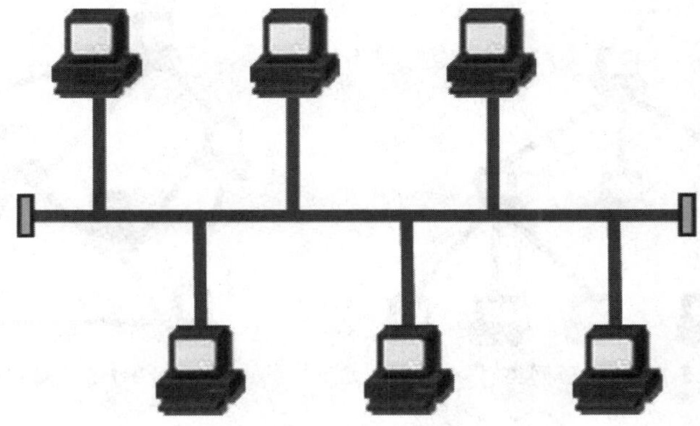

图3-1-1 总线型网络

总线连接若干个节点构成网络，各节点通过总线进行信息传播，而且信息能被其他节点接收。

2. 星形网络

星形网络是以一个节点为中心节点，其他节点与中心节点相连构成的网络，中心节点控制全网的通信，各节点之间的通信都要通过中心节点，如图3-1-2所示。

3. 环形网络

环形网络各节点形成闭合的环，信息在环中进行单向流动，可实现任意两点间的通信，如图3-1-3所示。它的优点是成本低，电缆长度短，结构简单，便于实时控制。它的缺点是环路中任意一个节点的故障都可能造成网络瘫痪，故障定位较难。节点过多会使网络的响应时间延长。

4. 树形网络

树形网络是星形网络的扩展。树形网络顶端是“根”，树根下有多个分支，每个分支还可以有子分支，节点是叶子。“根”接收各节点发来的数据，然后再广播发送到全网。它的优点是容易扩充、故障容易分离处理。它的缺点是一旦“根”发生故障，整个网络就不能正常工作，如图3-1-4所示。

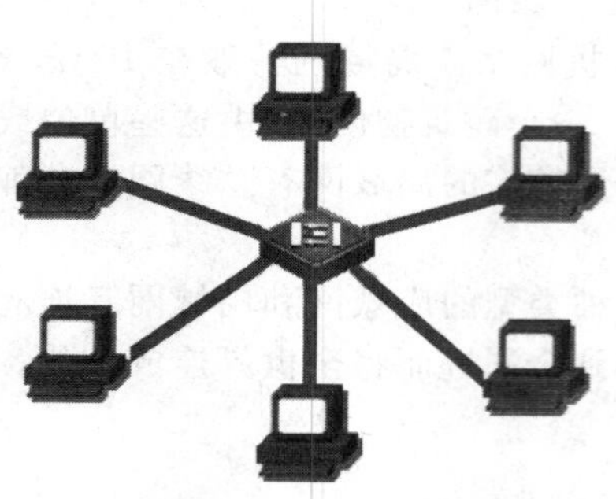
图 3-1-2　星形网络

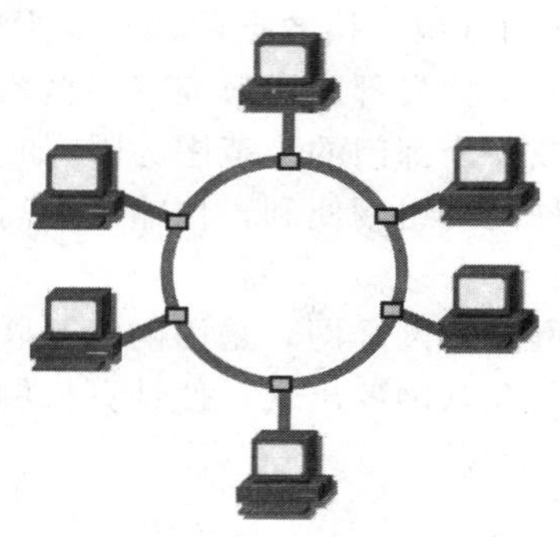
图 3-1-3　环形网络

5. 网状网络

网状网络中节点的连接是任意的，没有明显的规则，它的优点是系统可靠性高。其缺点是结构复杂，必须采用路由协议、流量控制等方法，实现起来费用较高，不易管理和维护，不常用于局域网。广域网基本都采用这种拓扑结构，如图 3-1-5 所示。

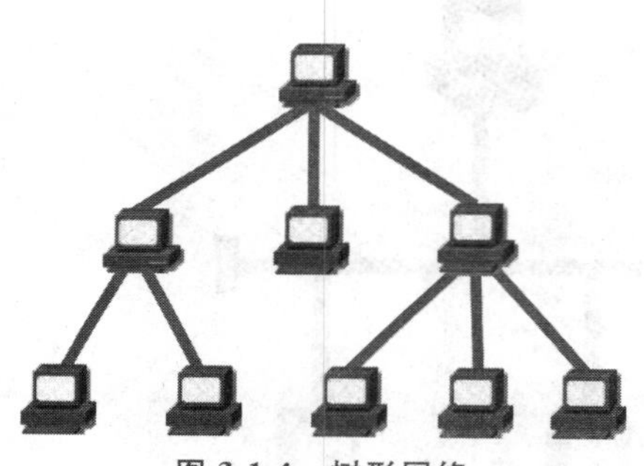
图 3-1-4　树形网络

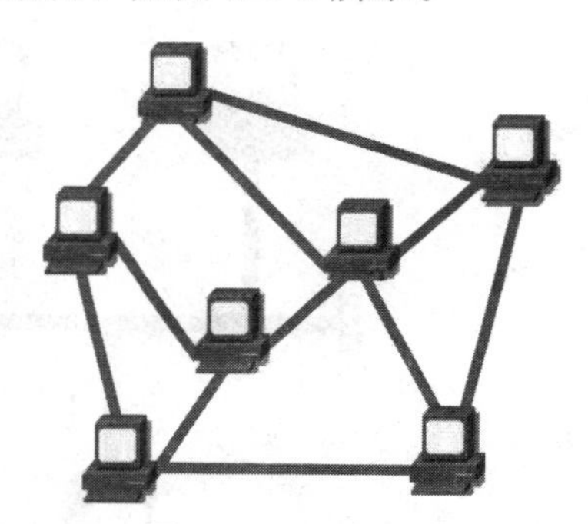
图 3-1-5　网状网络

3.1.3　按传输介质分类

网络传输介质就是通信线路。目前常用同轴电缆、双绞线、光纤、卫星、微波等有线或无线传输介质，相应的网络就分别称为同轴电缆网、双绞线网、光纤网、卫星网、无线网等。

有线网采用同轴电缆、双绞线或光纤来连接网络中的各种设备。传输质量高，传播范围较远，数据传输是在网线之间，不易被监听。

1. 双绞线

双绞线由两根绝缘导线按一定的规格绞合在一起，如图 3-1-6 所示，这种方式可以减少导线之间的电磁干扰。双绞线可以传输模拟信号也可以传输数字信号。双绞线在传输距离，信道宽度和数据传输速率等方面都受到一定限制，但价格低廉。

2. 同轴电缆

同轴电缆中心是一根内导线，内导线外有一层起绝缘作用的塑料绝缘体，再包上一层金属编织的外导线，最外层是保护外壳，如图 3-1-7 所示。同轴电缆的抗干扰性比双绞线强，但价格比双绞线高。

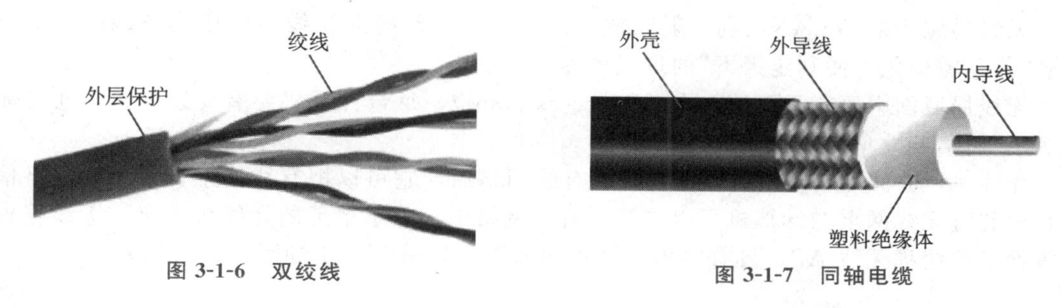

图 3-1-6 双绞线

图 3-1-7 同轴电缆

3. 光纤

光纤是光导纤维的简称。光纤的芯线是光导纤维，它传输光脉冲数字信号，纤芯外面是一层保护镀层，射入纤芯的光信号经镀层界面反射，使光信号在纤芯中传播。在发送端要先将电信号转换成光信号，接收端再用光检测器将光信号还原成电信号，如图 3-1-8 和图 3-1-9 所示。

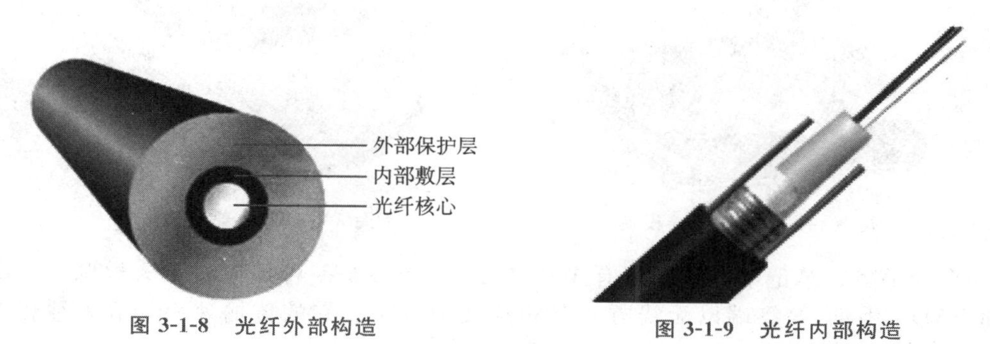

图 3-1-8 光纤外部构造

图 3-1-9 光纤内部构造

4. 无线传输

有线网布线工程量大，安装维护成本高、难度大。有线网中设备都由网线连接，设备固定，不能移动。

随着无线技术的发展，微波、红外线、激光等无线传输介质被广泛使用。无线传输介质不需要架设实体线，是通过大气传输的。无线传输介质都是直线传输，所以，如果发送方和接收方没有直线通路，则需要中转设备。无线传输介质速率不高，安全性较差，易受干扰。但无线传输介质不受实体线牵制，能实现立体通信和移动通信，如图 3-1-10 所示。

图 3-1-10 无线传输

无线局域网络 WLAN，利用射频技术，取代有线网的双绞线等构成局域网络，从而达到“信息随身化、便利走天下”的理想境界。

无线局域网中要有无线接入点 AP(access point)，每台计算机要有无线网卡，通过无线 AP，计算机之间就可以进行通信了。

无线 AP 也称无线接入点，把它接入有线网络后，它可以把有线信息转为无线网络信息，使装有无线网卡的计算机可以连接到有线网络中。除了单纯的无线接入点，无线路由器等设备也统称无线 AP，具有路由、网管的功能，如图 3-1-11 和图 3-1-12 所示。

图 3-1-11　网络连接设备

图 3-1-12　外部保护层

如今的手机、笔记本电脑等都有 WiFi 标志，WiFi 是一种可以将个人电脑、手持设备(如 PAD、手机)等终端以无线方式互相连接的技术。它的传输速率较高，覆盖范围较大。

无线网最大的优势就是网络中的设备可以随意移动，灵活方便。同时无线网无须布线，易于维护，在成本方面也占有优势。无线网的传输质量和速度不如使用双绞线或光纤的有线网，信号也会受到墙壁、距离等影响。由于信号是发散的，也容易被监听，造成数据泄露。

3.2　Internet 应用

▶ 3.2.1　TCP/IP 协议

TCP 协议即传输控制协议，负责数据传输过程的安全性。在传输过程中，如果有数据包丢失或损坏，发送端就会由协议控制重新传输这个数据包，从而保证数据完整无误地发送到接收端。

IP 协议即网际协议，负责数据的实际传输，规定了计算机在通信过程中要遵循的全部规则。IP 协议把不同格式的物理地址转换成统一的 IP 地址，把物理层传输的不同格式的数据单元(帧)转换成 IP 数据包。IP 协议还负责传输路径的选择。

▶ 3.2.2 IP 地址

IP 地址是 IP 协议中所使用的一种统一格式的地址，由它来唯一标识网络中的每一个设备。常用的 IP 地址有两类：IPv4 和 IPv6。目前常说的 IP 地址指的是 IPv4 地址，即 IP 地址的第四版本。随着 Internet 的高速发展，连接 Internet 的节点数量越来越多，IPv4 定义的地址空间已经耗尽，为了解决这一问题，提出了新的协议和 IPv6 标准。

1. IP 地址的表示

IPv4 地址由 32 位二进制数组成，每 8 位为一组，转换成一个十进制数，用“.”隔开，即用“点分十进制”来表示，如 192.168.1.1。每个 IP 地址在全球是唯一的。

2. 查看 IP 地址的方法

(1) 在开始菜单下选择“控制面板”对话框，单击“网络和 Internet”选项，如图 3-2-1 所示。

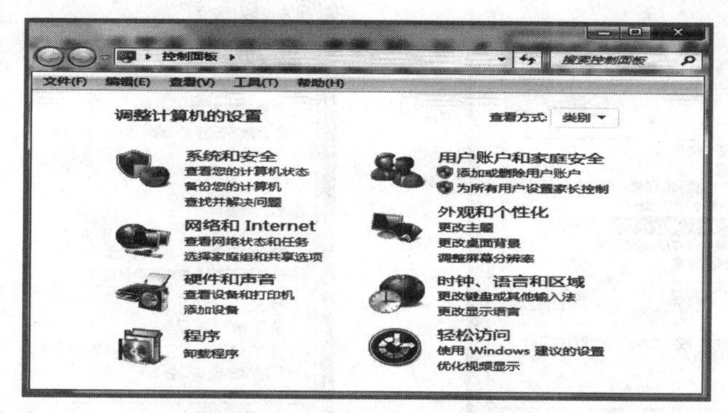

图 3-2-1 “控制面板”对话框

(2) 在弹出的“网络和 Internet”对话框里选择“网络和共享中心”选项，如图 3-2-2 所示。

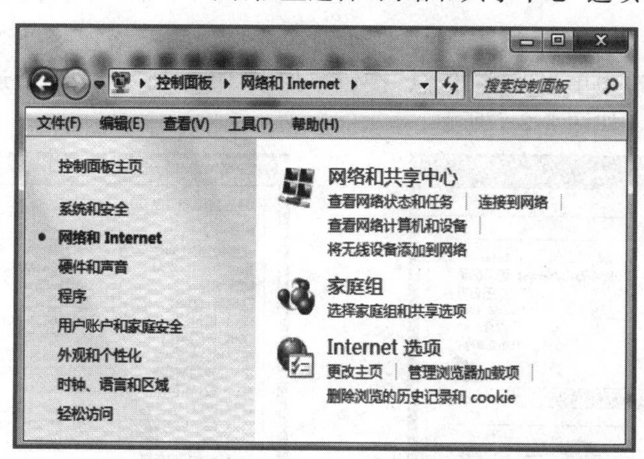

图 3-2-2 网络和共享中心

(3) 选择对话框左侧的“更改适配器设置”命令，如图 3-2-3 所示。

(4) 右键单击“本地连接”属性选项，在窗口中勾选“Internet 协议版本 4(TCP/IPv4)”，如图 3-2-4 所示。单击“属性”按钮显示 IP 地址，如图 3-2-5 所示。

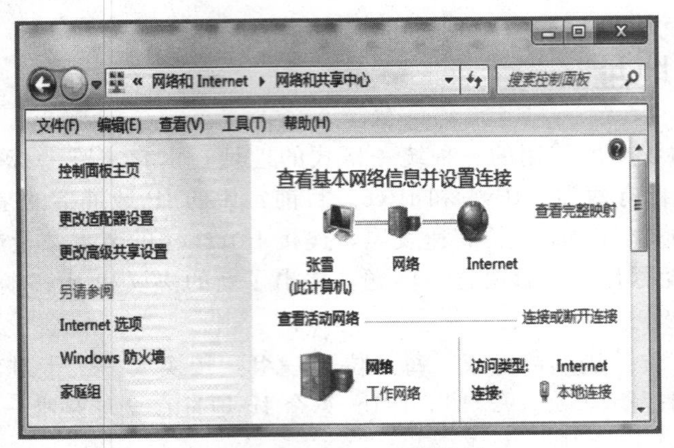

图 3-2-3 更改适配器设置

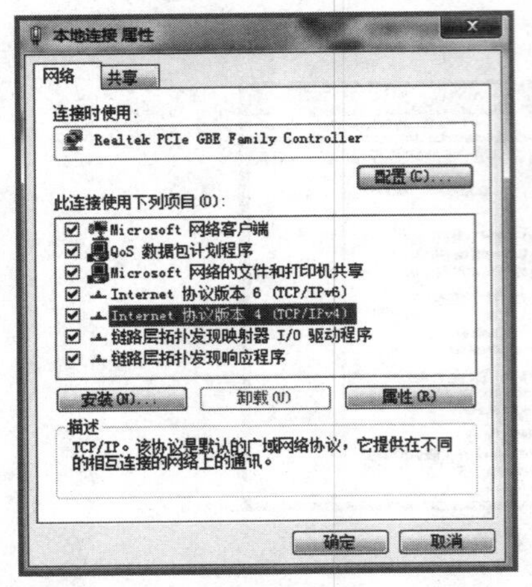

图 3-2-4 Internet 协议版本 4 属性

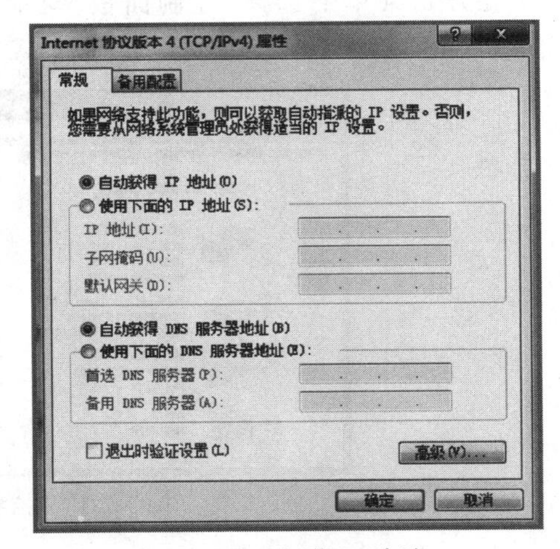

图 3-2-5 查看 IP 地址

（5）笔记本连接的无线网络查看 IP 地址则需要在无线网络连接处双击，在弹出的“无线网络连接状态”窗口中单击“详细信息”按钮，如图 3-2-6 所示。“网络连接详细信息”窗口中可以找到 IP 地址，如图 3-2-7 所示。

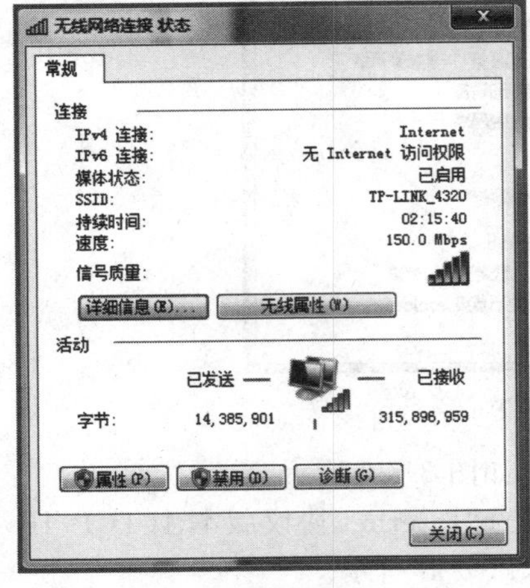

图 3-2-6 无线网络连接状态

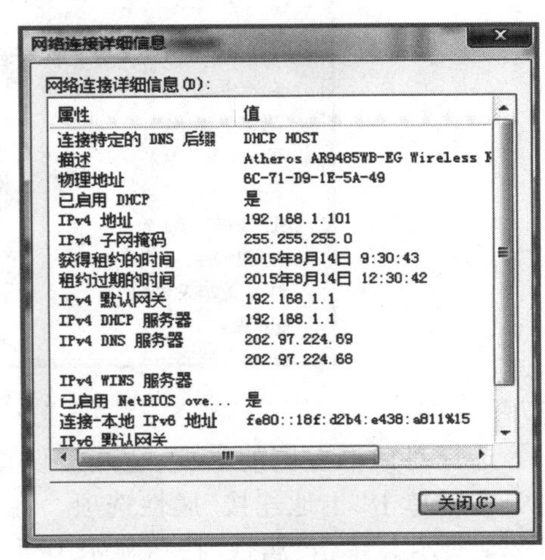

图 3-2-7 网络连接详细信息

3.2.3 域名

对于计算机来说，数字格式的IP地址很方便，但对于用户来说，这些数字非常不容易记忆。TCP/IP协议引入了一种字符型的主机命名机制，即域名系统DNS。它能够使人更方便地访问互联网，而不用去记住能够被机器直接读取的IP数串。例如百度的IP地址为180.97.33.107，数字不利于记忆，所以用户只需记住域名www.baidu.com即可。

3.2.4 接入Internet

接入Internet通常有电话拨号连接、专线连接、局域网连接、无线连接4种方式。

1. 电话拨号连接

电话拨号接入Internet的方式有普通调制解调器拨号接入方式、ADSL虚拟拨号接入方式等多种。

2. 专线连接

专线接入Internet的方式有电缆调制解调器接入方式、DDN专线接入方式、光纤接入方式。电缆调制解调器接入主要是利用有线电视网进行数据传输。DDN专线接入是利用数字信道提供永久性连接电路来传输数据信号的数字传输网络。

3. 局域网连接

如果通过路由器、代理服务器、网关等网络设备把一个局域网接入Internet，这样，局域网中的计算机就可以接入Internet了。

4. 无线连接

如果有无线AP，那么装有无线网卡的计算机或支持WiFi功能的笔记本电脑、手机等就可以无线连接到Internet。当然，无线AP也是要通过有线接入技术连接到Internet。

任务1 多台计算机共享账号上网

1. 任务描述

琳琳、雯雯和她们的室友都接到了到幼儿园实习的任务，大家都在紧锣密鼓地准备中，备课、找资源、查资料成了大家头疼的难题。但是，每个宿舍只有一根接入网线，也只有一个上网账号，平常大家可以共同看电影听歌，谁需要单独上网大家也是轮流登录账号和密码。现在所有人都需要同时上网查资料，该怎么办呢？

老师给她们提了一个建议：借助无线路由器共享网络，多台计算机共享一个账号上网。

2. 操作步骤

在操作之前，我们需要先了解无线路由器的使用方式。无线路由器是应用于用户上网、带有无线覆盖功能的路由器。无线网络几乎覆盖了我们生活、工作的每一个角落，如公交车、商场、餐厅、会议室等，电视、手机、平板电脑、笔记本电脑等都在接收着无线信号共享着网络。那么这些无线信号是什么设备供给的呢？这就是无线路由器，如图3-2-8所示。无线路由器不仅能让一定范围的区域覆盖无线信号，还兼容了交换机功能，实现多台有线设备也能同时共享网络。这一功能解决了我们目前的难题。

图 3-2-8　无线路由器

图 3-2-9 所示是一款较常见的无线路由器，有三根天线，信号强度适中，它的背面有一些端口，Power 标识是电源插孔，黑色的圆孔是复位键，WAN 是宽带线接入口，接下来颜色相同的四个 LAN 口用来连接有线设备，例如台式机等，WAN 口和 LAN 口的左上角分别都有个指示灯，通电后，有线接入并且网络畅通的情况下指示灯会亮起，如图 3-2-10所示。

图 3-2-9　常见的无线路由器

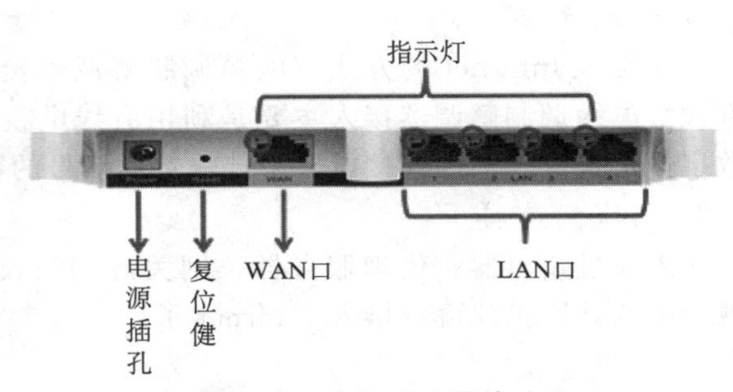

图 3-2-10　无线路由器的端口

(1) 线路的连接。首先将电源线的一端插入电源孔，宿舍的网线接入线插入 WAN 口，WAN 口指示灯亮，再将一根适当长度的网线一端连接台式计算机，另一端插入 LAN 口，LAN 口指示灯亮，此时我们已经将设备连接完毕，如图 3-2-11 和图 3-2-12 所示。

图 3-2-11　计算机主机与网线接口连接

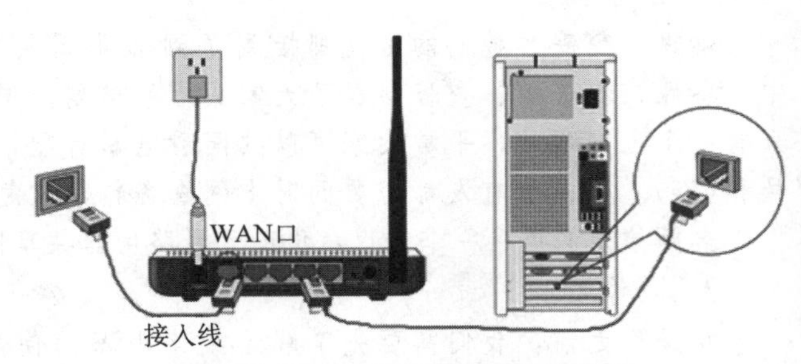

图 3-2-12　无线路由器的线路连接

(2) 无线路由器的设置。

① 首先观察路由器底部的标签，上面有设置路由器的 IP 地址及用户名密码等信息，如图 3-2-13 所示。打开刚刚连接 LAN 口的计算机，确认是自动获取 IP 地址，如图 3-2-14 所示。单击浏览器，在地址栏输入 IP 地址：192.168.1.1，如图 3-2-15 所示。

TP-LINK
11N无线宽带路由器
型号：TL-WR840N
电源规格：9V ═ 0.6A
路由器IP：192.168.1.1
用户名：admin
密码：admin
S/N: 11B06934503 Ver:2.0
MAC: 388345493E18
PIN: 15727213

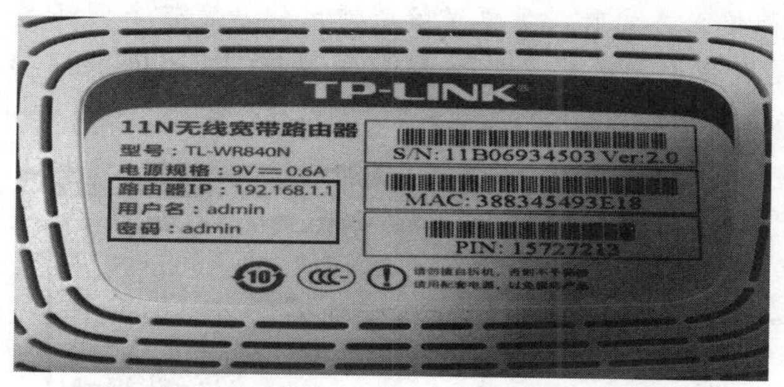

图 3-2-13　无线路由器的 IP 地址、用户名和密码

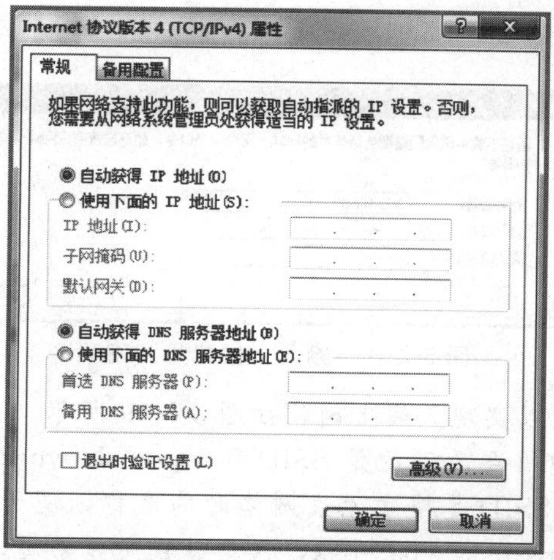

Internet 协议版本 4 (TCP/IPv4) 属性
常规
备用配置
如果网络支持此功能，则可以获取自动指派的 IP 设置。否则，您需要从网络系统管理员处获得适当的 IP 设置。
自动获得 IP 地址(O)
使用下面的 IP 地址(S):
IP 地址(I):
子网掩码(U):
默认网关(D):
自动获得 DNS 服务器地址(B)
使用下面的 DNS 服务器地址(E):
首选 DNS 服务器(P):
备用 DNS 服务器(A):
退出时验证设置(L)
高级(V)...
确定
取消

图 3-2-14　自动获得 IP 地址

360导航_新一代安全上网导航 - Windows Internet Explorer
http://192.168.1.1/

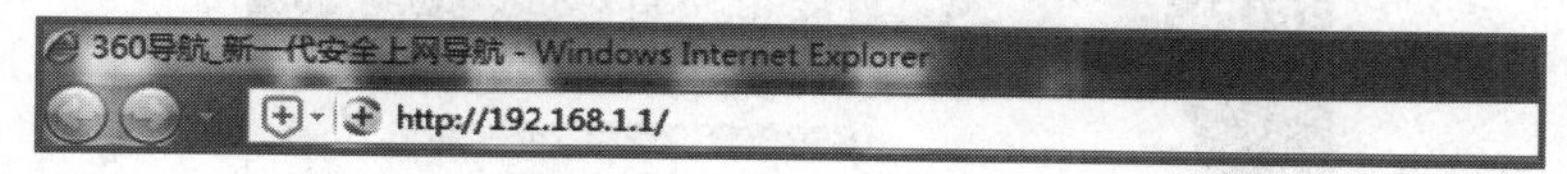

图 3-2-15　浏览器地址栏内输入 IP 地址

② 出现设置路由器账号、密码的对话框，单击设置向导，进行下一步，如图 3-2-16 所示。

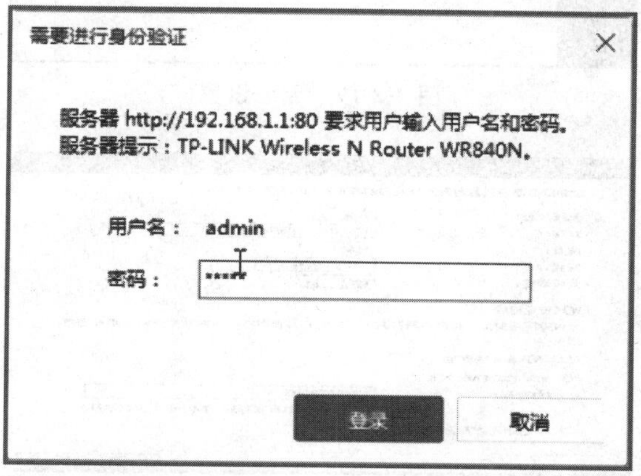

需要进行身份验证
服务器 http://192.168.1.1:80 要求用户输入用户名和密码。
服务器提示：TP-LINK Wireless N Router WR840N。
用户名：admin
密码：
登录
取消

图 3-2-16　身份验证对话框

③ 在选择以太网接入方式时，需要了解所使用的是宽带上网还是通过 IP 上网，大多数用户目前使用的是宽带上网，那么此时我们需要选“PPPOE 接入方式”，再单击“下一步”按钮，如图 3-2-17 所示。

设置向导-上网方式
本向导提供三种最常见的上网方式供选择。若为其它上网方式，请点击左侧“网络参数”中“WAN口设置”进行设置。
PPPoE（ADSL虚拟拨号）
动态IP（以太网宽带，自动从网络服务商获取IP地址）
静态IP（以太网宽带，网络服务商提供固定IP地址）
上一步
下一步

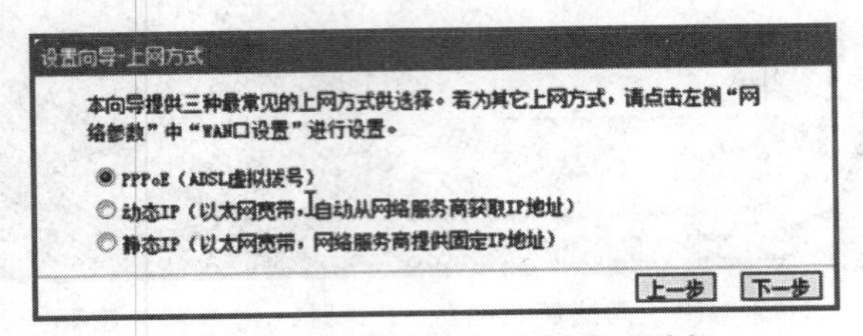

图 3-2-17　设置向导—上网方式选择

④ 在弹出的对话框内输入上网账号和密码，单击“下一步”按钮，如图 3-2-18 所示。

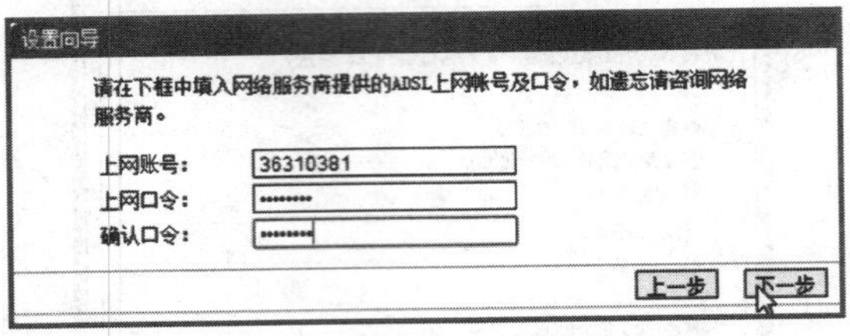

设置向导
请在下框中填入网络服务商提供的ADSL上网帐号及口令，如遗忘请咨询网络服务商。
上网账号:
36310381
上网口令:
确认口令:
上一步
下一步

图 3-2-18　输入上网账号和密码

⑤ 下面进行无线设置以实现无线上网，如图 3-2-19 所示。无线设置包括信道、模式、安全选项、SSID 等，其中需要改动的是 SSID 和 wpa-psk/wpa2-psk 两项，其余保持默认状态，如图 3-2-20 所示。SSID 是搜索无线网络时的名称，便于找到需要连接的网络。无线安全选项我们要选择 wpa-psk/wpa2-psk，这里设置无线密码，避免被他人破解。

TP-LINK
300M传输速率，实现无线自由连接梦想
设置向导
下一步

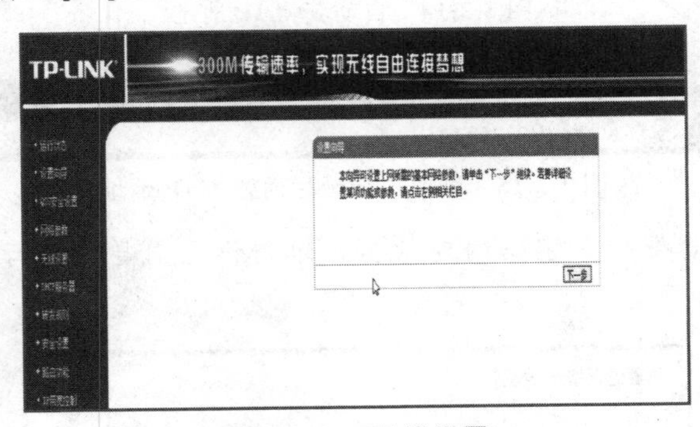

图 3-2-19　无线设置

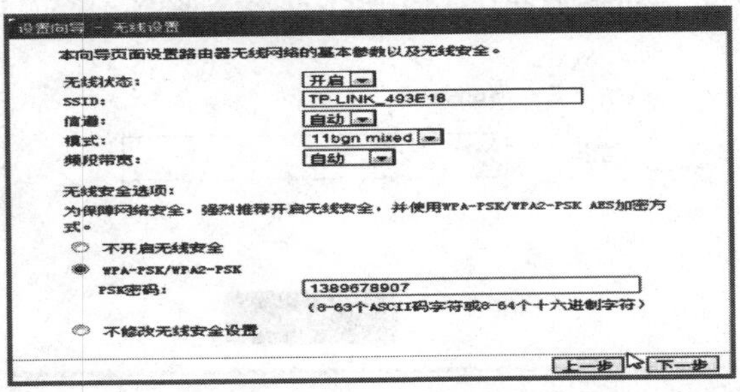

设置向导 - 无线设置
本向导页面设置路由器无线网络的基本参数以及无线安全。
无线状态:
开启
SSID:
TP-LINK_493E18
信道:
自动
模式:
11bgn mixed
频段带宽:
自动
无线安全选项:
为保障网络安全，强烈推荐开启无线安全，并使用WPA-PSK/WPA2-PSK AES加密方式。
不开启无线安全
WPA-PSK/WPA2-PSK
PSK密码:
1389678907
(8-63个ASCII码字符或8-64个十六进制字符)
不修改无线安全设置
上一步
下一步

图 3-2-20　SSID 和 wpa-psk/wpa2-psk 的设置

⑥ 单击“下一步”按钮后重启路由器，等待配置保存成功即可。

(3) 在计算机桌面创建一个宽带连接的快捷方式，便于以后输入账号和密码。选择“开始”菜单下的“控制面板”选项，单击“网络和 Internet 选项”，在弹出的对话框里选择“网络和共享中心”，然后再单击“更改适配器设备”选项，就看到宽带连接的图标，把它拖放到桌面即可，如图 3-2-21 所示。

(4) 双击桌面宽带连接的快捷方式，将用户名和密码填写进去，单击“连接”按钮，就可以上网了，如图 3-2-22 所示。

图 3-2-21　宽带连接快捷方式设置

图 3-2-22　宽带连接

3.3　浏览器

浏览器是指可以显示网页服务器或者文件系统的 HTML 文件(标准通用标记语言的一个应用)内容，并让用户与这些文件交互的一种软件。

它用来显示在万维网或局域网等内的文字、图像及其他信息。这些文字或图像，可以是连接其他网址的超链接，用户可迅速及轻易地浏览各种信息，大部分网页为 HTML 格式。

3.3.1　常用的浏览器

常用的浏览器有以下几种。

1. IE 浏览器

IE 是目前市场占有率最大的浏览器，是 Windows 操作系统的捆绑浏览器，能支持绝大部分网页。

2. 世界之窗浏览器

世界之窗浏览器安全可靠，有效地屏蔽广告和插件的干扰。节省网络带宽和计算机资源，低配置机器也能流畅运行。身材小巧，下载方便，只有 500K 左右。绿色软件，主程序即可独立运行，无其他软件捆绑。

3. 遨游浏览器

遨游浏览器允许在同一窗口内打开任意多个页面，减少浏览器对系统资源的占用率，提高网上冲浪的效率，防止恶意插件，阻止各种弹出式、浮动式广告。

4. 腾讯 TT 浏览器

腾讯 TT 浏览器浏览多线程的架构，让每一个网页都在独立线程中运行，互不影响。运行稳定、优化的性能体验，更好的内存释放，更强的兼容性，使得运行更稳定。具有上网安全、实时更新的黑白名单功能，可阻止尽可能多的非法网站，但是有时候运行过慢。

5. 360 浏览器

360 浏览器拥有全国最大的恶意网址库，采用恶意网址拦截技术，可自动拦截木马、欺诈、网银仿冒等恶意网址。独创沙箱技术，在隔离模式下即使访问木马也不会感染。

6. 搜狗浏览器

搜狗浏览器是首款给网络加速的浏览器，可明显提升公网、教育网互访速度 2～5 倍，通过业界首创的防假死技术，使浏览器运行快捷流畅且不卡不死，具有自动网络收藏夹、独立播放网页视频、Flash 游戏提取操作等多项特色功能，并且兼容大部分用户使用习惯，支持多便签浏览、鼠标手势、隐私保护、广告过滤等主流功能。

7. 谷歌浏览器

谷歌浏览器有现代浏览器应有的所有安全功能，包括弹出窗口阻拦程序和反网络钓鱼工具。它利用内置独立的 JavaScript 虚拟机 V8 来提高运行 JavaScript 的速度，页面非常简洁。但是许多站点和在线服务目前还不能在谷歌浏览器上使用，并且对于用户隐私权的保护不够完善。

3.3.2 IE 浏览器窗口组成与设置

1. IE 浏览器的窗口组成

IE 浏览器的窗口由标题栏、菜单栏、命令栏、网页内容显示区、状态栏、搜索框、地址栏和收藏夹栏等部分组成，如图 3-3-1 所示。

图 3-3-1　IE 浏览器窗口组成

（1）标题栏包括控制按钮、当前浏览网页的名称、最小化按钮、最大化/还原按钮，以及关闭按钮，通过对标题栏的操作，可以改变IE窗口的大小和位置。

（2）菜单栏提供了完成IE所有功能的命令，通过打开下拉菜单，可以选择相应的操作。

（3）命令栏提供了常用命令的工具按钮，可以不用打开菜单，而是单击相应的按钮来快捷地执行命令。工具栏由三个部分构成：“标准”按钮用以替代菜单中最常用的一些操作命令，如前进、后退、刷新等；“链接”按钮，指常用的WWW站点地址；“地址栏”，显示当前主页的URL，如http：//www.263.net。当光标移到“标准”按钮上时，当前按钮的图标就会从灰度图标变为彩色图标并呈凸起状，见“前进”按钮。

（4）内容显示区是窗口中最大面积的区域，显示当前访问的网页内容以便用户浏览。它可以显示文本、图像、动画和视频等信息。主窗口中显示的网页和数据都已经存放于本机上。通常在下载完存储于服务器上的网页的副本后，IE将自动断开与服务器的连接。

（5）状态栏位于IE窗口的底部，显示关于当前页面及浏览器的一些状态信息。其中最左侧显示的是鼠标指针对应位置的超级链接的信息或对应的菜单项的信息，或者显示连接或下载过程中的一些状态，如正在下载或下载“完成”等。其他各部分分别显示下载网页的进度、脱机/连接状态、安全证书以及当前主页位于的区域等信息。

2. Internet选项设置

为了使我们更好的浏览网页，在上网之前需要了解浏览器Internet选项常用的重要设置。

1）设置浏览器的默认主页

在IE主页面选择“工具”菜单下的“Internet选项”命令，进入“Internet属性”对话框选项，如图3-3-2所示。在“常规”选项卡中，将打开浏览器显示的默认主页地址填写到下面的地址输入框中，单击“确认”即可完成设置，如图3-3-3所示。

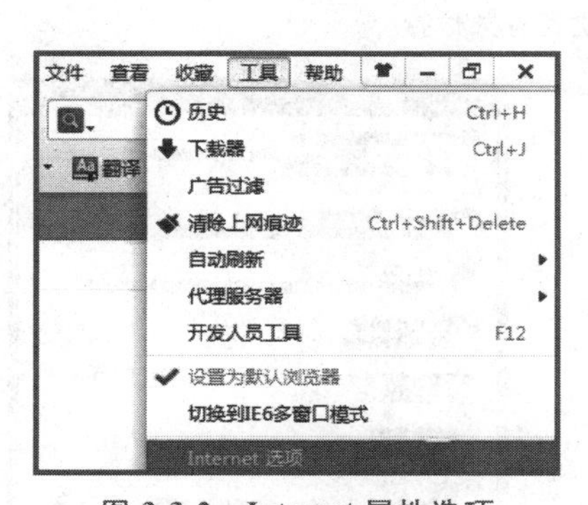

图3-3-2　Internet属性选项

图3-3-3　设置浏览器的默认主页

2）历史记录临时文件存放的设置

在“常规”选项卡中单击“浏览历史记录”下的“设置”按钮，如图3-3-4所示。设置存放历史记录临时文件分配的空间大小、存放的文件夹位置和历史记录的保存天数，如图3-3-5和图3-3-6所示。

3）删除历史记录

在“常规”选项卡中单击“浏览历史记录”下的“删除”按钮，进入“删除浏览的历史记录”对话框，选定想要删除的历史记录类型，单击“删除”按钮即可，如图3-3-7所示。

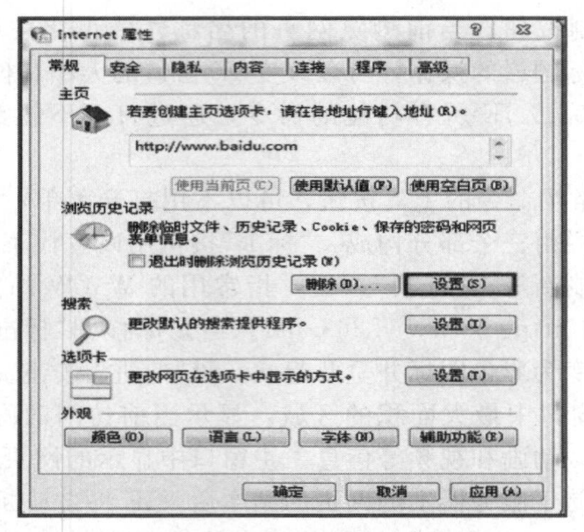

图 3-3-4　Internet 浏览历史记录

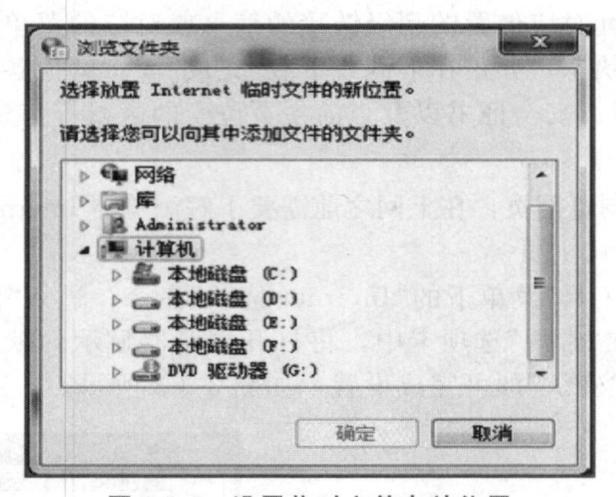

图 3-3-5　设置临时文件存放位置

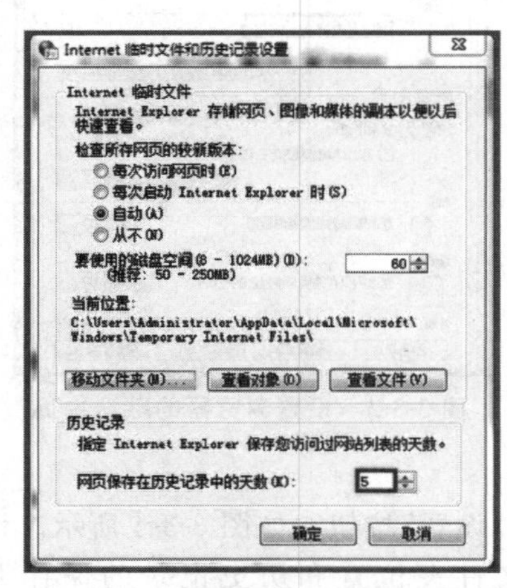

图 3-3-6　临时文件和历史记录设置

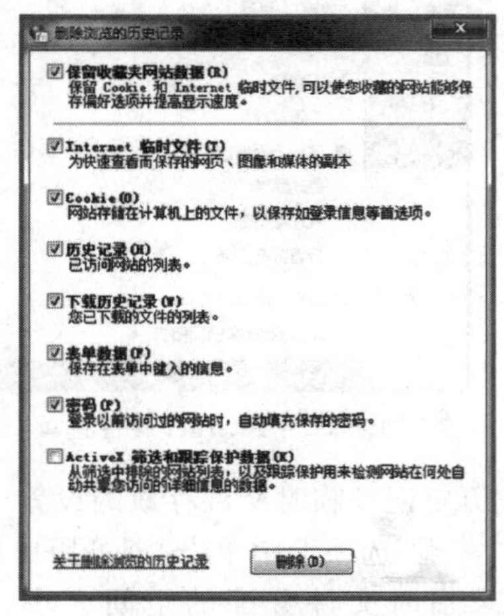

图 3-3-7　删除历史记录

4）设置浏览器的安全级别

在“安全”选项卡中单击“自定义级别”按钮，进入安全设置界面，进行相关设置，如图 3-3-8和图 3-3-9 所示。

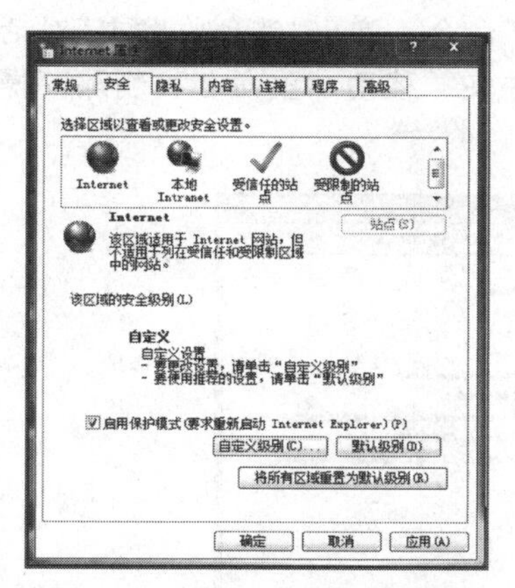

图 3-3-8 安全属性自定义级别

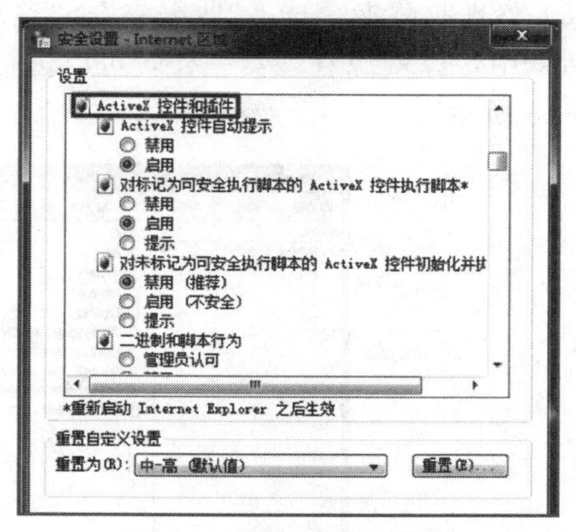

图 3-3-9 安全设置选项

5）设置隐私

弹出窗口组织程序，在“隐私”选项卡中，勾选“启动弹出窗口阻止程序”前面的复选框，单击后面的“设置”按钮，进入设置界面，如图 3-3-10 所示。填写允许的网站地址后单击“添加”按钮，就会进入下面的允许的站点列表，同时可以设置“组织级别”，如图 3-3-11 所示。

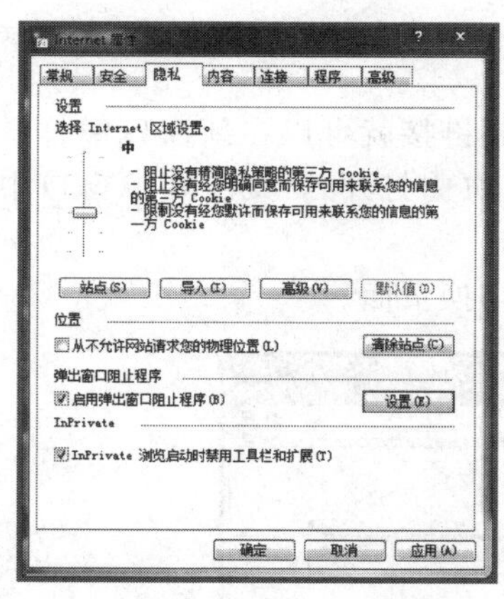

图 3-3-10 隐私设置选项

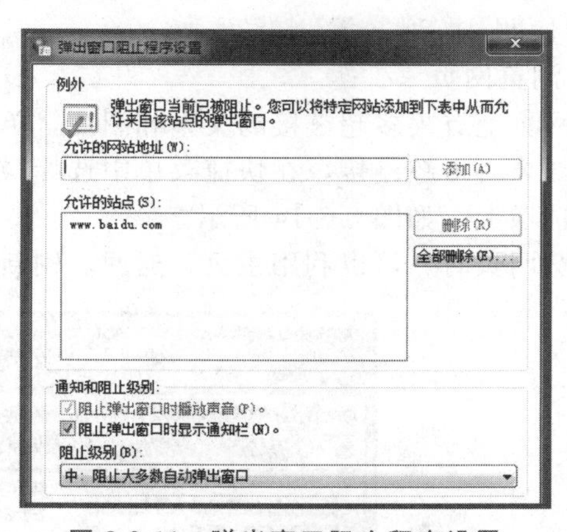

图 3-3-11 弹出窗口阻止程序设置

6）收藏夹设置

(1）向收藏夹添加网址。首先要打开要收藏的网页，选择“收藏夹”→“添加到收藏夹”命令，弹出“添加收藏”对话框，在“名称”文本框中，输入当前打开的网页在收藏夹中保存的名称，单击“添加”按钮，如图 3-3-12 所示。

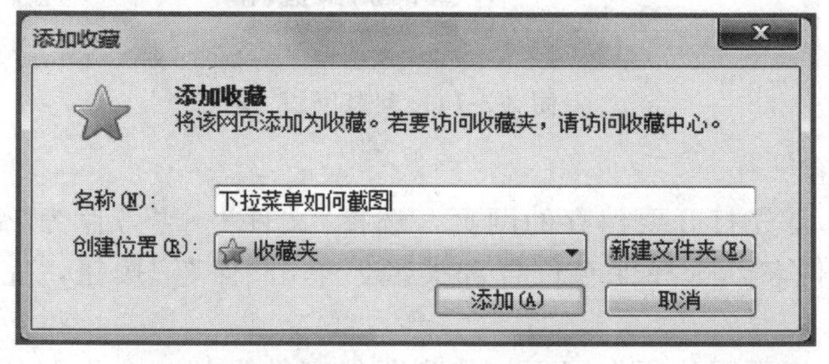

图 3-3-12 收藏夹设置

（2）整理收藏夹。选择“收藏夹”→“整理收藏夹”命令，弹出“整理收藏夹”对话框，在此对话框中，像资源管理器一样，可以进行新建文件夹、移动、重命名、删除等操作，如图 3-3-13 所示。

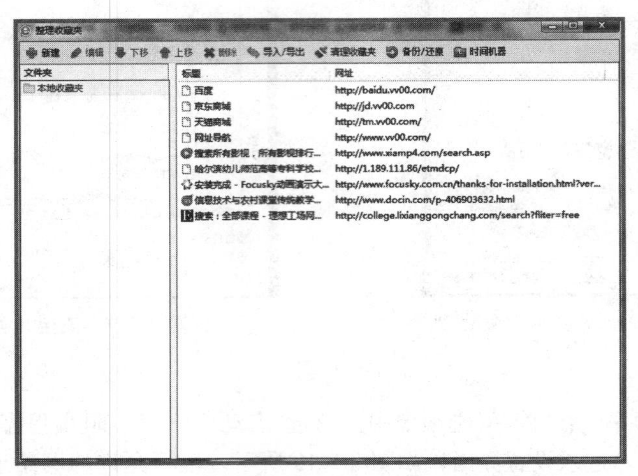

图 3-3-13　整理收藏夹

3. 使用 IE 浏览器浏览网页

1）浏览网页

在网页上有很多超链接的文本和图片，单击某个超链接就可以在新窗口中打开另一个网页。如果右击超链接，在快捷菜单中选择“在新标签页中打开”，则会在原窗口中打开一个新的选项卡，如图 3-3-14 所示。

浏览网页时，可以利用主页、返回、刷新等按钮切换页面。

图 3-3-14　浏览网页

2）保存网页内容

（1）保存网页。首先打开要保存的网页，选择“文件”→“另存为”命令，弹出“保存网页”对话框。输入文件名，选择保存位置和类型，单击“保存”按钮，完成网页的保存，如图 3-3-15 所示。

（2）保存图片。打开图片所在网页，找到要保存的图片。右击图片，在快捷菜单中选

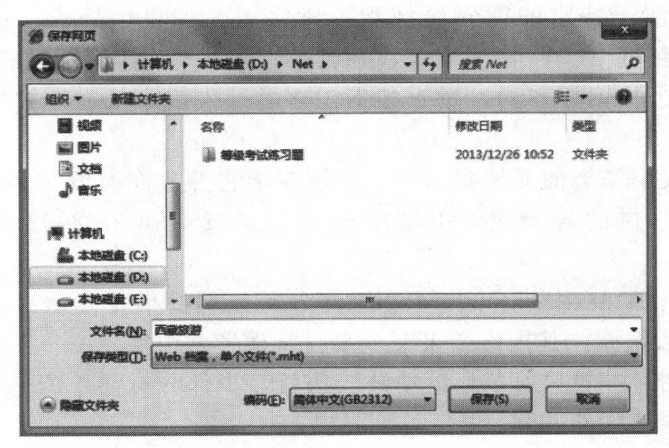

图 3-3-15 保存网页

择“图片另存为”命令，弹出“保存图片”对话框。输入文件名，选择保存位置和类型，单击“保存”按钮，完成图片的保存。

(3) 保存网页中的部分文字。在打开的网页中，选定要保存的文字，右击选定的文字，在快捷菜单中选择“复制”命令，在需要保存文字的文档编辑区定位插入点并右击，在快捷菜单中选择“粘贴”命令。

(4) 保存超链接的音频(或视频)。打开网页，找到要保存的音频(或视频)超链接。右击超链接，在快捷菜单中选择“目标另存为”，弹出“另存为”对话框。输入文件名，选择保存位置和类型。单击“保存”按钮，完成音频(或视频)的保存。

3) 搜索引擎

搜索引擎是指根据一定的策略，运用特定的计算机程序从互联网上搜集信息，在对信息进行组织和处理后，为用户提供检索服务，将用户检索相关的信息展示给用户的系统。搜索引擎包括全文索引、目录索引、元搜索引擎、垂直搜索引擎、集合式搜索引擎、门户搜索引擎与免费链接列表等。

(1) 全文搜索引擎是从网站提取信息建立网页数据库。当用户以关键词查找信息时，搜索引擎会在数据库中进行搜寻，如果找到与用户要求内容相符的网站，便采用特殊的算法，通常根据网页中关键词的匹配程度、出现的位置、频次、链接质量，计算出各网页的相关度及排名等级，然后根据关联度高低，按顺序将这些网页链接返回给用户。这种引擎的特点是搜全率比较高。

(2) 目录索引也称为分类检索，是互联网上最早提供 WWW 资源查询的服务，主要通过搜集和整理互联网的资源，根据搜索到网页的内容，将其网址分配到相关分类主题目录的不同层次的类目之下，形成像图书馆目录一样的分类树形结构索引。目录索引无须输入任何文字，只要根据网站提供的主题分类目录，层层点击进入，便可查到所需的网络信息资源。虽然有搜索功能，但严格意义上不能称为真正的搜索引擎，只是按目录分类的网站链接列表而已。用户完全可以按照分类目录找到所需要的信息，不依靠关键词进行查询。

(3) 元搜索引擎接受用户查询请求后，同时在多个搜索引擎上搜索，并将结果返回给用户。著名的元搜索引擎有 InfoSpace、Dogpile、Vivisimo 等，中文元搜索引擎中具代表性的是搜星搜索引擎。在搜索结果排列方面，有的直接按来源排列搜索结果，如 Dogpile；有的则按自定的规则将结果重新排列组合，如 Vivisimo。

(4) 垂直搜索引擎为 2006 年后逐步兴起的一类搜索引擎。不同于通用的网页搜索引擎，垂直搜索专注于特定的搜索领域和搜索需求，如机票搜索、旅游搜索、生活搜索、小说搜索、视频搜索、购物搜索等，在其特定的搜索领域有更好的用户体验。相比通用搜索动辄数千台检索服务器，垂直搜索需要的硬件成本低、用户需求特定、查询的方式多样。

(5) 集合式搜索引擎类似元搜索引擎，区别在于它并非同时调用多个搜索引擎进行搜索，而是由用户从提供的若干搜索引擎中选择，如 HotBot 在 2002 年年底推出的搜索引擎。

(6) 门户搜索引擎 AOLSearch、MSNSearch 等虽然提供搜索服务，但自身既没有分类目录也没有网页数据库，其搜索结果完全来自其他搜索引擎。

(7) 免费链接列表一般只简单地滚动链接条目，少部分有简单的分类目录，不过规模要比 Yahoo！等目录索引小很多。

▶ 任务 2 幼儿教学资源的搜索、下载和保存

1. 任务描述

我们已经掌握了网络共享的方法，接下来我们需要按照实习要求备课，将幼儿园的教学案例《龟兔赛跑》故事中的文字、图片、视频等有意义的内容下载和保存起来。

2. 操作步骤

1) 文字

首先在搜索框中输入"龟兔赛跑的故事"进行搜索，如图 3-3-16 所示。

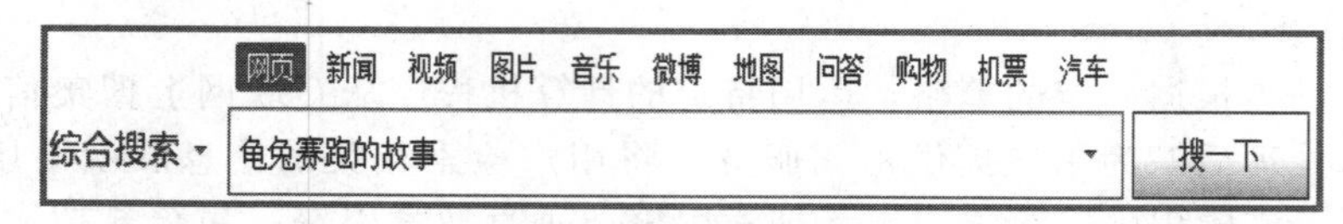

图 3-3-16 输入要搜索的内容

选择合适的文字类条目单击进入，把需要的内容复制过来粘贴在新建的文档里即可，如图 3-3-17 所示。

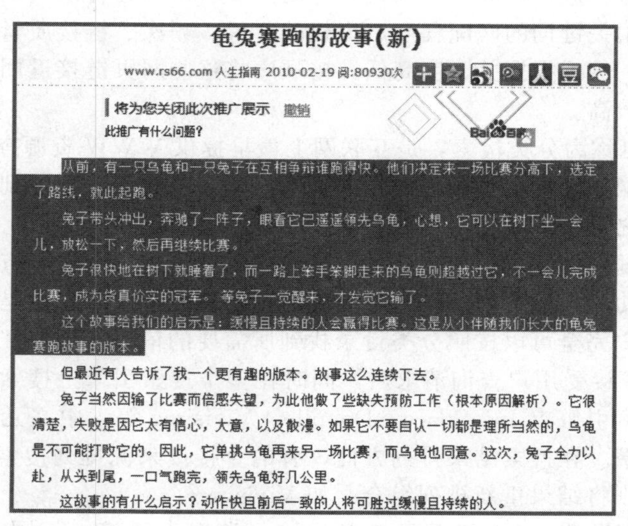

龟兔赛跑的故事(新)

www.rs66.com 人生指南 2010-02-19 阅:80930次

将为您关闭此次推广展示 撤销

此推广有什么问题?

从前，有一只乌龟和一只兔子在互相争辩谁跑得快。他们决定来一场比赛分高下，选定了路线，就此起跑。

兔子带头冲出，奔驰了一阵子，眼看它已遥遥领先乌龟，心想，它可以在树下坐一会儿，放松一下，然后再继续比赛。

兔子很快地在树下就睡着了，而一路上笨手笨脚走来的乌龟则超越过它，不一会儿完成比赛，成为货真价实的冠军。等兔子一觉醒来，才发觉它输了。

这个故事给我们的启示是：缓慢且持续的人会赢得比赛。这是从小伴随我们长大的龟兔赛跑故事的版本。

但最近有人告诉了我一个更有趣的版本。故事这么连续下去。

兔子当然因输了比赛而倍感失望，为此他做了些缺失预防工作（根本原因解析）。它很清楚，失败是因它太有信心，大意，以及散漫。如果它不要自认一切都是理所当然的，乌龟是不可能打败它的。因此，它单挑乌龟再来另一场比赛，而乌龟也同意。这次，兔子全力以赴，从头到尾，一口气跑完，领先乌龟好几公里。

这故事的有什么启示？动作快且前后一致的人将可胜过缓慢且持续的人。

图 3-3-17 复制文字

2）图片

将搜索类型从原来的网页切换到图片，就可以找到相关的图片内容，如图 3-3-18 所示。

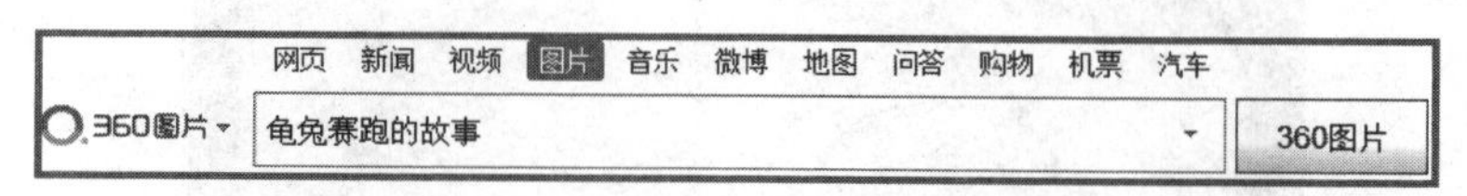

图 3-3-18　搜索图片

单击需要的图片，在图片的下方有“下载”按钮，单击会出现下载对话框，选择保存在计算机中合适的位置即可，如图 3-3-19 所示。

图 3-3-19　下载图片

3）视频

找到合适的视频网页后，需要将网页添加到收藏夹，单击网址右侧的五角星图案，选择添加到收藏夹，如图 3-3-20 和图 3-3-21 所示，再用到该视频时到收藏夹里就可以找到。

图 3-3-20　收藏视频选项

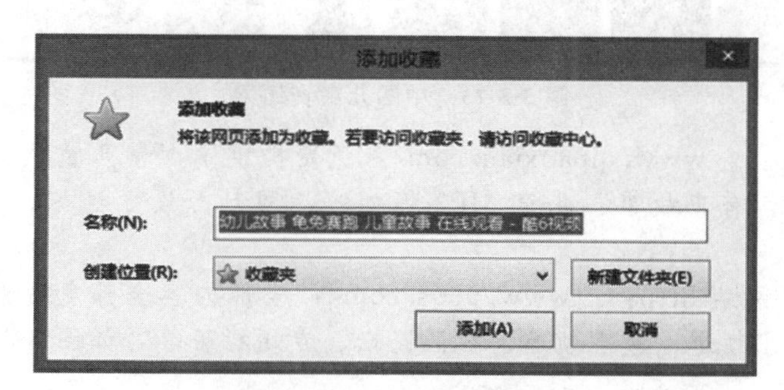

图 3-3-21　添加收藏视频

下载安装视频软件，搜索到该视频，单击“下载”按钮保存视频，方法与下载图片相似，如图 3-3-22 所示。

图 3-3-22　下载视频

4）常用幼儿教学资源网站介绍

(1) 资源类的幼儿教学网站有很多，下面对常用的几个网论进行简单介绍。

① 中国儿童资源网 http：//www.tom61.com/：以“绿色上网，快乐成长”为建站理念，为中国儿童提供内容健康、丰富多彩的娱乐学习资源，提供免费下载服务，如图 3-3-23所示。

图 3-3-23　中国儿童资源网

② 起跑线 http：//www.qipaoxian.com/：免费提供了大量儿童歌曲、儿童故事、儿童游戏、儿童英语、有声故事、儿童 MP3 等内容，同时开设了论坛、博客等互动平台，如图 3-3-24 所示。

③ 小精灵儿童网站 http：//www.060s.com/：全部内容全部免费开放，包括动画频道、儿童频道、育儿频道、教学频道、社区论坛、专题栏目等，如图 3-3-25 所示。

图 3-3-24 起跑线

图 3-3-25 小精灵儿童网站

④ 中国幼儿教师网 http://www.yejs.com.cn/：以幼教资源栏目为主体，专题栏目、园长栏目和社区栏目为辅助。资源类的栏目主要立足于为幼儿教师提供优秀、专业、原创的教育教学资源；互动类栏目包括幼教社区、教师问答等专注于为幼教群体建立一个互动、交流、分享的平台，如图 3-3-26 所示。

图 3-3-26 中国幼儿教师网

(2) 综合类的幼儿教学网站有很多，下面对常用的几个网站进行简单介绍。

① 中国幼教网 http：//www.chnkid.com/：中华人民共和国教育部主管，面向全国广大幼教工作者和家长，专门提供丰富的新闻资讯、图片、课件和视频等学前教育信息，如图 3-3-27 所示。

图 3-3-27 中国幼教网

② 中国幼儿网 http：//www.cn0-6.com/：服务于幼儿园、家长、幼儿的综合性服务网站，如图 3-3-28 所示。

图 3-3-28 中国幼儿网

3.4 电子邮件

3.4.1 电子邮件概述

电子邮件是一种用电子手段提供信息交换的通信方式，是互联网应用最广的服务。通过网络的电子邮件系统，用户可以以非常低廉的价格(不管发送到哪里，都只需负担网费)、非常快速的方式(几秒钟之内可以发送到世界上任何指定的目的地)，与世界上任何一个角落的网络用户联系。

电子邮件可以是文字、图像、声音等多种形式。同时，用户可以得到大量免费的新闻、专题邮件，并轻松地实现信息搜索。电子邮件的存在极大地方便了人与人之间的沟通与交流，促进了社会的发展。电子邮件具有速度快、费用低、广域性强，可以异步传输等优点。

1. 电子邮件地址

电子邮件地址的格式是：用户名@主机域名。例如，hyz@163.com 是一个电子邮件地址，表示在“163. com”电子邮件服务器上的名为“hyz”的电子邮件用户。

2. 申请免费邮箱

下面以在网易网站上注册免费邮箱为例，说明申请免费邮箱的步骤。

(1) 打开网易首页，在 IE 浏览器窗口的右上方找到“注册免费邮箱”超链接。

(2) 单击“注册免费邮箱”，进入注册网易免费邮箱页面，如图 3-4-1 所示。

(3) 根据页面提示填写手机号码、验证码和密码等信息。

(4) 单击“立即注册”按钮即完成注册。

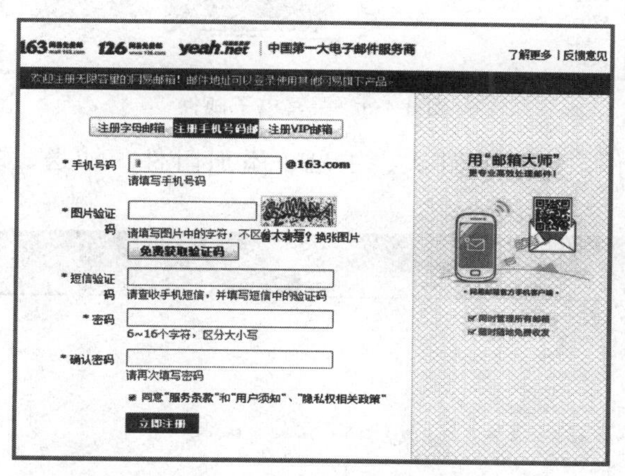

图 3-4-1 免费电子邮箱申请

▶ 3.4.2 收发电子邮件

1. 登录电子邮箱

以上面申请的网易免费邮箱为例，说明登录电子邮箱的步骤。打开网易首页，在 IE 浏览器窗口的右上方找到电子邮箱图标✉。单击该图标，打开登录 163 免费邮箱的页面。输入邮箱地址和密码，单击“登录”按钮，打开邮箱页面，如图 3-4-2 所示。

图 3-4-2 电子邮箱登录

2. 撰写和发送电子邮件

(1) 登录电子邮箱后，在邮箱页面单击“写信”按钮，打开撰写邮件的页面，如图 3-4-3 所示。

图 3-4-3　撰写电子邮件

（2）撰写电子邮件，包括收件人、主题、添加附件、抄送、邮件正文等内容，如图 3-4-4所示。

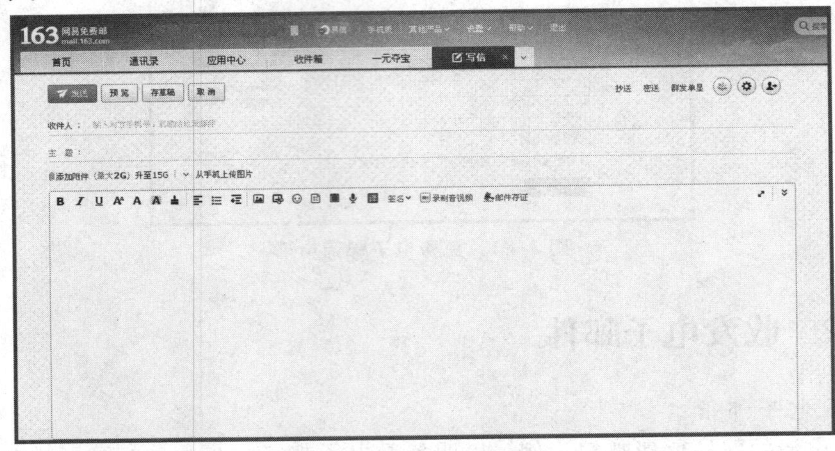

图 3-4-4　撰写电子邮件

① 收件人：可直接输入一个或多个邮件地址，中间用分号隔开；或者单击“收件人”按钮从联系人列表中选择，如图 3-4-5 所示。

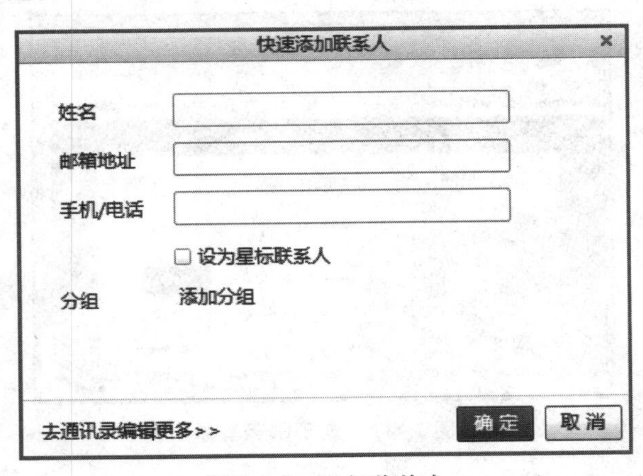

图 3-4-5　添加收件人

② 发件人：一般为默认账号，也可选择其他账号。

③ 抄送：邮件可同时发送给其他多个人。

④ 密件抄送：写入多人邮件后，收件人可以看到其他人的地址，密件抄送(即密送)除密件收件人能看到多人邮件地址外，其他收件人看不到密件收件人的邮件地址，如图 3-4-6 所示。

⑤ 主题：邮件列表中显示的主题，概括邮件内容。

⑥ 添加附件：当传输一些文本、音乐、视频时，不能将文件直接放到邮件内容里，而是通过添加附件功能进行传输，附件可为任何格式的文件，如图 3-4-7 所示。

抄送　密送　群发单显

图 3-4-6　密件抄送

主　题：

添加附件 (最大2G) 升至15G | 从手机上传图片

图 3-4-7　添加附件

⑦ 邮件修饰：邮件修饰包括字体、字号、对齐方式、水平线、插入图片、建立超链接等内容，如图 3-4-8 所示。

B I U A A A　签名　录制音视　邮件存证

图 3-4-8　邮件修饰

⑧ 使用信纸：选择“格式”→“应用信纸”命令，选择合适的信纸。

⑨ 使用背景：选择“格式”→“背景”命令，即可设置相应的背景。

⑩ 发送：发送可分为立即发送和定时发送，定时发送可以设置任意时间进行发送。

3. 接收电子邮件

进入网易邮箱界面，最左侧有邮箱各个栏目功能，分为收信箱、草稿箱、已发送、已删除等，如图 3-4-9 所示。“收件箱”是存放邮件的地方，可以随时打开收件箱来阅读邮件；如果邮件尚未编辑完成，可以先将它存放在“草稿箱”，日后只要单击草稿箱内的该封邮件，就可以继续编辑邮件；“已发送”储存每封已发送的邮件副本，通常邮件真正发送之后，才会储存到“已发送”；“已删除”是指删除的邮件会先存放在此，一段时间之后可以清空垃圾桶内的邮件。

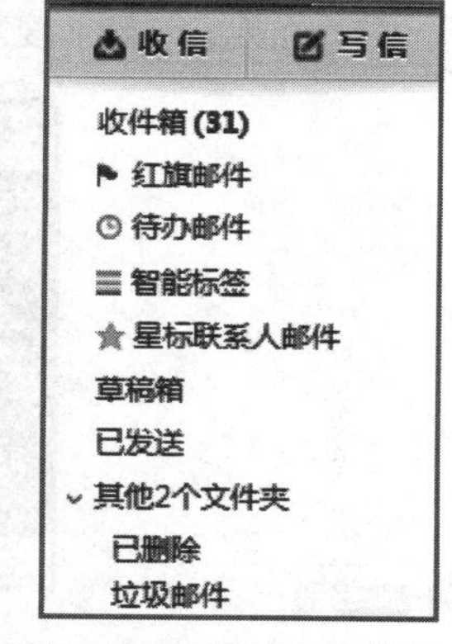

图 3-4-9　邮箱的各个栏目

(1) 阅读电子邮件。字体加黑者为未读邮件，选中邮件五秒后会自动标记为已读。读邮件时可从预览窗口中或双击打开查看，附件可直接打开或保存到磁盘，如图 3-4-10 所示。

(2) 回复电子邮件。选中收件箱的邮，单击“回复”按钮，输入回复内容，单击“发送”按钮即可完成邮件回复，如图 3-4-11 所示。若回复时不包含原邮件，可从“工具”→“选项”→“发送”中设置。

发件人	主题
000zhangxue@1...	好友000zhangxue@163.com通过360云盘给你分享...
更早 (19)	
ASUS WebStorage	ASUS Memebers ONLY! Free and permanent clou...
account	欢迎成为华硕帐号!
网易一元夺宝	一元夺宝“邮箱大师版”上线，人人有红包！
! 4008365365	苏宁电器客服回复邮件【苏宁客服】
肯德基宅急送	删除送餐地址（肯德基宅急送）
人人网	张雪,你的好友鞠亚林金아람、王娜、陈媛媛みつご又有...
芒果儿	DSCF5182

图 3-4-10　阅读电子邮件

图 3-4-11　回复电子邮件

(3) 转发邮件。单击“转发”按钮可将收到的邮件转发给他人。

3.5 网上存储

3.5.1 云盘简介

云盘是互联网存储工具，云盘是互联网云技术的产物，它通过互联网为企业和个人提供信息的储存、读取、下载等服务。具有安全稳定、海量存储的特点。云盘相对于传统的实体磁盘来说更方便，用户不需要把储存重要资料的实体磁盘带在身上，却一样可以通过互联网，轻松从云端读取自己所存储的信息。

云盘的安全保密性高，密码和手机绑定、空间访问信息随时告知；其次云盘具有超大存储空间，不限单个文件大小，支持 10TB 独享存储；另外，云盘还具有好友共享的功能，可以通过提取码轻松分享信息。

比较知名而且好用的云盘服务商有百度网盘、360 企业云盘、金山快盘、够快网盘、微云等。

3.5.2 云盘的使用

我们以百度网盘为例，学习一下云盘的使用方法。

(1) 在搜索引擎上搜索百度网盘即可找到百度网盘的官网，点击进入官网，如图 3-5-1 所示。

3-5-1　百度网盘登录

(2) 在登录界面上注册用户名和密码，经测试，注册方法与注册邮箱的方式一样，只需要 1 分钟。还可以通过手机来快速注册，如图 3-5-2 所示。

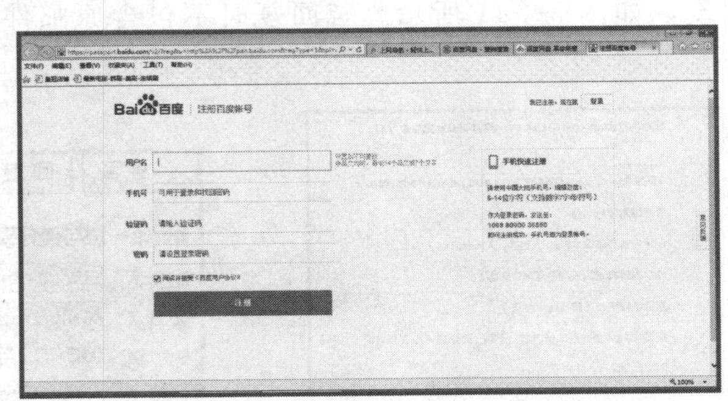

图 3-5-2　百度网盘注册页面

(3) 登录以后，将看到网盘有两种管理方式，一种是通过客户端来管理，一种是通过网页来管理，两种方法都是一样的，网页版不必安装任何软件，因此可直接点击进入网页版。

(4) 进入网盘以后，单击界面上的“上传”按钮，如图 3-5-3 所示。打开了一个上传文件的对话框，在这个对话框中，单击“添加文件”按钮，打开浏览窗口，如图 3-5-4 所示。在浏览窗口，选中要上传的文件，如果想要选中多个文件，可以按 Ctrl 键的同时选择文件，选好文件后，单击右下角的“打开”按钮即可开始上传文件。

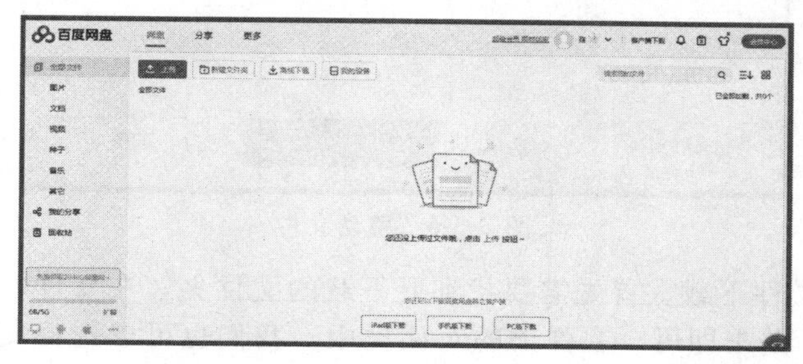

图 3-5-3 文件上传

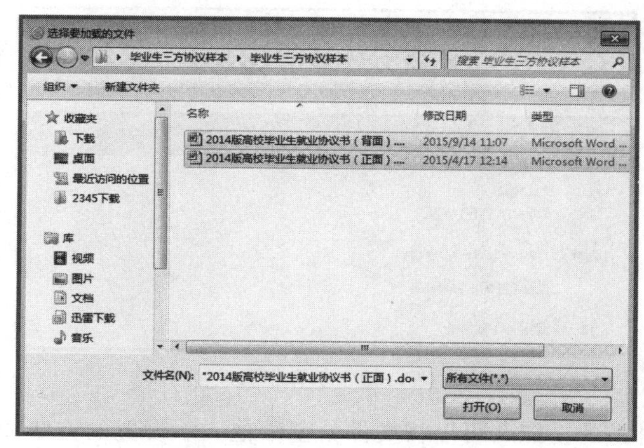

图 3-5-4 添加文件

(5) 文件上传成功后可以看到云盘页面直接显示，如图 3-5-5 所示。为了管理的方便，我们可以将文件移动到文件夹中，例如，我们想要将文件移动到文件夹中，可以使用鼠标直接进行拖动或者右键单击要选中的文件，在打开的菜单中选择“移动”命令，这时选择你要移动到的文件夹，单击文件夹即可。选择“确定移动”按钮，移动文件就完成了，如图 3-5-6所示。

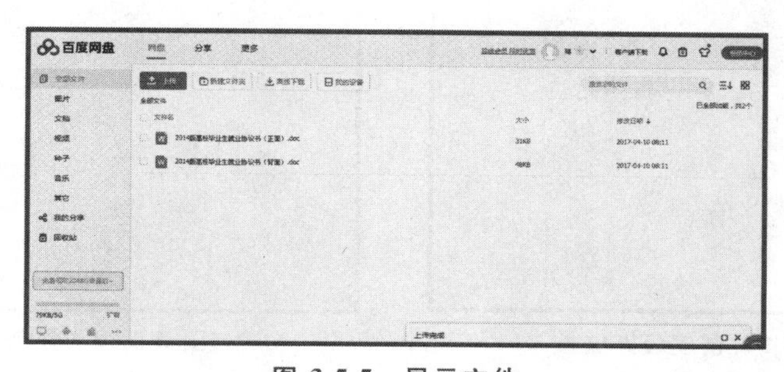

图 3-5-5 显示文件

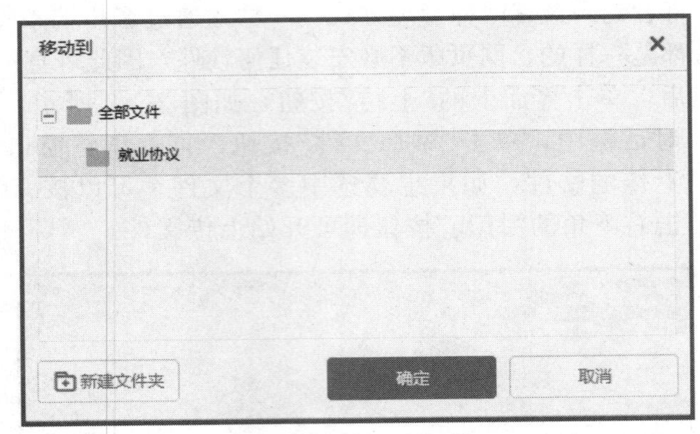

图 3-5-6　移动文件

（6）将上传的文件下载。首先需要找到要下载的文件夹，在文件右侧可以看到下载按钮如图 3-5-7 所示，单击即可。在弹出的对话框中，我们也可以选择文件保存的位置，如图 3-5-8 所示。

图 3-5-7　文件夹下载按钮

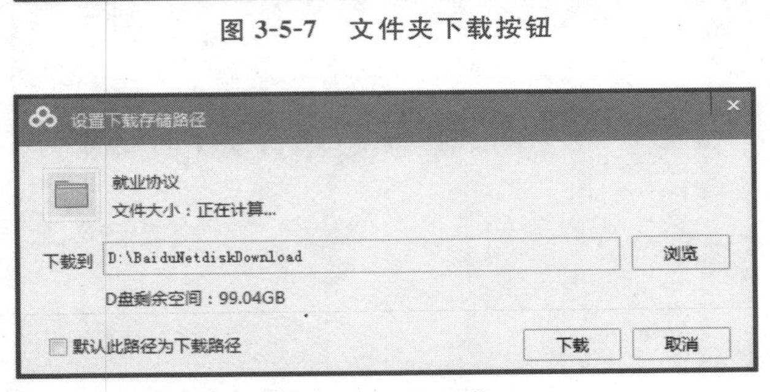

3-5-8　文件下载

（7）利用网盘外链的功能，可以将文件分享给他人。设置的方法如下：找到要分享的文件，然后右键单击，在打开的菜单中选择“分享”，单击创建公开链接，如图 3-5-9 所示。单击“复制链接”按钮，将复制的结果发送给你的好友，他们可通过该链接下载文件，如图 3-5-10 所示。

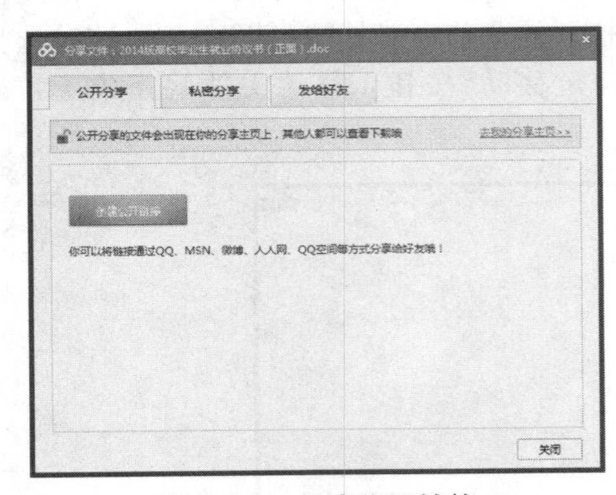

图 3-5-9　创建公开链接

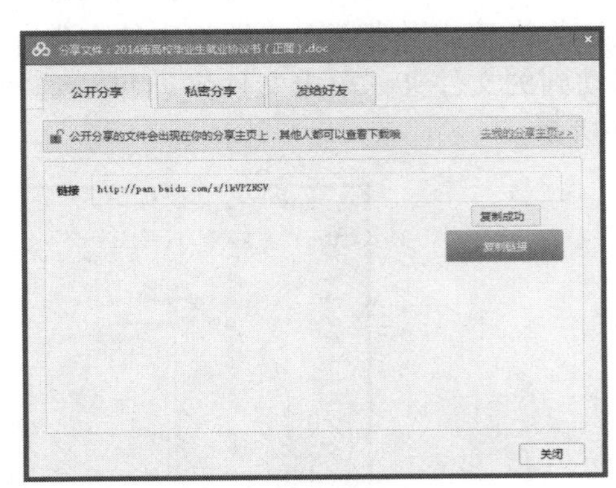

图 3-5-10　复制链接

▶ 任务 3 搭建网上存储空间

1. 任务要求

任务 2 中，大家下载并保存了许多的教学资源，本任务要求大家搭建一个网上共享空间，将自己的教学资源上传到百度网盘。请将收集的课程资源，按照图 3-5-11 所示进行分类整理。

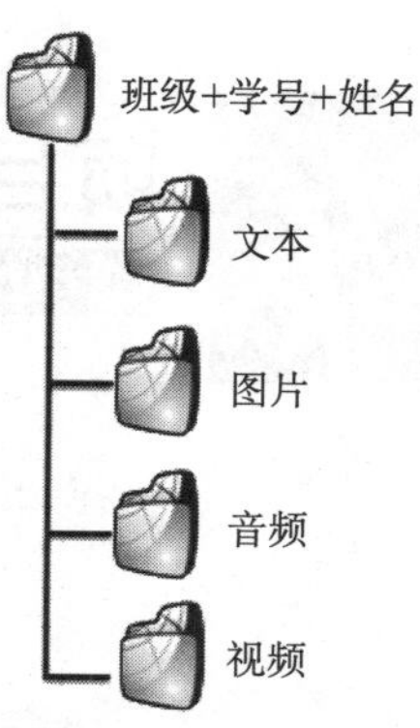

图 3-5-9 网络空间文件分类整理

2. 操作步骤

具体操作流程在网盘建立的过程中已详细说明，在这里只简单介绍操作步骤。

注册百度网盘，新建文件夹，命名为“班级＋学号＋姓名”，双击进入该文件，再依次建立四个文件夹，分别命名为“文本”“图片”“音频”“视频”，将任务 2 中搜集的素材直接分类上传到四个文件夹即可。

4

项目4 Chapter 4 文字处理软件Word 2010

>>> 学习目标

1. 掌握 Word 2010 的启动与退出方法。

2. 掌握 Word 2010 创建与保存文档的方法，能够进行文档内容的录入。

3. 掌握文字、段落的格式化设置，能熟练使用水印、分栏功能，了解中文版式和样式的使用方法。

4. 掌握表格的插入、行或列的插入与删除操作，掌握表格的格式化功能。

5. 能够进行基本图形的绘制与修饰和艺术字的插入及修饰，了解 SmartArt 图形的使用方法。

6. 掌握图片的插入与删除方法，掌握图片效果的设置方法，能灵活运用文本框功能，并掌握图片与文字的位置排列方法。

7. 了解 Word 2010 的其他高级功能。

Office 2010 包括一套完整的办公工具，其提供的强大功能使它应用于计算机办公的各个领域，包括 Word、Excel、PowerPoint、Access 和 Outlook 等多个实用组件，用于制作具有专业水准的文档、电子表格和演示文稿，以及进行数据库的管理和邮件的收发等操作。

1. 文字处理软件——Word 2010

Word 2010 主要用于文字处理工作，通过它不仅可以进行文字的输入、编辑、排版和打印，还可以制作出各种图文并茂的办公文档和商业文档。使用 Word 2010 自带的各种模板，还能快速地创建和编辑各种专业文档，如简历等。

2. 电子表格软件——Excel 2010

Excel 2010 用于创建和维护电子表格，通过它不仅可以方便地制作出各种各样的电子表格，还可以对其中的数据进行计算、统计等操作，甚至能将表格中的数据转换为各种可视的图表显示或打印出来，方便对数据进行统计和分析。

3. 演示文稿制作软件——PowerPoint 2010

PowerPoint 2010 是一个制作专业幻灯片且拥有强大播放控制功能的软件，利用它可以制作和放映产品宣传片、课件等资料。在其中不仅可以输入文字、插入表格和图片、添加多媒体文件，还可以设置幻灯片的动画效果和放映方式，制作出内容丰富、有声有色的幻灯片。

4. 数据库管理软件——Access 2010

Access 2010是一个设计和管理数据库的办公软件。通过它不仅能方便地在数据库中添加、修改、查询、删除和保存数据，还能根据数据库的输入界面进行设计并生成报表，并且支持SQL指令。

5. 日常事务处理软件——Outlook 2010

Outlook 2010是Office办公中的小秘书，通过它可以管理电子邮件、约会、联系人、任务和文件等个人及商务方面的信息。通过使用电子邮件、小组日程安排和公用文件夹等还可以与小组共享信息。

4.1 Word 2010概述

Word 2010是Microsoft公司开发的Office 2010办公组件之一，主要用于文字处理工作。

与之前的Word版本相比，Word 2010可创建专业水准的文档，可以更加轻松地与他人协同工作并可在任何地点访问文件。

1. 改进的搜索与导航体验

在Word 2010中，可以更加迅速、轻松地查找所需的信息。利用改进的搜索功能，可以在单个窗格中查看搜索结果的摘要，并单击以访问任何单独的结果。改进的导航窗格会提供文档的直观大纲，以便于对所需的内容进行快速浏览、排序和查找。

2. 与他人协同工作，而不必排队等候

Word 2010重新定义了人们可针对某个文档协同工作的方式。利用共同创作功能，例如，可以在编辑论文的同时，与他人分享你的观点；也可以查看正与你一起创作文档的他人的状态，并在不退出Word的情况下轻松发起会话。

3. 几乎可从任何位置访问和共享文档

在线发布文档，然后通过任何一台计算机或你的Windows电话对文档进行访问、查看和编辑，可以从多个位置使用多种设备进行文档操作。

4. 向文本添加视觉效果

利用Word 2010，可以像应用粗体和下划线那样，将诸如阴影、凹凸效果、发光、映像等格式效果轻松应用到文档文本中，可以对使用了可视化效果的文本执行拼写检查，并将文本效果添加到段落样式中；可将很多用于图像的相同效果同时用于文本和形状中，从而无缝地协调全部内容。

5. 将文本转换为醒目的图表

Word 2010提供了用于使文档增加视觉效果的更多选项。从众多的附加SmartArt图形中进行选择，只需键入项目符号列表，即可构建精彩的图表。使用SmartArt可将基本的要点及文本转换为引人入胜的视觉画面，以更好地阐释观点。

6. 为文档增加视觉冲击力

利用Word 2010中提供的新型图片编辑工具，可在不使用其他照片编辑软件的情况下，添加特殊的图片效果。可以利用色彩饱和度和色温控件来轻松调整图片，还可以利用所提供的改进工具来更轻松、更精确地对图像进行裁剪和更正。

7. 恢复认为已丢失的工作

利用 Word 2010，可以像打开任何文件那样轻松恢复最近所编辑文件的草稿版本，即使从未保存过该文档也可以进行此项操作。

8. 跨越沟通障碍

Word 2010 有助于跨不同语言进行有效地工作和交流，可以比以往更轻松地翻译某个单词、词组或文档。针对屏幕提示、帮助内容和显示，分别对语言进行不同的设置。利用英语文本到语音转换播放功能，为以英语为第二语言的用户提供额外的帮助。

9. 将屏幕截图插入到文档

可以直接从 Word 2010 中捕获和插入屏幕截图，以快速、轻松地将插图纳入到工作中。

▶ 4.1.1 Word 2010 的启动与退出

1. 启动 Word 2010

在 Windows 操作系统中启动 Word 2010 的方法与启动其他软件的方法一样，可以通过“所有程序”“我最近的文档”和双击 Word 相关文档启动，如图 4-1-1 所示。

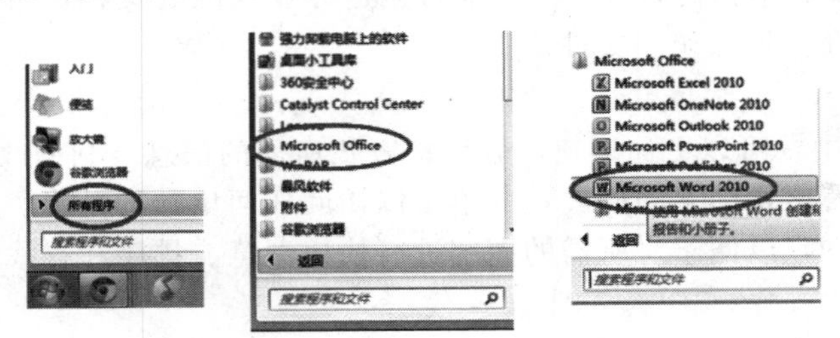

图 4-1-1 Word 2010 的启动

通过“所有程序”启动：选择“开始”→“所有程序”→Microsoft Office 命令，然后在弹出的子菜单中选择 Word 2010 程序。

通过“我最近的文档”启动：选择“开始”→“我最近的文档”命令，然后在子菜单中双击最近使用过的文档，即可打开该文档。

双击文档启动：在打开的窗口中双击 Word 文件图标，即可打开该文件。

2. Word 2010 工作界面

启动 Word 2010 后，打开该软件的工作界面，如图 4-1-2 所示，主要包括标题栏、功能选项卡、文档编辑区和状态栏等组成部分，各部分作用如下。

1）标题栏

标题栏从左至右包括窗口控制图标、快速访问工具栏、标题显示区和窗口控制按钮。其中，窗口控制图标和控制按钮用于控制窗口最大化、最小化和关闭等状态；标题显示区用于显示当前文件名称信息；快速访问工具栏则用于快速实现保存、打开等使用频率较高的操作。

2）功能选项卡

功能选项卡的作用是分组显示不同的功能集合。选择某个选项卡，其中包含了多种相关的操作命令或按钮。

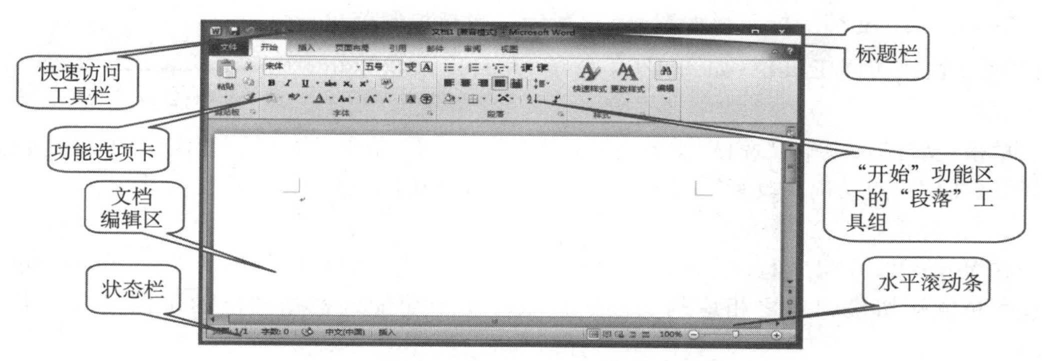

图 4-1-2 Word 2010 的工作界面

3）文档编辑区

文档编辑区用于对文档进行各种编辑操作，是 Word 2010 最重要的组成部分之一。该区域中闪烁的短竖线便是文本插入点。

4）状态栏

状态栏左侧显示当前文档的页数/总页数、字数、当前输入语言及输入状态等信息；中间的 4 个按钮用于调整视图方式；右侧的滑块用于调整显示比例。

3. 调整 Word 2010 的工作界面

Word 2010 中，用户可以根据自己的习惯自定义工作界面。

(1) 启动 Word 2010，在快速访问工具栏中单击鼠标右键，在弹出的快捷菜单中选择“自定义快速访问工具栏”命令。

(2) 在打开的“Word 选项”对话框中默认选择“快速访问工具栏”选项卡，在左侧的列表框中选择“打印预览和打印”命令，单击“添加”按钮，在右侧列表框中显示出添加的命令，按照同样的方法添加“打开最近使用过的文件…”命令。

(3) 单击“确定”按钮返回到工作界面，在快速访问工具栏中可以看到添加的命令按钮。在快速访问工具栏中单击鼠标右键，在弹出的快捷菜单中选择“功能区最小化”命令。

(4) 在 Word 工作界面中可以看到功能区只显示出各个选项卡的名称，其中的各个命令已经被隐藏起来。

4. 退出 Word 2010

Word 2010 的退出方法较多，常用的有以下几种。

(1) 单击 Word 2010 工作界面右上角的“关闭”按钮退出该软件。

(2) 在 Word 2010 工作界面的左上方选择“文件”按钮，然后选择“退出”命令。

(3) 在任务栏的 Word 2010 的缩略图上单击鼠标右键，在弹出的快捷菜单中选择“关闭窗口”命令。

(4) 单击 Word 2010 工作界面左上角的控制图标，在弹出的下拉菜单中选择“关闭”命令。

4.1.2 Word 2010 的工作界面

1. 标题栏

图 4-1-3 Word 2010 标题栏

Word 2010 文档的标题栏如图 4-1-3 所示，包括控制菜单按钮、快速访问工具栏（如图 4-1-4 所示）和自定义快速访问工具栏。

图 4-1-4　快速访问工具栏

单击“文件”选项卡，选择“文件”选项卡中的“选项”命令，右击功能区中的命令按钮，选择“添加到快速访问工具栏”，即可添加自定义快速访问工具栏的按钮。

2. 功能区

在 Word 2010 窗口上方看起来像菜单的名称是功能区的名称，如图 4-1-5 所示，单击这些名称能够切换到与之相应的功能区面板，每个功能区根据功能的不同又分为若干个组。

图 4-1-5　Word 2010 功能区

3. 文本编辑区

在 Word 2010 文档窗口中，可以根据需要显示或隐藏标尺、网格线和导航窗格。在视图功能区的“显示”分组中，如图 4-1-6 所示。选中或取消相应复选框可以显示或隐藏对应的项目。

图 4-1-6　Word 2010 显示组

4. 状态栏

Word 2010 的状态栏如图 4-1-7 所示。

图 4-1-7　Word 2010 状态栏

5. 视图模式的切换

视图模式按钮如图 4-1-8 所示。

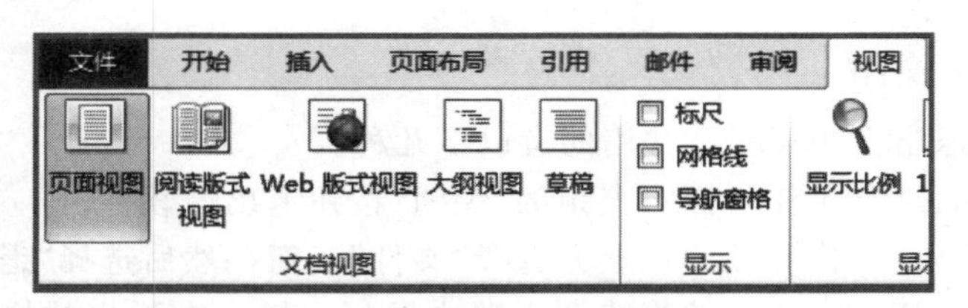

图 4-1-8　Word 2010 文档视图

选择“视图”选项卡，如图 4-1-9 所示。在文档视图组中单击快捷方式图标，即可完成视图模式的切换。

图 4-1-9　Word 2010 状态栏中的视图按钮

1）页面视图

按照文档的打印效果显示文档，具有“所见即所得”的效果，在页面视图中，可以直接看到文档的外观、图形、文字、页眉页脚等在页面的位置，这样，在屏幕上就可以看到文档的打印效果，常用于对文本、段落、版面或文档外观的修改操作。

2）阅读版式视图

适合用户查阅文档，用模拟书本阅读的方式让人感觉在翻阅书籍。

3）大纲视图

用于显示、修改或创建文档的大纲，它将所有的标题分级显示出来，层次分明，特别适合多层次文档，使查看文档的结构变得很容易。

4）Web版式视图

以网页的形式来显示文档中内容。

5）草稿视图

草稿视图类似之前的普通视图，该图只显示了字体、字号、字形、段落及行间距等最基本的格式，但是将页面的布局简化，适合快捷键入或编辑文字并编排文字的格式。

4.2 Word 2010 文档的基本操作

4.2.1 新建文档

（1）单击“文件”选项卡，选择“新建”命令，即可新建一个文档。

（2）选择“新建”命令，可以看到Word 2010丰富的文档类型，如图4-2-1所示，包括“空白文档”“博客文章”“书法字帖”等Word 2010内置的文档类型。用户还可以通过Office.com提供的模板新建诸如“会议日程”“证书”“奖状”“小册子”等实用Word文档。

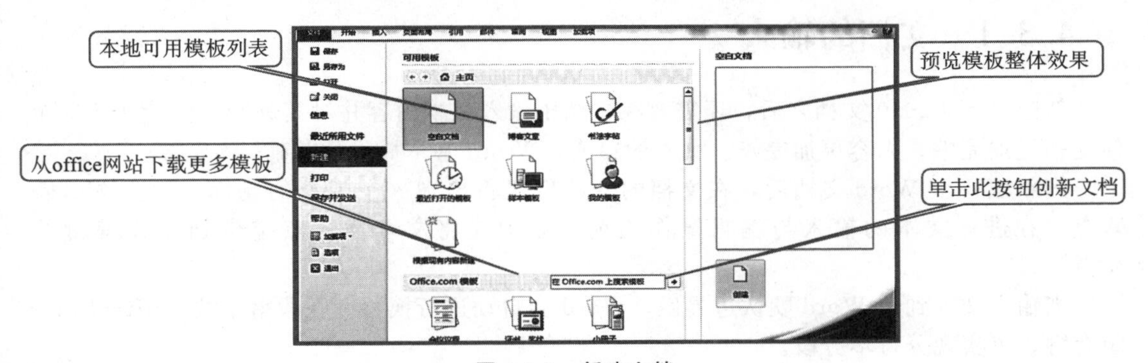

图 4-2-1 新建文档

4.2.2 保存文档

保存文档有以下几种操作方法。

（1）利用“文件”选项卡的“保存”命令。

（2）选择自定义快速访问工具栏的“保存”命令。

（3）按快捷键Ctrl+S进行保存。

（4）选择“文件”→“另存为”命令，可以保存文件副本。

（5）选择“文件”→“保存并发送”→“文件类型”→“创建PDF/XPS文档”命令，可将文件存为PDF或XPS格式。

(6) 单击“文件”选项卡的“关闭”命令，可以关闭当前文档而不关闭 Word 程序。

4.2.3 与低版本的兼容

选择“文件”→“信息”→“检查问题”→“检查兼容性”，可在 Word 2010 中打开由 Word 2003 及更早期版本创建的文档时，可选择是否进行格式转换。

选择“文件”→“保存并发送”→“文件类型”→“更改文件类型”，可保存为 Word 97-2003 文档。

4.2.4 文档管理

1. 切换窗口

利用“视图”选项卡的“窗口”组的“切换窗口”命令可切换窗口。

2. 查看最近使用的文件

单击“文件”→“最近所用文件”命令，默认显示 25 个最近使用的文件。可通过“Word 选项”对话框的“高级”选项卡修改最近使用的文件显示数目。

4.3 Word 2010 文档的输入与编辑

4.3.1 文档的输入

新建 Word 2010 文档之后，还需要在文档中输入文本内容并对其进行编辑处理，从而使文档更加完整，内容更加完善。文本的输入是 Word 基本操作的基础。

当新建一个 Word 文档后，在文档的开始位置将出现一个闪烁的光标，称为文本插入点。在进行文本的输入与编辑操作之前，必须先将文本插入点定位到需要编辑的位置。

当输入文本到达 Word 默认边界后，Word 会自动进行换行。在段落中按 Shift＋Enter 组合键，可实现分行不分段。

1. 输入文字

(1) 单击语言栏的输入法图标，选择一个输入法，输入字符，配合空格键和数字键进行选择即可输入相应的文字。

(2) 按“Enter”键强制换行，光标将定位到下一行。

(3) 按下“Caps Lock”键，输入大写英文字母。

(4) 可以使用键盘上的数字键输入相应的数字等。

2. 输入符号

对于普通的标点符号可以通过键盘直接输入，但对于一些特殊的符号，则可以通过 Word 2010 提供的“插入”功能进行输入，如图 4-3-1 所示。

选择所需的特殊字符，单击“插入”按钮将其插入文档中，单击“关闭”按钮关闭对话框并返回文档中，最后按快速键“Ctrl＋S”保存对文档所做的修改。

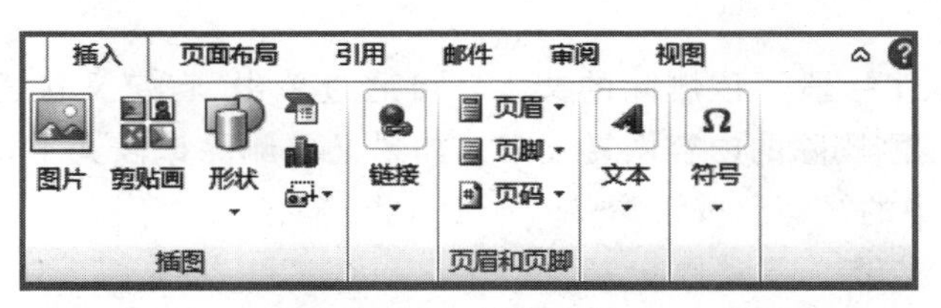

图 4-3-1　插入符号

▶ 4.3.2　文档的编辑

1. 选择文本

(1) 要选定一个词，双击该词。

(2) 要选定一段，在段落中三击，或在选定区双击。

(3) 要选定一行，单击行左侧的选定区。

(4) 要选定文档的任一部分，可先在要选定的文本的开始处单击，然后拖曳鼠标到要选定文本的结尾处；也可按住 Shift 键，再按住键盘光标控制键选定。

(5) 要选定大部分文档，单击要选定的文本的开始处，然后按住 Shift 键，单击要选定文本的结尾处。

(6) 要选定整篇文档，三击选定区或者按 Ctrl＋A 组合键。

(7) 要选定矩形文本块，按 Alt＋鼠标拖曳或按 Ctrl＋Shift＋F8 组合键进入“列”选定方式。

(8) 按住 Ctrl 键拖曳鼠标，可选择非连续文本。

2. 移动文本

(1) 选定文本，按住鼠标左键不放，拖动鼠标至目标位置后释放鼠标即可完成文本移动。

(2) 选定文本，单击鼠标右键，在弹出的快捷菜单中选择“剪切”命令，将鼠标移至目标位置，单击鼠标右键，在弹出的快捷菜单中选择“粘贴”命令即可完成文本移动。

(3) 选定文本，按 Ctrl＋X 组合键，将鼠标移至目标位置，再按 Ctrl＋V 组合键即可完成文本移动。

3. 复制文本

(1) 选定文本，按住 Ctrl 键不放，将光标移至被选择的文本块区域中，按住鼠标左键不放，拖动鼠标至目标位置后，先释放鼠标左键，再释放“Ctrl”键即可完成文本复制。

(2) 选定文本，单击鼠标右键，在弹出的快捷菜单中选择“复制”命令，将鼠标移至目标位置，单击鼠标右键，在弹出的快捷捷菜单中选择“粘贴”命令，即可完成文本复制。

(3) 选定文本，按 Ctrl＋C 组合键，将光标移至目标位置，再按 Ctrl＋V 组合键即可完成文本复制。

4. 剪贴文本

选定文本，右击，在弹出的快捷菜单中选择“剪切”命令，将光标移至目标位置，再右击选择“粘贴”命令，即可完成文本剪贴。

5. 删除文本

可以使用 Backspace 退格键或 Delete 键进行文本删除。

6. 撤销与恢复

如果不小心删除了一段不该删除的文本，可通过单击“自定义快速访问工具栏”中的“撤销”按钮把刚刚删除的内容恢复过来。如果又要删除该段文本，则可以单击“自定义快速访问工具栏”中的“恢复”按钮。

7. 查找与替换文本

通过查找功能，可以在 Word 2010 中快速地查找指定字符可文本，并以选中的状态显示，利用替换功能可将到的指定字符或文本替换为其他文本。

1）查找文本

当文档中需要对关键信息进行查看时，可采用查找文本的方式进行查看。

(1) 选择“开始”→“编辑”命令，单击“查找”按钮右侧的下拉按钮，在弹出的下拉列表中选择“高级查找”选项，如图 4-3-2 所示。

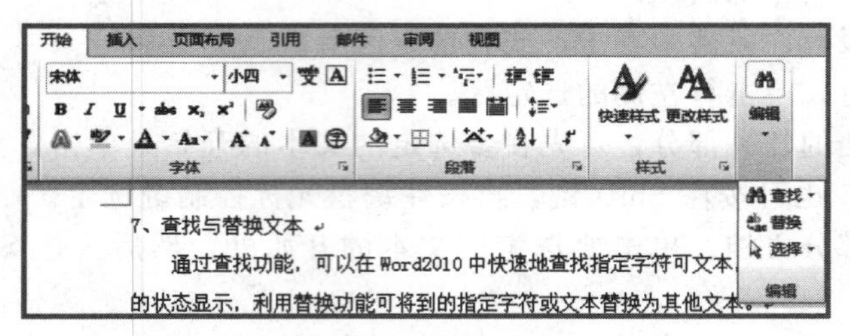

图 4-3-2　查找文本

(2) 打开“查找和替换”对话框，在“查找内容”下拉列表框中输入要查找的内容，单击“查找下一处”按钮，要查找的文本以选中状态显示。

操作技巧：在当前文档中，按快捷键“Ctrl+F”将弹出“查找和替换”对话框。

2）替换文本

当需要对整个文档中某一词组进行统一修改时，可以使用“替换”功能实现。

(1) 打开文档，选择“开始”→“编辑”命令，单击“替换”按钮，打开“查找和替换”对话框，如图 4-3-3 所示。

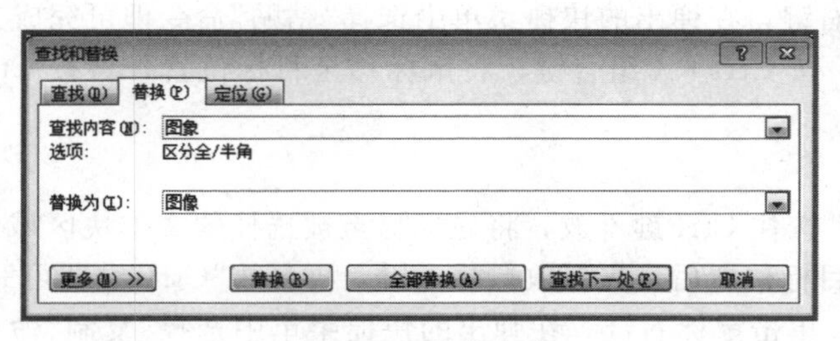

图 4-3-3　替换文本

(2) 在“查找内容”文本框中输入要查找的内容，如“图像”。单击“替换”按钮，即从光标位置开始处替换第一个查找到的符合条件的文本并选择下一个需要替换的文本。

(3) 逐次单击“替换”按钮，则按顺序逐个进行替换，当替换完文档中所有需要替换的文本后，将弹出对话框，提示用户替换的数目。

(4) 单击“确定”按钮，返回“查找和替换”对话框，单击“关闭”按钮，关闭对该对话框并返回文档中，即可看到所有“图像”文本替换为“图像”文本。

4.4 Word 2010 的版面设计

每个文档都有不同的格式要求，可通过对文档进行版面设计来得到不同的效果。

4.4.1 字体设置

通过对文本的字体、大小、颜色等属性进行设置，可以使文档内容达到所需的效果。

1. 使用浮动工具栏中命令设置字体格式

在 Word 2010 中选择文本时，可以显示或隐藏一个半透明的工具栏，称为浮动工具栏，可以快速地设置字体格式。

(1) 打开文档，选择文本，在弹出的浮动工具栏的“字体”和“字号”下拉列表框中分别设置，如图 4-4-1 所示。

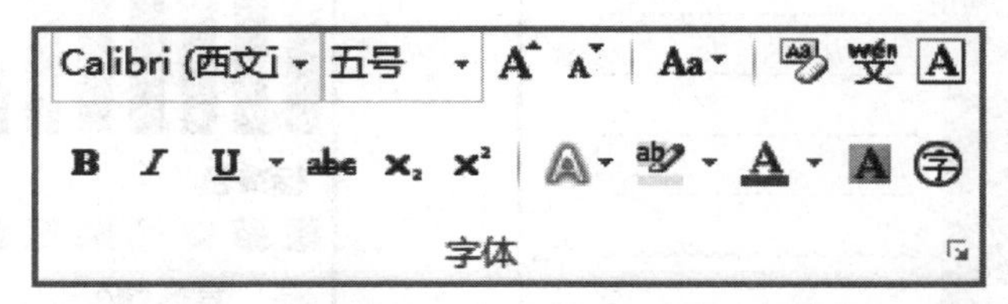

图 4-4-1 设置字体

(2) 再次选择文本，在弹出的浮动工具栏中单击“以不同颜色突出显示文本”按钮，可以为选中的文本设置颜色，如图 4-4-2 所示。

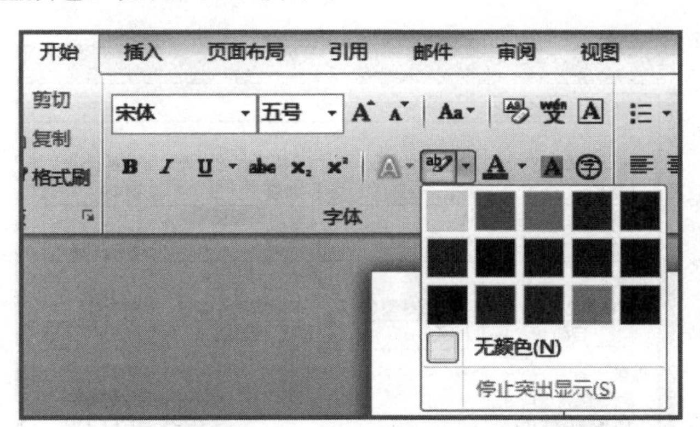

图 4-4-2 以不同颜色突出显示文本

(3) 按 Ctrl+S 组合键保存修改。

2. 使用“字体”工具组中的命令快速设置字体格式

利用“开始”→“字体”工具组中的命令可快速对选择的文本进行字体外观、字号、字形、字体颜色等的设置，功能十分强大。

(1) 打开文档，选择“开始”→“字体”命令，单击“下划线”右侧的下拉按钮，可选择下划线类型及颜色，如图 4-4-3 所示。

(2) 保持文本的选择状态，单击“字体颜色”按钮右侧的下拉按钮，在弹出的下拉列表中选择颜色即可，如图 4-4-4 所示。

(3) 按 Ctrl+S 组合键保存修改。

3. 使用“字体”对话框设置字体格式

(1) 打开文档，单击“开始”→“字体”命令右下角的启动器。

(2) 打开“字体”对话框，可对文字进行所有设置。

“字体”选项卡中主要设置字体、字形、字号、字体颜色、下划线线型及下划线颜色、着重号及其他各种文字效果复选框，如图 4-4-5 所示。

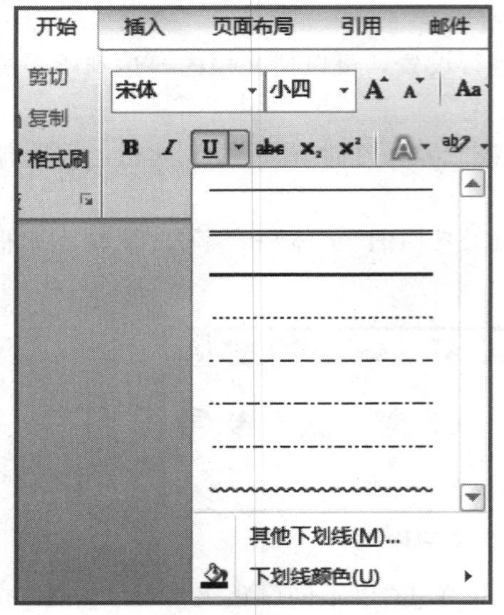

图 4-4-3 选择下划线类型

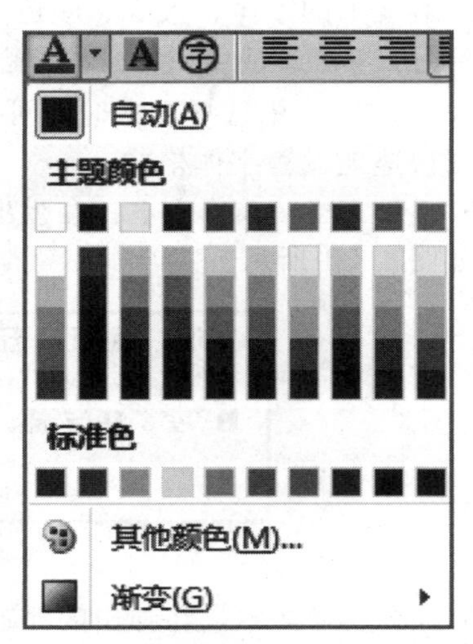

图 4-4-4 设置字体颜色

图 4-4-5 “字体”选项卡

“高级”选项卡中主要设置字符缩放、调整字符间距、设置字符位置等，如图 4-4-6 所示。

在“高级”选项卡中单击“缩放”文本框右侧的下拉按钮，可在下拉列表中选择缩放比例。也可以单击“高级”选项卡中的“字符缩放”按钮，在下拉列表中选择字符缩放的比例，如图 4-4-7 所示。

图 4-4-6 “高级”选项卡

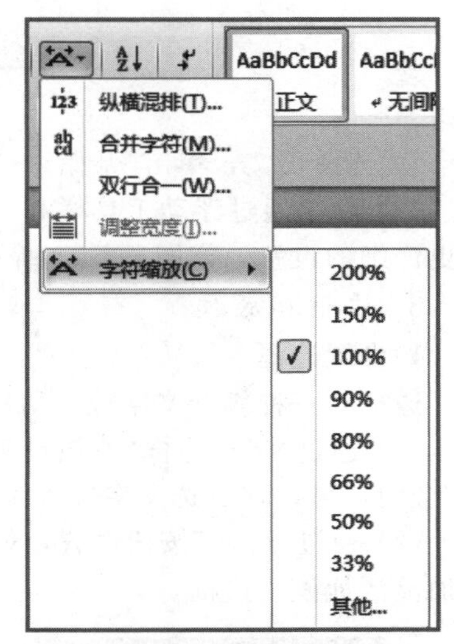

图 4-4-7 字符缩放按钮

在“高级”选项卡中还可以设置字符间距，设置字符位置(即相对于基线进行提升和降低)。

4.4.2 段落设置

在 Word 2010 文档中，可以使用“段落”工具组中的命令对段落的缩进方式、行间距等格式进行设置和调整，如图 4-4-8 所示。段落设置可以提高文档的层次表现性，也使文档更具有可读性。

1. 对齐方式

选中文字，单击浮动工具栏中对齐方式按钮可进行对齐设置，如图 4-4-9 所示。

图 4-4-8 “段落”工具箱

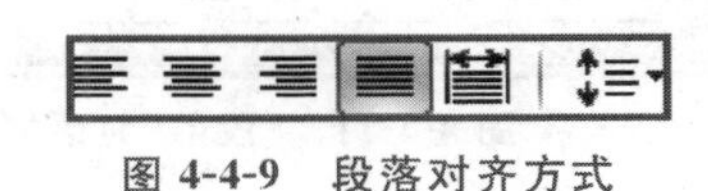

图 4-4-9 段落对齐方式

2. 段间距和行间距

(1) 利用浮动工具栏设置段落格式。在浮动工具栏中，可快速设置居中对齐、增加缩进量和减少缩进量 3 种段落格式。

(2) 使用“段落”工具组快速设置段落格式，如图 4-4-10 所示。

① 打开需要进行排版的文档，选择文本标题。选择“开始”→“段落”，单击“居中”按钮。

图 4-4-10 段落对齐方式

② 选择正文，单击“开始”→“段落”→“增加缩进量”按钮。

(3) 除了通过浮动工具栏和“段落”工具组设置段落格式，还可以使用“段落”对话框进行更详细的设置，如图 4-4-11 所示。

3. 边框和底纹

1)设置边框

边框是一种修饰文字或段落的方式，给文字和段落加上边框可以强调相应内容。

(1) 通过“字符边框”按钮设置。选中文字，单击“开始”→“字体”工具组中的“字符边框”按钮，可以在所选文字周围添加边框。

(2) 通过“边框”按钮设置，如图 4-4-12 所示。运用“段落”工具组中的边框按钮，可以更加灵活地设置边框。

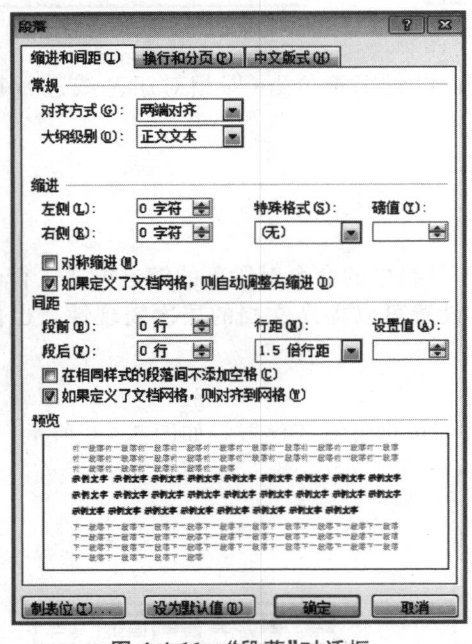

图 4-4-11 “段落”对话框

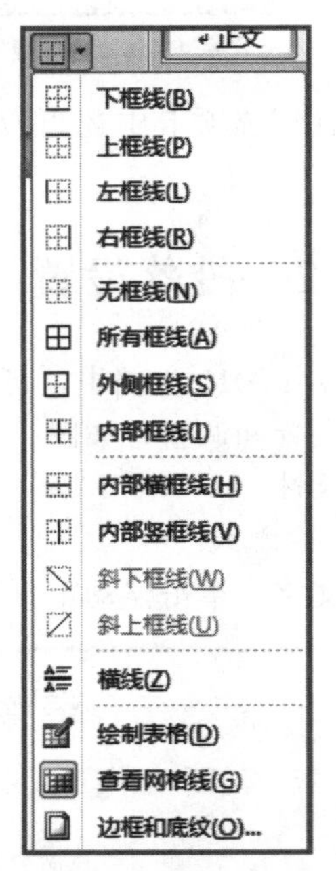

图 4-4-12 边框下拉菜单

(3) 通过“边框和底纹”对话框设置边框。单击“边框和底纹”按钮可以打开“边框和底纹”对话框，如图 4-4-13 所示。其中有三个选项卡，分别是“边框”“页面边框”“底纹”。

在“样式”下拉列表框中选择边框的样式，例如双横线、点线等。在“颜色”下拉列表中

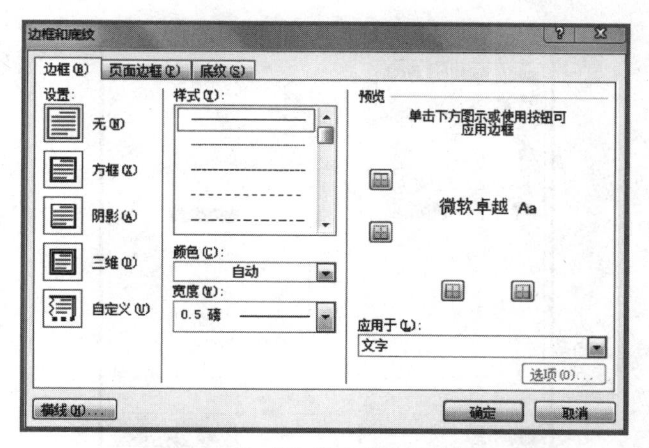

图 4-4-13 “边框和底纹”对话框

选择边框使用的颜色，单击“宽度”下拉按钮选择边框的宽度尺寸，在“预览”区域，可以通过单击某个方向的边框按钮来确定是否显示该边框，设置完毕再单击“确定”按钮。

2）设置页面边框

在“边框和底纹”对话框中选择“页面边框”选项卡，如同边框一样可以设置页面边框的类型、样式、颜色、宽度及应用范围，此外还可以选择艺术型页边框，如图 4-4-14 所示。

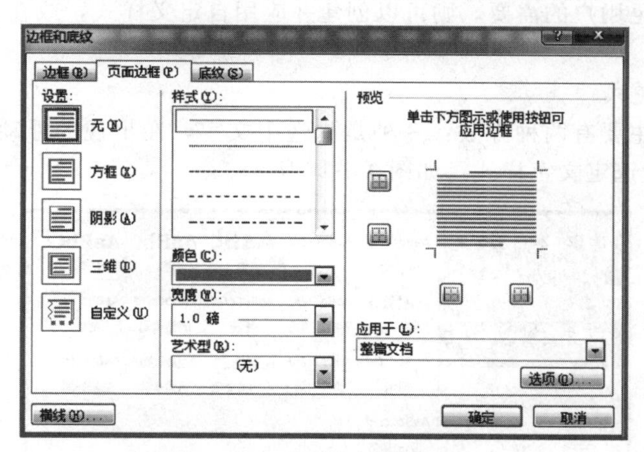

图 4-4-14 “页面边框”选项卡

3）设置底纹

底纹也是一种修饰文字或段落的效果，如果运用合理，能够起到突出和强调的作用。

（1）通过“字符底纹”按钮添加底纹。先选中文字，再单击“开始”→“字体”工具组中“字符底纹”按钮，可为所选文字添加灰色的底纹背景。若没有选定文字而单击“字符底纹”按钮，使该按钮保持选中状态，则在该插入点后输入的文字均添加了底纹效果。

（2）通过“底纹”按钮添加底纹。“开始”→“段落”工具组中“底纹”按钮主要用于设定文字或段落的底纹，也可用于选择底纹颜色。选中相应文字或段落，单击“底纹”按钮，以当前按钮上的颜色设置底纹，如图 4-4-15 所示。

（3）通过“边框和底纹”对话框设置底纹。单击“边框”按钮打开列表，在其中选择“边框和底纹”命令打开“边框和底纹”对话框，单击选择“底纹”选项除设置底纹的填充颜色、图案的样式及颜色外，还可以设置应用范围是所选文字还是段落。

图 4-4-15 “底纹”选项卡

▶ 4.4.3 样式设置

Word 2010 提供了许多预定义的快速样式，使用这些样式可快速应用于文档。如果预定义的样式不能满足用户的需要，则可以创建并应用自定义样式，或在预设样式的基础上略加修改。

1. 应用快速样式

应用快速样式主要有两种方法：一种是先选中文字，在出现的浮动菜单上单击“设置样式”按钮可以设置选定文字样式，如图 4-4-16 所示。

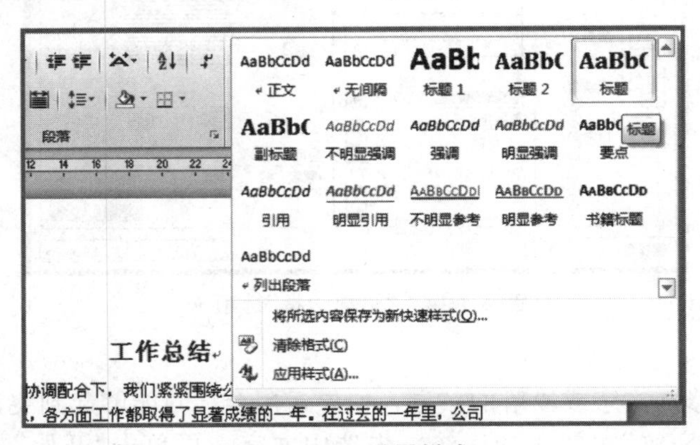

图 4-4-16 设置样式

另一种是选择“开始”→“样式”工具组中的各种样式，如图 4-4-17 所示。单击图中的下拉按钮可以显示所有的预定义的样式。鼠标在各种预定义样式上移动时，文章的样式会即时发生变化，用户可观察其效果，若确定其样式的选择，则用鼠标单击确认即可。

图 4-4-17 样式组

“正文”样式是文档的默认样式，新建文档中的文字通常都采用“正文”样式。很多其他的样式都是在“正文”样式的基础上经过格式改变而设置出来的，因此“正文”样式是 Word 2010 中最基础的样式，一旦修改将会影响到所有基于“正文”样式的其他样式的格式。

2. 修改快速样式

要修改当前的样式设置，首先要选择样式。一种是通过在“样式”列表中选择快速样式，如图 4-4-18 所示；另一种是单击“样式”组右下角的对话框启动器，打开任务窗格，如图 4-4-19 所示，在其中选择某一个样式。打开“样式”窗格中的“选项”按钮，可以选择要显示的样式。

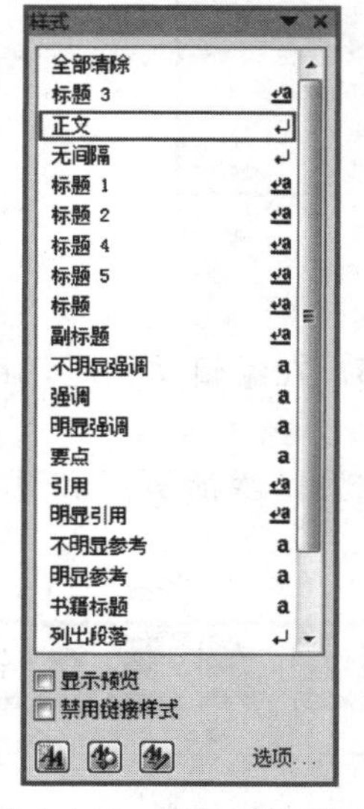

图 4-4-18 修改快速样式

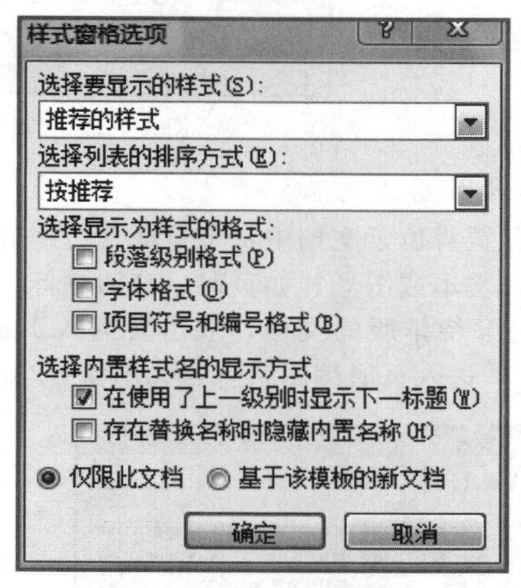

图 4-4-19 样式窗格选项

3. 更改样式

在 Word 2010 中，单击“样式”工具组中的“更改样式”按钮，再单击“样式集”命令，可以直接选择十几种样式，无须复杂的操作过程，就可以为自己的文档设置规范、美观的样式。

通过“更改样式”命令，可以快速地设置选中文本的部分、一段或整篇文档的字体、字号、间距、颜色、背景等。

▶ 4.4.4 首字下沉

在杂志、报刊等一些特殊文档的排版中，为了突出段落中的第一个汉字，使其更醒目，通常会使用首字下沉的排版方式。首字下沉是将段落首行的第一个字符增大，使其占据两行或多行位置。将文本插入点定位在打开的文档中需要设置首字下沉的位置，选择“插入”→“文本”工具组，单击“首字下沉”按钮，如图 4-4-20所示。在弹出的下拉列表中选择“下沉”选项即可。

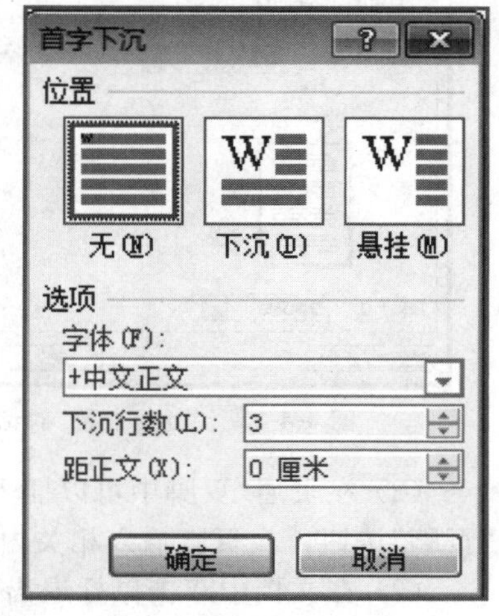

图 4-4-20 首字下沉

▶ 4.4.5 页面设置

为了让文档的整个页面看起来更加美观，有时可根据文档内容的需要自定义页面大小和页面格式。页面格式的设置主要包括纸张大小、面边距、页眉/页脚以及页码等，如图 4-4-21和图 4-4-22 所示。

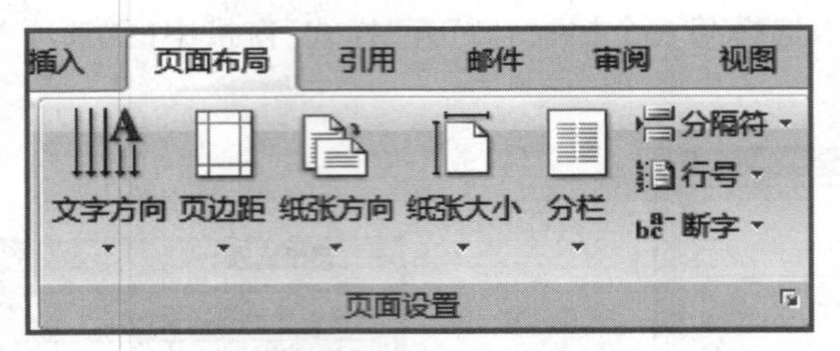

图 4-4-21 “页面设置”工具组

1. 插入页眉、页脚

页眉和页脚位于文档中每个页面页边距的顶部和底部，在编辑文档时，可以在页眉和页脚中插入文本或图形，如页码、公司徽标、日期或作者名等。

(1) 打开待排版的文档，双击要插入页眉/页脚的位置，激活页眉和页脚工具的“设计”选项卡，进入页眉编辑状态，如图 4-4-23 所示。

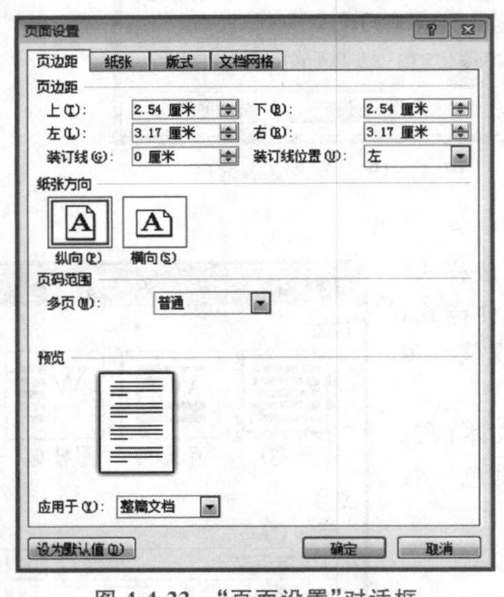

图 4-4-22 “页面设置”对话框

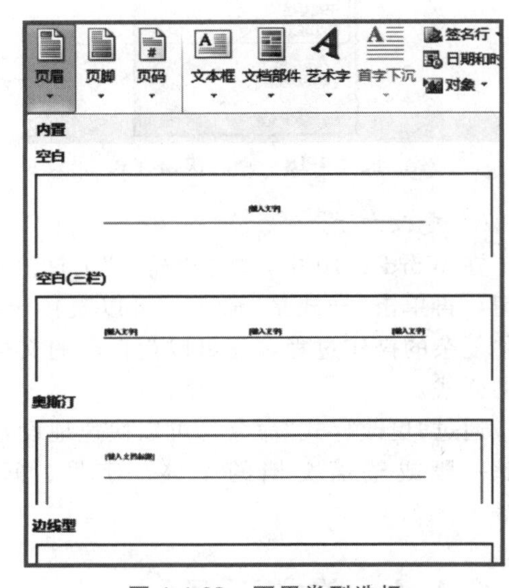

图 4-4-23 页眉类型选择

(2) 在页眉/页脚中可以插入页码和时间等，也可直接输入页眉、页脚的内容，单击“页脚”按钮，在页脚输入相关内容即可。

(3) 在文档中双击鼠标退出页眉/页脚编辑状态，保存对文档所做的修改。

2. 插入页码

为便于查找，常常在一篇文档中添加页码来编辑文档的顺序。页码可以添加到文档的顶部、底部或页边距处。Word 2010 中提供了多种页码编号的样式库，可直接从中选择合适的样式将其插入，也可对其进行修改。

(1) 打开需要插入页码的文档，单击“插入”→“页眉和页脚”组中的“页码”按钮，在弹出的下拉列表中选择“页面底端”选项，如图 4-4-24 所示。

(2) 将所选页码样式插入页面底端，且激活页眉和页脚工具的“设计”功能区，在“页眉和页脚”组中单击“页码”按钮，在弹出的下拉列表中选择“设置页码格式”选项，如图 4-4-25所示。

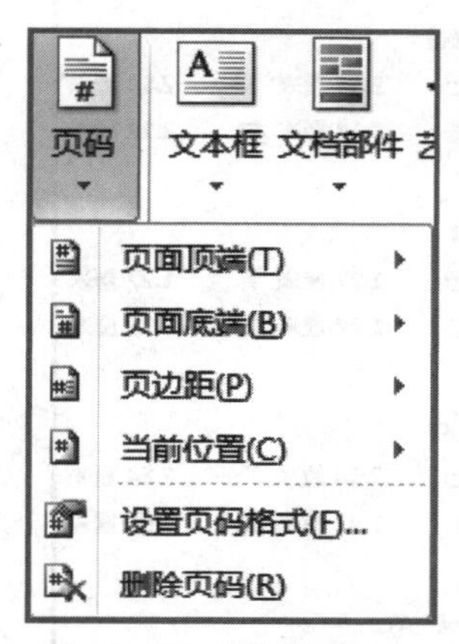

图 4-4-24　设置页码

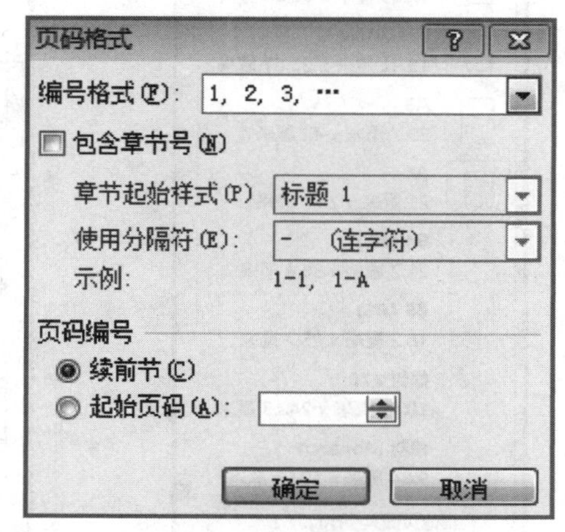

图 4-4-25　“页码格式”对话框

(3) 打开“页码格式”对话框，进行页码的设置和相关页码的输入，单击“确定”按钮。

(4) 在“页码格式”对话框中进行相应设置，最后保存对文档所做的修改。

3. 设置纸张大小和页边距

页边距是指页面四周的空白区域，即页面边线到文字的距离。常使用的纸张大小一般为 A4、16 开、32 开、B5 等，不同文档要求的页面大小也不同，用户可以根据需要设置纸张大小。

(1) 打开需要设置纸张大小和页边距的文档，选择“页面布局”→“页面设置”工具组，单击“纸张大小”按钮，在弹出的下拉列表中选择“其他页面大小”选项，如图 4-4-26 所示。

(2) 打开“页面设置”对话框，在“纸张大小”下拉列表框中选择“自定义大小”选项，在“宽度”和“高度”数值框中输入数值即可，其他参数均保持默认值，单击“确定”按钮。

(3) 选择“页面布局”→“页面设置”工具组，单击“页边距”按钮，在弹出的下拉列表中选择“自定义边距”选项，如图 4-4-27 所示。

4. 分栏

分栏排版是一种新闻排版方式，被广泛应用于报纸、杂志、图书和广告单等印刷品中，使用分栏排版功能可制作别出心裁的文档版面，从而使整个页面更具可观性。

打开的文档中，选择需要进行分栏的文档内容，选择“页面布局”→“页面设置”工具组中的“分栏”按钮，如图 4-4-28 所示。在弹出的下拉列表中选择需要的选项即可为选择的文本分栏。如果想要对分栏的宽度和间距进行更详细的设置，可选择“更多分栏”选项，在打开的“分栏”对话框中对分栏的效果进行自定义设置，如图 4-4-29 所示。

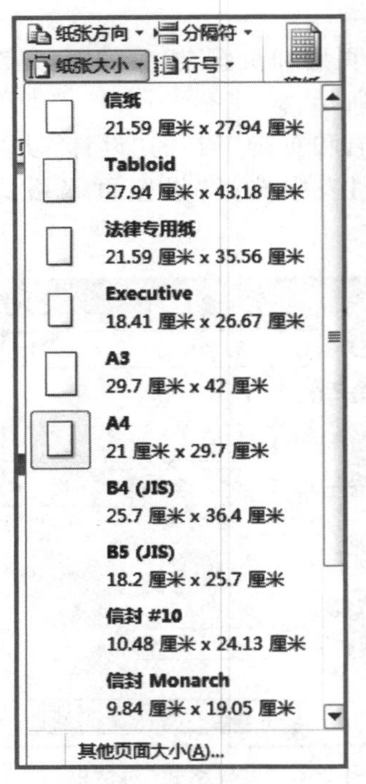

图 4-4-26　设置纸张大小

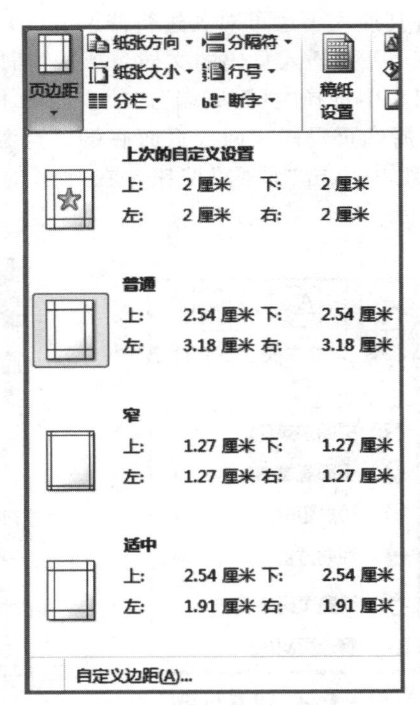

图 4-4-27　设置页边距

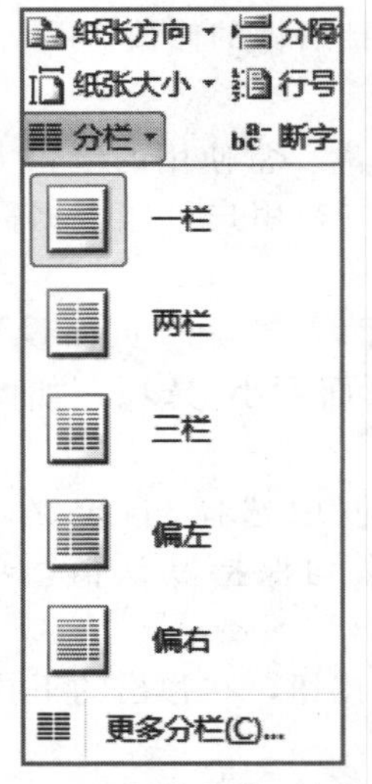

图 4-4-28　“分栏”下拉菜单

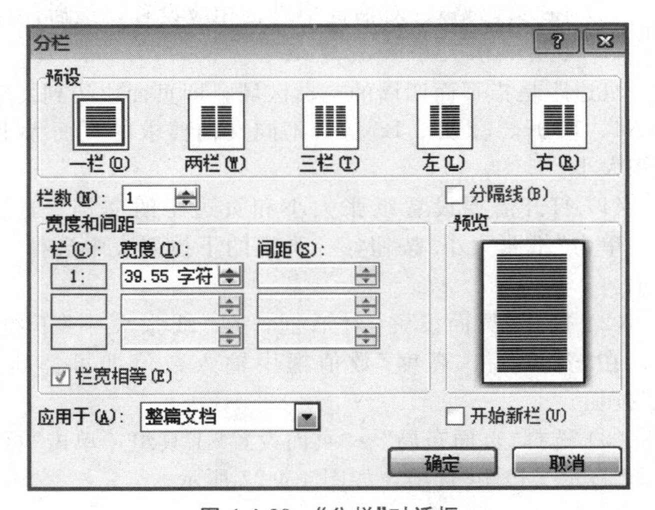

图 4-4-29　“分栏”对话框

5. 设置文字方向

在 Word 2010 中可对文字方向进行水平、垂直、旋转等设置。

(1) 打开需要进行文字方向设置的文档，选择整篇文档内容，单击“页面布局”→“页面设置”工具组中的“文字方向”按钮，如图 4-4-30 所示。在弹出的下拉列表中选择即可。

(2) 单击“文字方向选项”命令，在打开的“文字方向-主文档”对话框中选择合适的文字方向即可，如图 4-4-31 所示。

(3) 保存对文档所做的修改。

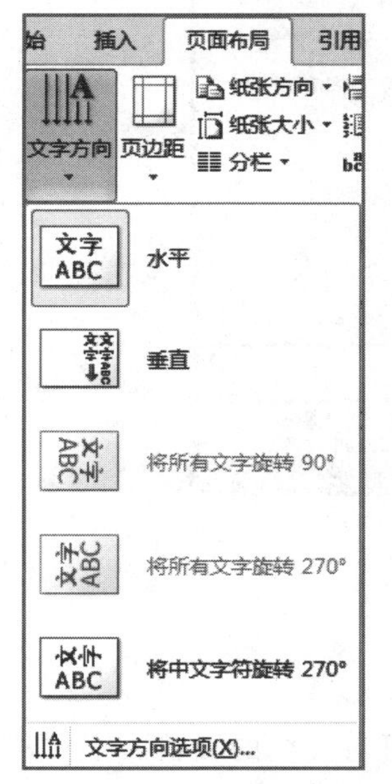

图 4-4-30　“文字方向”选项

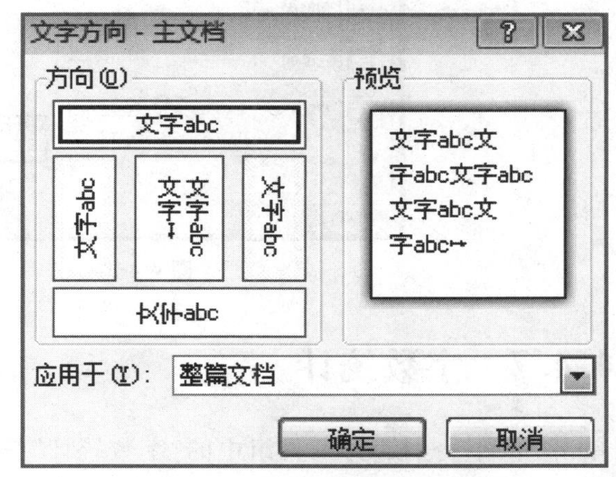

图 4-4-31　“文字方向-主文档”对话框

▶ 4.4.6　水印

选择“页面布局”→“页面背景”工具组中“水印”按钮，在下拉列表中会出现已有的水印样式，用户可单击其中一种样式为文档添加水印效果，如图 4-4-32 所示。

若已有的水印样式不能满足需求，还可以单击列表中的“自定义水印”命令，在弹出的“水印”对话框中进行参数设置，如图 4-4-33 所示。

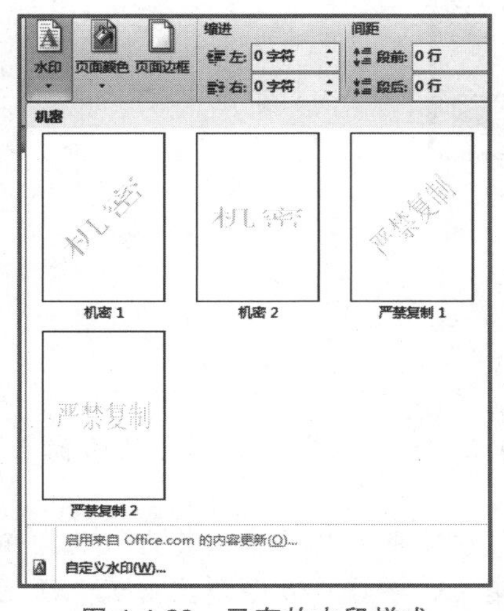

图 4-4-32　已有的水印样式

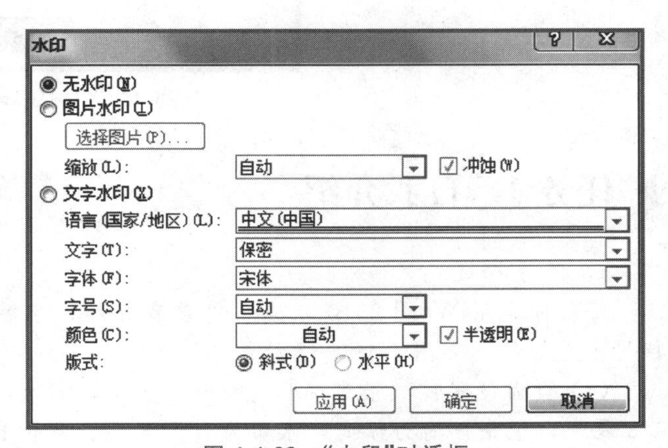

图 4-4-33　“水印”对话框

注意：在添加完水印之后，页面会出现页眉，双击页眉，选择“开始”→“段落”工具组中“边框”→“边框和底纹”按钮，将应用范围由“文字”改为“段落”，如图 4-4-34 所示。

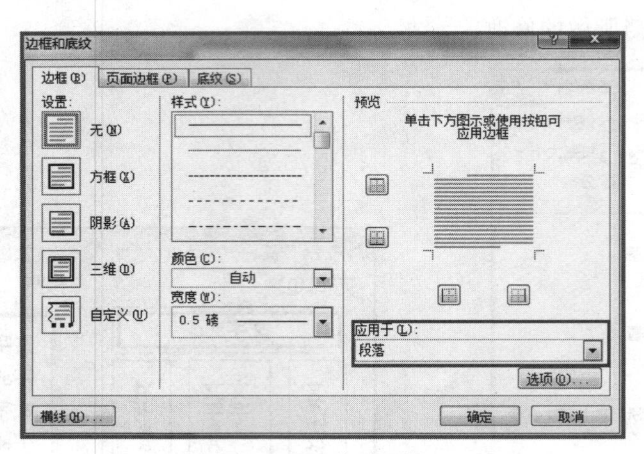

图 4-4-34　去除页眉

▶ 4.4.7　字数统计

单击“审阅”→“校对”工具组中的“字数统计”按钮，可对文档的页数、字数进行统计，如图 4-4-35 所示。

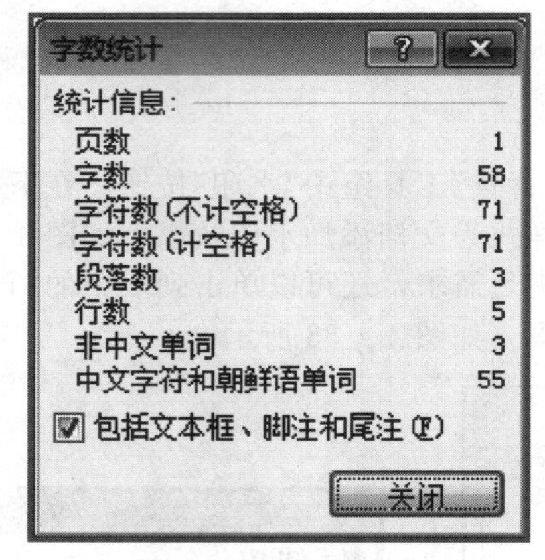

图 4-4-35　字数统计

▶ 任务 1　自我介绍

1. 任务描述

每位同学用 Word 2010 完成一篇自我介绍，字数在 200～300 字，介绍自己的优点、特长、爱好等，如图 4-4-36 所示。

(1) 页面设置：纸张为 A4，上下边距为 2 厘米，左右边距为 2 厘米，装订线为左侧 0.3 厘米，纸张方向为纵向，水印为自己名字、颜色自定义、字体 120 号华文彩云，页面颜色自定义，页面边框为三维 1.5 磅实线、颜色自定义。

(2) 标题设置：居中、黑体、初号、加粗，颜色自定义。

(3) 正文格式：首字下沉 2 行、首行缩进 2 字符、字体为幼圆、字号为二号、行间距为固定值 30 磅。

(4) 重点内容格式：当出现“优点”“特长”“爱好”字样时，要以不同颜色突出显示文本。

(5) 日期格式：日期要在本页右下角右对齐。

2. 操作步骤

(1) 单击“页面布局”→“页面设置”工具组的启动器按钮，在弹出的“页面设置”对话框“纸张”选项卡中“纸张大小”下拉列表中选择 A4；在“页边距”选项卡中选择上下左右的边距均为 2 厘米，选择“装订线”为 0.3 厘米，装订线位置为“左”，选择“纸张方向”为纵向；单击“页面布局”→“页面背景”工具组中的“水印”按钮，选择“自定义水印”，在弹出的“水印”对话框中选择“文字水印”项，输入自己的名字，设置字号为 120 磅，字体为华文彩云；单击“页面布局”→“页面设置”工具组中的“页面颜色”按钮，在出现的颜色单击，即页面出现选中的颜色；单击“页面布局”→“页面设置”工具组中的“页面边框”按钮，在“设置”选项中选择“三维”，在“宽度”选项中选择“1.5 磅”。

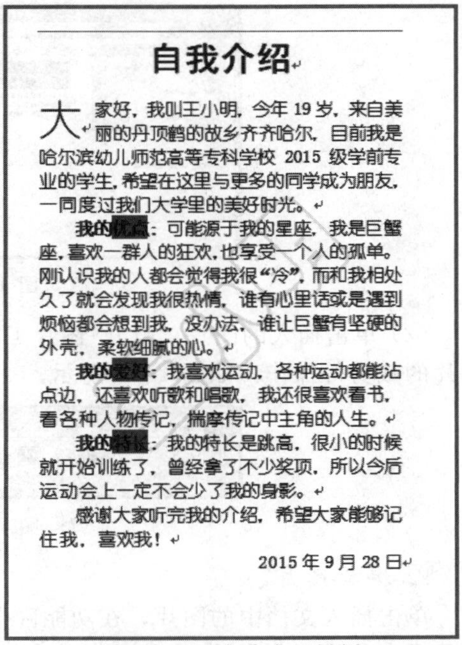

自我介绍

大家好，我叫王小明，今年 19 岁，来自美丽的丹顶鹤的故乡齐齐哈尔，目前我是哈尔滨幼儿师范高等专科学校 2015 级学前专业的学生，希望在这里与更多的同学成为朋友，一同度过我们大学里的美好时光。

我的优点：可能源于我的星座，我是巨蟹座，喜欢一群人的狂欢，也享受一个人的孤单。刚认识我的人都会觉得我很“冷”，而和我相处久了就会发现我很热情，谁有心里话或是遇到烦恼都会想到我，没办法，谁让巨蟹有坚硬的外壳，柔软细腻的心。

我的爱好：我喜欢运动，各种运动都能沾点边，还喜欢听歌和唱歌，我还很喜欢看书，看各种人物传记，揣摩传记中主角的人生。

我的特长：我的特长是跳高，很小的时候就开始训练了，曾经拿了不少奖项，所以今后运动会上一定不会少了我的身影。

感谢大家听完我的介绍，希望大家能够记住我，喜欢我！

2015 年 9 月 28 日

图 4-4-36　自我介绍样例

(2) 选中标题，在浮动工具栏上选择居中、黑体、初号、加粗。

(3) 选择正文中的首字，单击“插入”→“文本”工具组中的“首字下沉”按钮，选择“首字下沉选项”，“位置”选择“下沉”，“下沉行数”输入“2”；选择正文，单击“开始”→“段落”工具组启动器，在打开的“段落”对话框中单击“特殊格式”选择“首行缩进”，“磅值”为“2”；在“行距”中选择“固定值”，“设置值”为“30”；字体为幼圆、字号为二号。

(4) 选中“优点”，按下 Ctrl 键的同时单击“特长”“爱好”，单击“以不同颜色突出显示文本”按钮，选择一种颜色。

(5) 光标在本页下方，单击“插入”→“文本”工具组的“日期和时间”按钮，选择一个日期格式，单击“确定”；选中日期，单击“开始”→“段落”工具组中的“右对齐”按钮。

4.5　Word 2010 图文混排

4.5.1　插入和编辑图片

1. 插入图片

(1) 选择“插入”功能区，单击“插图”工具组中的“图片”按钮，弹出“插入图片”对话框，如图 4-5-1 所示。选择插入图片的路径和文件，然后单击“插入”按钮。文档可以插入 .bmp、.jpg、.png、.gif 等格式的图片。

图 4-5-1　插入图片

(2) 单击插入的图片，打开“图片工具/格式”功能区，可进行图片的编辑、图文混排、图片的裁剪等操作，如图 4-5-2 所示。

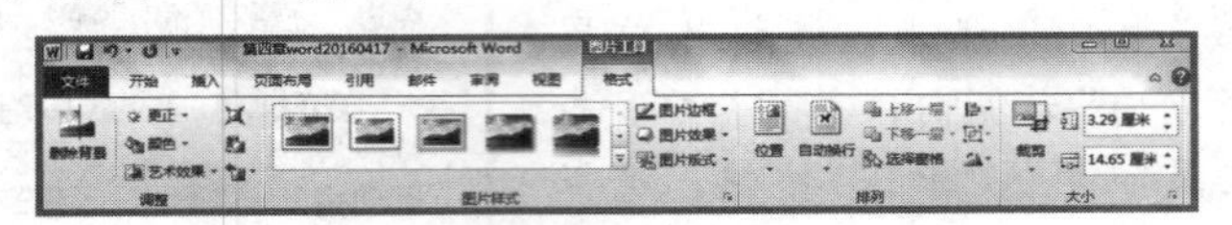

图 4-5-2　图片工具

2. 编辑图片

单击插入文档中的图片，在功能区中均会显示出“格式”选项，关于图片的工具都会集中呈现在此处，分为“调整”“图片样式”“排列”“大小”四个组。

(1) 修改图片亮度。选中图片，单击“调整”工具组中的“亮度”按钮，在打开的亮度调整数值−40%～+40%范围中进行选择，调整幅度以 10%为增量，也可通过“设置图片格式”对话框设置图片亮度，如图 4-5-3 所示。选中图片，单击“调整”工具组中的“亮度”按钮，选择“图片修正选项”命令打开“设置图片格式”对话框，在“图片”选项卡中调整“亮度”微调框，以 1%为增量进行细微的设置。

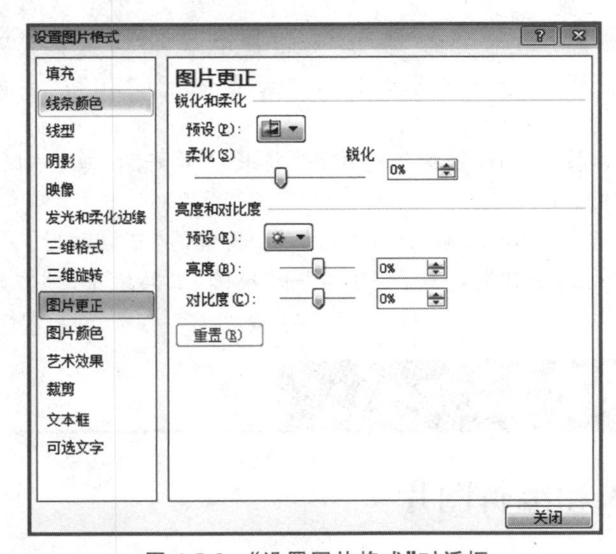

图 4-5-3　“设置图片格式”对话框

(2) 修改图片对比度。选中图片，单击“调整”工具组中的“对比度”按钮，在打开的对比度调整数值−40%～+40%范围中进行选择，调整幅度以 10%为增量，也可通过“设置图片格式”对话框设置图片对比度。选中图片，单击“调整”工具组中的“对比度”按钮，选择“图片修正选项”命令打开“设置图片格式”对话框，在“图片”选项卡中调整“对比度”微调框，以1%为增量进行细微的设置。

(3) 对图片重新着色。选中图片，单击“调整”工具组中的“重新着色”按钮，如图4-5-4所示。在打开的颜色模式下拉列表中，选择“灰度”“冲蚀”“褐色”或“黑白”选项为图片重新着色，也可以在“深色变体”和“浅色变体”区域选择其他效果。

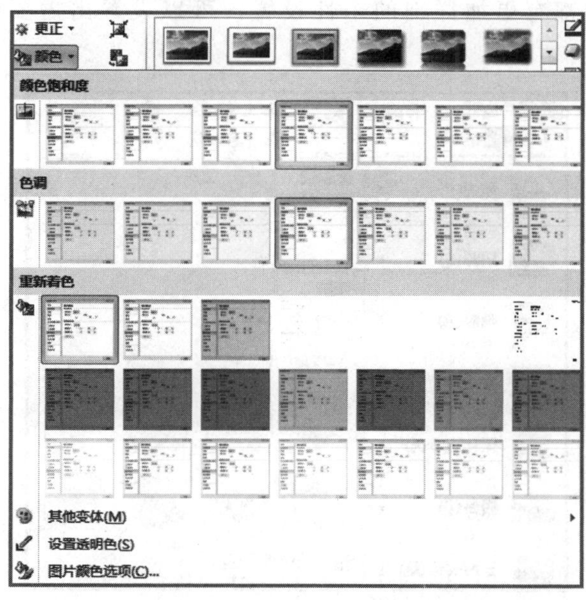

图 4-5-4 重新着色

(4) 设置图片的压缩。若用户在文档中插入了很多大尺寸图片，文档的体积自然会增大很多，为了节省空间就需要对图片进行压缩，但手工对一张张图片进行压缩实在太烦琐，在Word 2010中提供了图片压缩功能，这样在保存文档时就可以按用户的设置自动压缩图片尺寸。

选中图片，在“调整”工具组中单击“压缩图片”按钮，打开“压缩图片”对话框。单击“确定”按钮关闭“压缩图片”对话框，如图4-5-5所示。

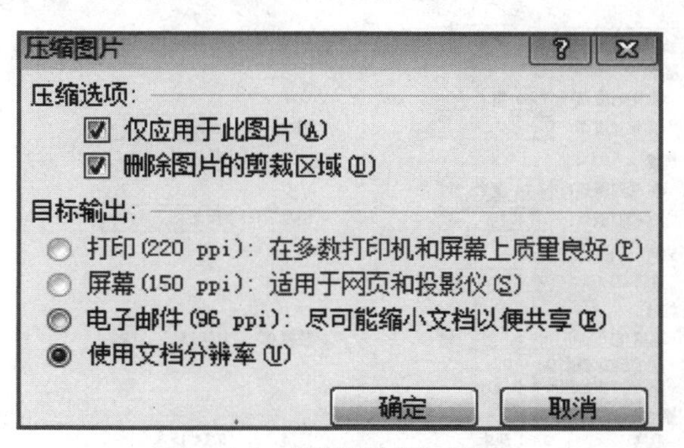

图 4-5-5 “压缩图片”对话框

(5) 设置图片格式。

① 更改图片样式包括透视、映像、边框、投影等。选中图片，单击“格式”选项，选

中"图片样式"列表中合适的图片样式即可。当鼠标指针悬停在一个图片样式上方时，Word 2010 文档中的图片会即时预览实际效果。

② 更改图片形状，如三角形、云状等。单击"格式"选项，选中"图片样式"工具组中"图片形状"按钮，在下拉列表中选择某一形状即可。

③ 更改图片效果，如预设、阴影、反射、发光、柔化边缘、棱台及三维旋转等多种分类。其中每一项都有更加详细的个性设置，可以设置出需要的效果，如图 4-5-6 所示。

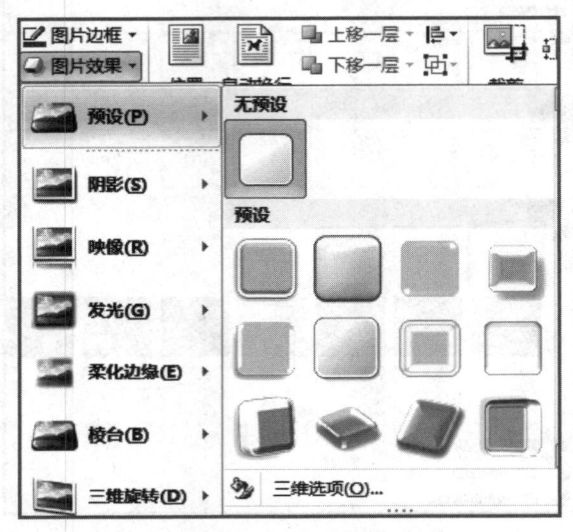

图 4-5-6　设置图片效果

④ 对图片进行裁剪。单击"格式"→"大小"工具组中的"裁剪"按钮，图片周围将显示黑色边框，将鼠标放置黑色边框上单击鼠标左键向内拖动对图片进行裁剪。

也可能通过"大小"对话框对图片进行裁剪或改变图片大小，如图 4-5-7 所示。单击"格式"→"大小"工具组，打开右下角的对话框启动器，打开"大小"选项卡，在选项卡中设置图片的裁剪区域。

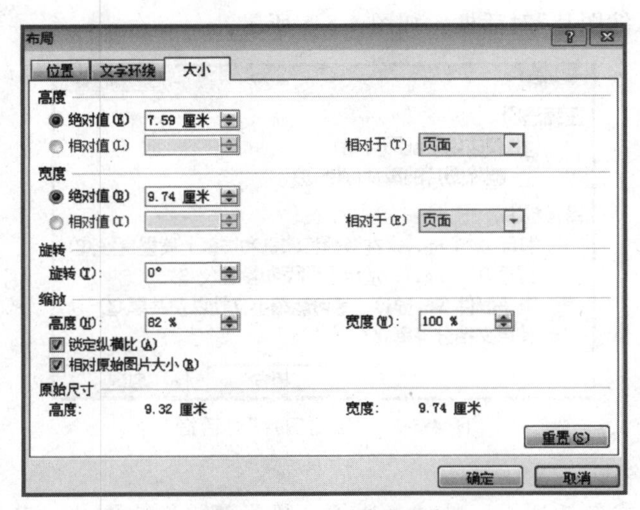

图 4-5-7　"大小"选项卡

⑤ 修改图片大小。在 Word 2010 文档中，可通过三种方式设置图片大小。

• 拖动图片控制手柄。选中图片时，图片周围会出现 8 个方向的控制手柄。拖动四角的控制手柄可以按照宽高比例放大或缩小图片的尺寸，拖动四边的控制手柄可以向对方向放大或缩小图片，但图片宽高比例将发生变化，从而导致图片变形。

• 直接输入图片宽度和高度尺寸。如果需要精确控制图片的尺寸，则可以直接在"格式"→"大小"工具组中输入图片的宽度和高度尺寸。

• 在"大小"对话框中设置图片尺寸。

⑥ 设置文字环绕。在默认情况下，文档中的图片作为字符插入在文档中，其位置随着其他字符的改变而改变，不能自由移动图片。而通过为图片设置文字环绕方式，则可以自由移动图片的位置。选中图片，单击"格式"→"排列"工具组中的"文字环绕"按钮，并在打开的下拉列表中选择合适的文字环绕方式即可，如图 4-5-8 所示。

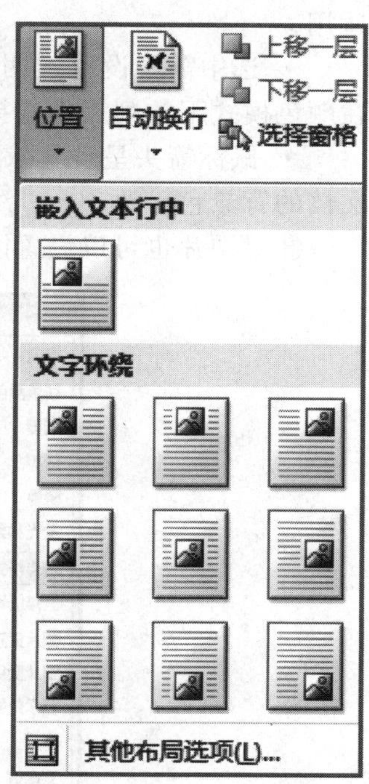

图 4-5-8　在下拉列表中设置文字环绕

也可以右击图片，在弹出的快捷菜单中选中"文字环绕"命令，选择某一种文字环绕方式，如图 4-5-9 所示。

• 四周型环绕：不管图片是否为矩形图片，文字以矩形方式环绕在图片四周。

• 紧密型环绕：如果图片是矩形，则文字以矩形方式环绕在图片周围，如果图片是不规则图形，则文字将紧密环绕在图片四周。

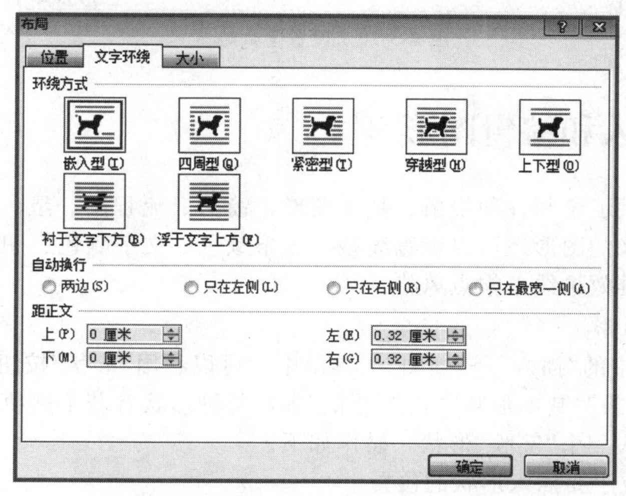

图 4-5-9　在对话框中设置文字环绕

• 衬于文字下方：图片在下、文字在上分为两层，文字将覆盖图片。

• 浮于文字上方：图片在上、文字在下分为两层，图片将覆盖文字。

• 上下型环绕：文字环绕在图片上方和下方。

• 穿越型环绕：文字可以穿越不规则图片的空白区域环绕图片。

• 编辑环绕顶点，可实现更个性化的环绕效果。

⑦设置图片背景为透明色。对于背景色只有一种的图片，可以将该图片的纯色背景设置为透明色，从而使图片更好地融入文档中。该对设置有背景颜色的文档尤其适用。

• 选中需要设置透明色的图片，单击"格式"→"调整"工具组中的"重新着色"按钮，在颜色模式下拉列表中选择"设置透明色"命令。

• 鼠标箭头呈现笔状，单击图片纯色背景使其设置为透明色，从而使图片的背景与文档的背景色一致。

⑧对图片也可以设置阴影、三维旋转及三维格式等格式，如图 4-5-10 所示。

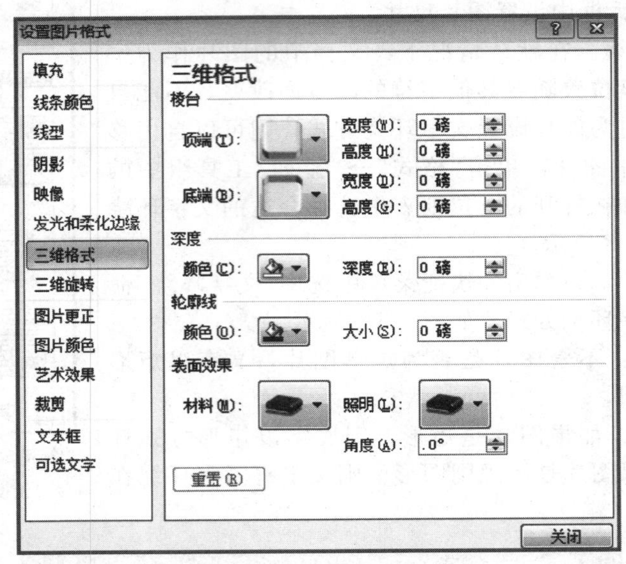

图 4-5-10　设置图片格式

▶ 4.5.2　插入和编辑图形

Word 2010 提供了绘制各种线条、基本图形、箭头、流程图、星、旗帜、标注等图形的功能。对绘制出来的图形还可以设置线型、线条颜色、文字颜色、图形或文本的填充效果、阴影效果、三维效果线条端点风格。

1. 绘制基本图形

在 Word 2010 中的"插入"→"插图"工具组中，可以利用"形状"按钮插入多种图形。插入的形状可分为"线条""基本形状""箭头总汇"等，每种形状有若干选项。

要在文档中插入一个"笑脸"形状，操作如下。

(1) 将光标定位于要插入形状的位置。

(2) 单击"插入"→"插图"工具组中的"形状"按钮，打开形状下拉列表，如图 4-5-11 所示。

(3) 在"基本形状"列表中选择"笑脸"，光标变为"十字形"。

(4) 可以单击鼠标左键并拖动鼠标绘制出一个"笑脸"形状，如图 4-5-12 所示。也可以单击鼠标在插入点处自动绘制一个"笑脸"形状，同时 Word 2010 将自动弹出"绘图工具"选项卡。

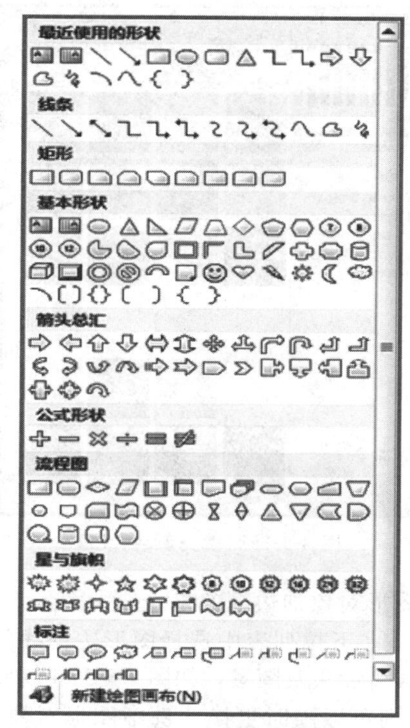

图 4-5-11　最近使用形状

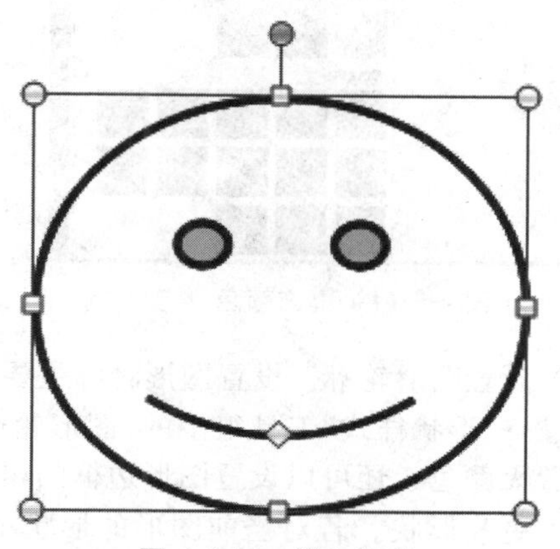

图 4-5-12　插入形状

2. 编辑图形

(1) 选定图形。Word 2010 中选中自选图形的方法有两种：一种是直接将光标放置在图形对象上，当光标指针呈现十字形时，单击鼠标左键选中图形。被选中的图形周围会有八个控制柄；另一种是单击"开始"→"编辑"工具组中"选择"按钮，在打开的下拉列表中选中"选择对象"命令，光标变为十字箭头形，单击要选中的图形。

(2) 给图形添加文字。选中图形对象后，单击"格式"→"插入文本"工具组中"文本框"按钮，光标将定位到图形的文本框中，等待用户输入文字，也可利用"插入形状"工具组中的各个形状按钮在文档中继续插入图形对象，如图 4-5-13 所示。

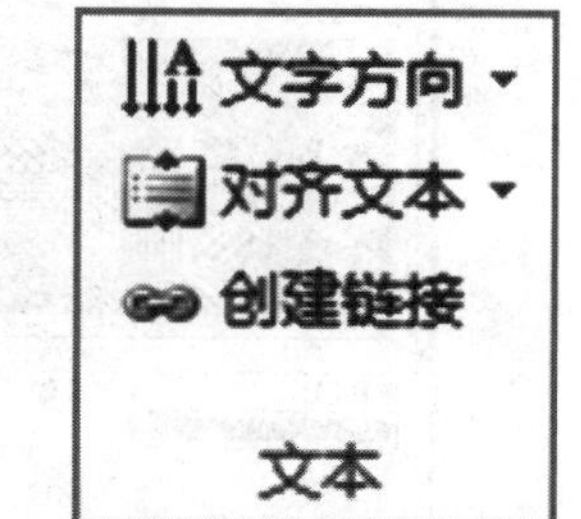

图 4-5-13　给图形添加文字

(3) 设置图形样式。单击选中图形对象后，单击"格式"选项，当鼠标在"形状样式"工具组中任意一种样式按钮上移动时，图形对象会即刻显现样式应用的效果，以方便用户选择自己满意的图形。

(4) 设置图形填充颜色。选中图形对象后，单击"格式"→"形状样式"工具组中的"形状填充"按钮，在打开的下拉列表中可以选择用户比较喜欢的颜色对图形对象进行填充。

在下拉列表中除了能选择颜色外，还可以以图片、渐变色、纹理以及图案进行图形对象的填充，如图 4-5-14～图 4-5-16 所示。

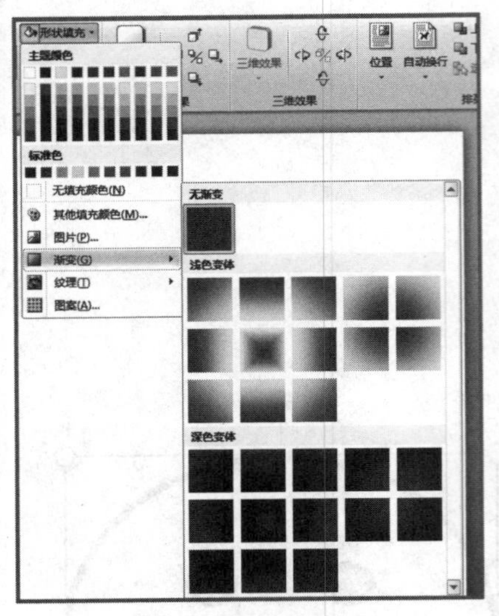

图 4-5-14　填充颜色-渐变

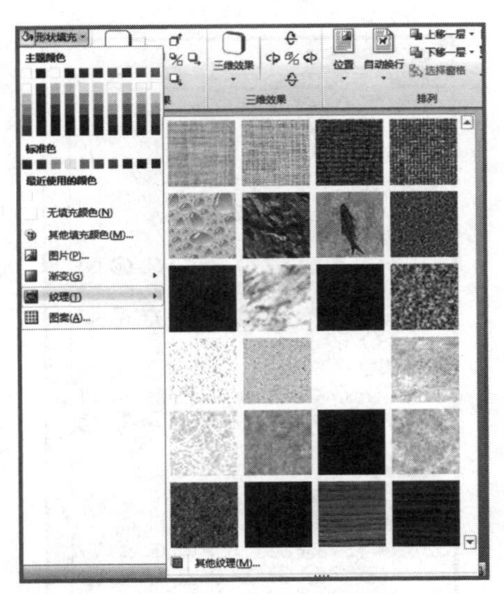

图 4-5-15　填充颜色-纹理

（5）设置图形轮廓。设置图形轮廓主要是指给图形对象加边框效果。选中图形对象，单击"格式"→"形状样式"工具组中的"图形轮廓"按钮，在下拉列表中选择图形边框线的颜色，也可设置无颜色，还可以设置图形边框的粗细、虚线、箭头及图案，如图 4-5-17 所示。

（6）更改形状。若对当前图形的形状不满意，则可以随时更换。选中图形对象，单击"格式"→"形状样式"工具组中"更改形状"按钮，如图 4-5-18 所示。在打开的下拉列表中选择一个图形，新选择的图形将替换原有的图形的形状。更改图形形状只会影响图形的形状，对于已经设置好的填充颜色、边框等均不影响，仍以原有样式及格式显示。

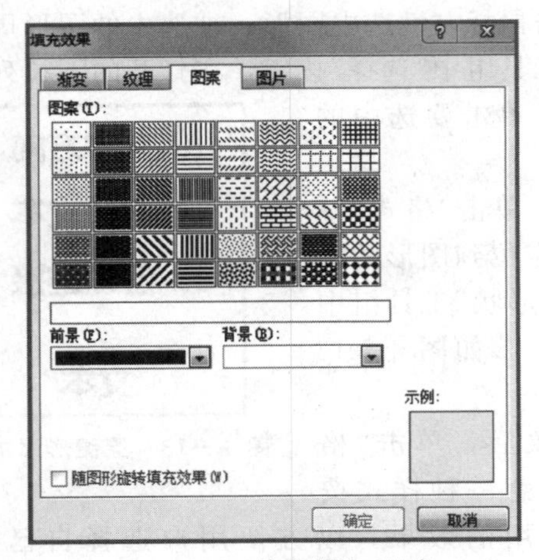

图 4-5-16　填充颜色-图案

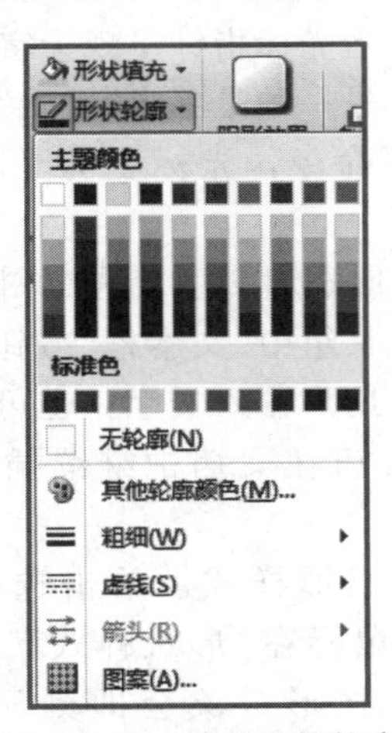

图 4-5-17　设置形状轮廓

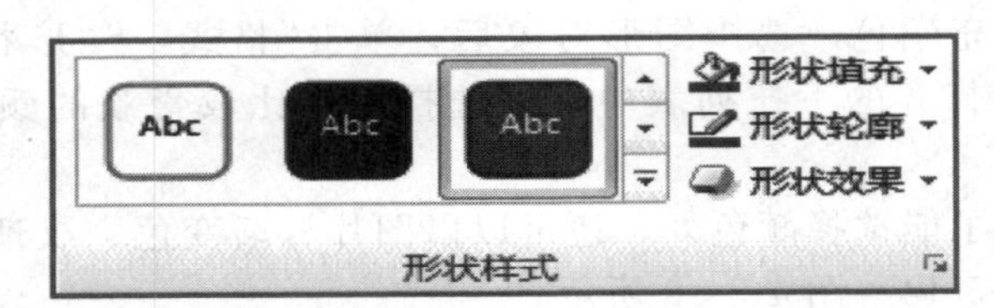

图 4-5-18　更改形状

(7) 更改图形大小。

① 选中图形对象，将鼠标放置在图形的任意控制柄上，当鼠标形状变为水平、垂直或倾斜的双向箭头时，单击鼠标左键并拖动鼠标，调整到大小合适时释放鼠标左键。

② 若要精确修改图形大小，可在“布局”→“大小”工具组中直接输入图形的宽度和高度。

③ 单击“布局”→“大小”工具组右下角的对话框启动器，打开“设置自选图形格式”对话框，在对话框的“大小”选项卡中输入高度值及宽度值即可。若要使图形的高度及宽度的比值不变，可以选定“锁定纵横比”复选框，此时只要修改高度或宽度两者之一即可。

(8) 对象层次关系。在已绘制的图形上再绘制图形，则产生重叠效果，一般先绘制的图形在下面，后绘制的图形在上面。要更改叠放次序，先需要选择要改变叠放次序的对象，选择绘图工具“格式”选项卡，单击“排列”工具组的“上移一层”按钮和“下移一层”按钮选择本形状的叠放位置，或单击快捷菜单中的“上移一层”选项和“下移一层”选项，如图 4-5-19所示。

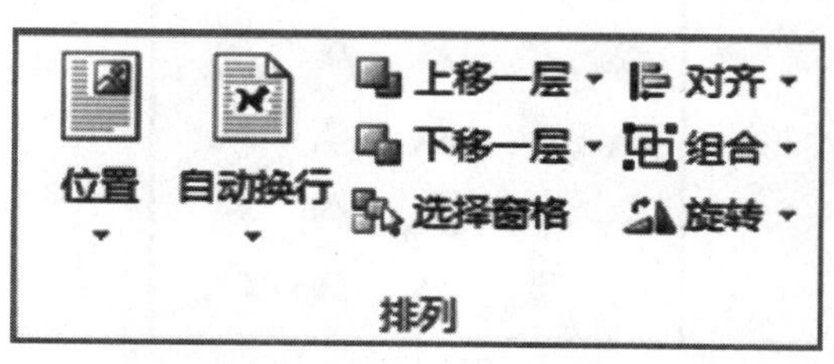

图 4-5-19 设置对象层次关系

(9) 形状对象的组合与取消。

① 组合。按住“Shift”键，用鼠标左键依次选中要组合的多个对象。选择“格式”选项卡，单击“排列”工具组中“组合”下拉按钮，在弹出的下拉菜单中选择“组合”选项，或单击快捷菜单中的“组合”下的“组合”选项，即可将多个图形组合为一个整体，如图 4-5-20所示。

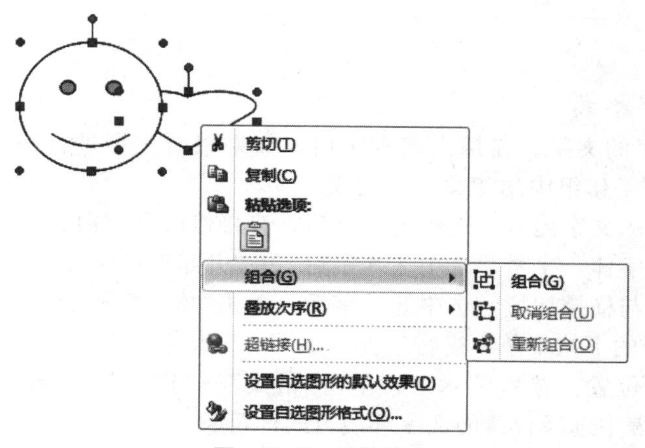

图 4-5-20 形状组合

② 取消。选中需分解的组合对象后，选择“格式”选项卡，单击“排列”工具组中“组合”下拉按钮，在弹出的下拉菜单中选择“取消组合”选项，或单击快捷菜单中的“组合”下的“取消组合”选项。

4.5.3 插入艺术字

1. 插入艺术字

艺术字是指将一般文字经过各种特殊的着色、变形处理得到的艺术化的文字。在Word中可以创建出漂亮的艺术字，并可作为一个对象插入到文档中。Word 2010将艺术字作为文本框插入，用户可以任意编辑文字。

(1) 将插入点光标移到准备插入艺术字的位置。

(2) 单击"插入→文本"工作组中的"艺术字"按钮，并在打开的艺术字下拉列表中选择合适的艺术字样式，如图4-5-21所示。

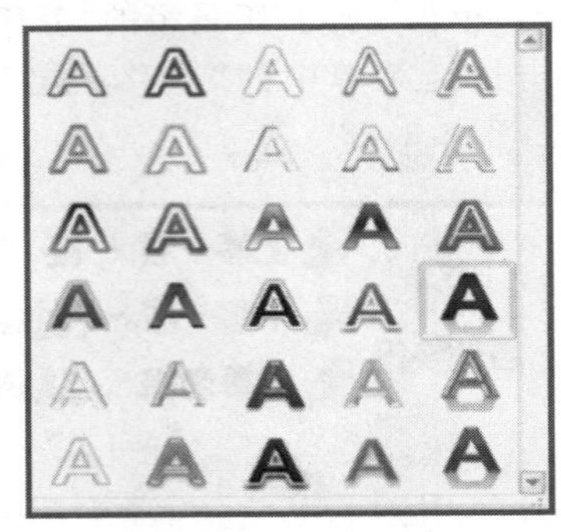

图4-5-21　艺术字样式

(3) 在"文本"编辑框中输入要设置艺术字的文本，如图4—5—22所示。

图4-5-22　输入艺术字

2. 设置艺术字格式

(1) 编辑艺术字的文字。在插入艺术字后，如果想对文字进行修改，需要借助于"格式"→"艺术字样式"工作组中的相关命令完成。

① 修改艺术字的文字内容。选中艺术字后，直接修改文字内容。

② 设置艺术字字体、字号。选中艺术字后，在"开始"→"字体"工作组中进行修改。

③ 艺术字竖排与横排切换。选中艺术字后，单击"格式"→"文本"工作组中的"文字方向"按钮，并在打开的下拉菜单中进行选择。如图4-5-23所示。

④ 设置艺术字位置。选中艺术字，单击"格式"→"排列"工作组中的"位置"的按钮，并在打开的下拉列表中选择合适的文字环绕方式即可。

(2) 更改艺术字样式。插入艺术字后，可以更改艺术字的样式、文本填充、文本轮廓及文本效果。

① 更改艺术字样式。选中艺术字，在"格式"→"艺术字样式"工作组中艺术字样式列表中选择样式，即可更改，如图4-5-24所示。

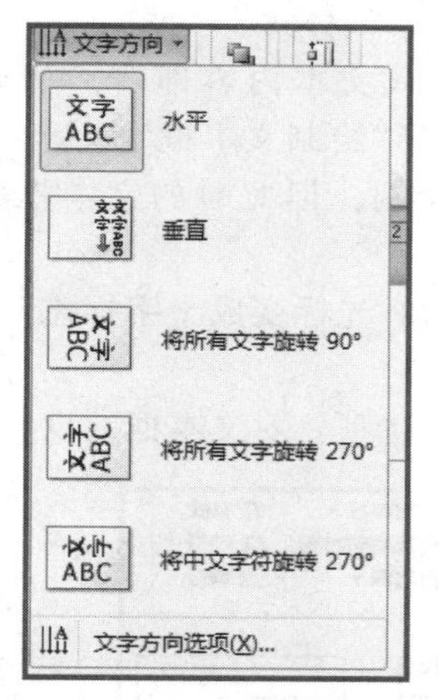

图 4-5-23 艺术字竖排与横排切换

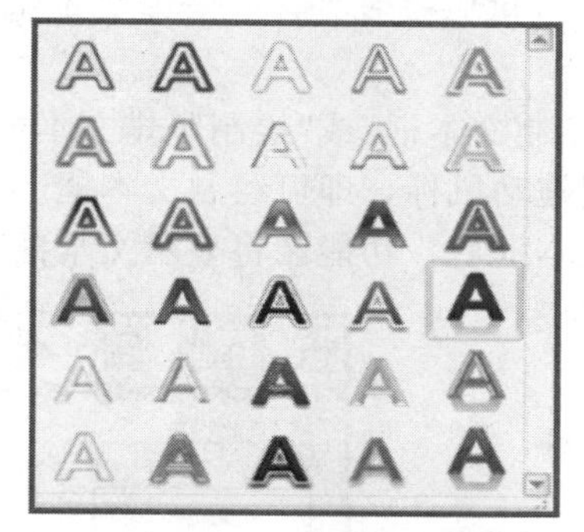

图 4-5-24 艺术字样式

② 设置艺术字填充颜色。选中艺术字，在“格式”→“艺术字样式”工作组中单击“文本填充”命令，在下拉列表中选择艺术字的填充效果，如图 4-5-25 所示。通过选择不同的填充方式，就可制作出多种意想不到的漂亮效果。

③ 设置艺术字轮廓。选中艺术字，在“格式”→“艺术字样式”工作组中单击“文本轮廓”按钮，如图 4－5－26 所示。在下列列表中选择艺术字边框线的颜色、线型及线的粗细等，也可以通过设置“无轮廓”使艺术字不显示边框。

④ 设置艺术字效果。选中艺术字，在“格式”→“艺术字样式”工作组中单击“文本效果”按钮选择，如图 4－5－27 所示。

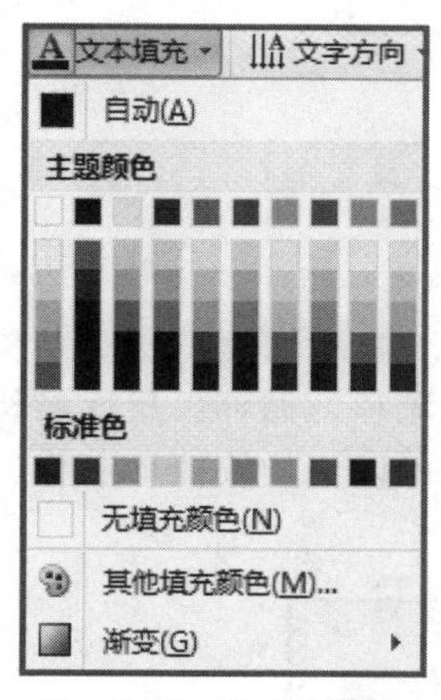

图 4-5-25 艺术字颜色

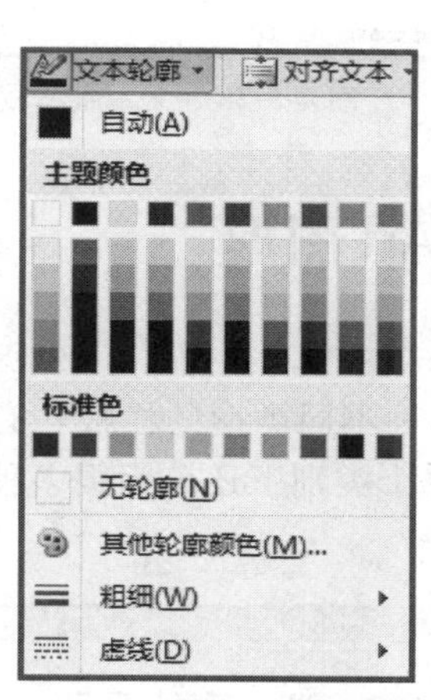

图 4-5-26 艺术字轮廓

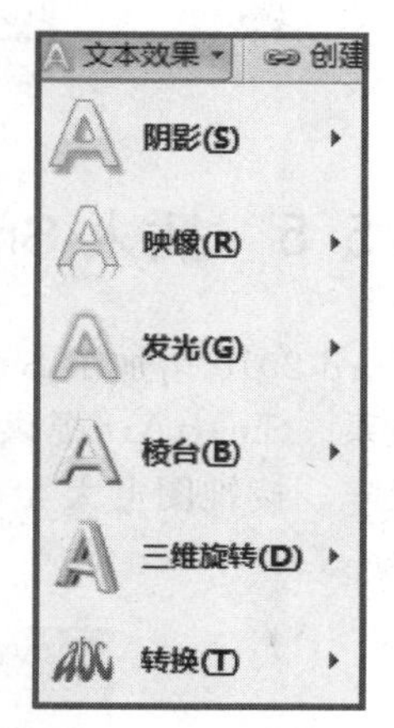

图 4-5-27 文本效果

4.5.4 插入文本框

通过使用文本框，可以将文本很方便地旋转到文档页面的指定位置，而不必受到段落格式、页面设置等因素的影响。Word 2010 中为用户准备了 36 种已经设置好的文本框样式，同时还允许把自己制作好的文本框样式保存到样式库中，简化用户的操作。

(1) 切换到“插入”→“文本”工具组中单击“文本框”按钮，如图 4-5-28 所示。

(2) 在打开的内置文本框列表中选择合适的文本框样式。

(3) 所插入的文本框处于选中状态，直接输入文本内容即可。如果没有合适的样式，可以单击“文本框”按钮，在打开的列表中选择“绘制文本框”命令，在文档中手工绘制文本框，也可以选择“绘制竖排文本框”手工绘制，但此时的文本框中的文字也为竖排版。

选择“绘制文本框”或“绘制竖排文本框”命令后，光标变成十字标志，此时在文档中按下鼠标左键拖动鼠标，即可绘制文本框。

插入文本框后，功能区将显示文本框的“格式”选项，对文本框的设置同图片。

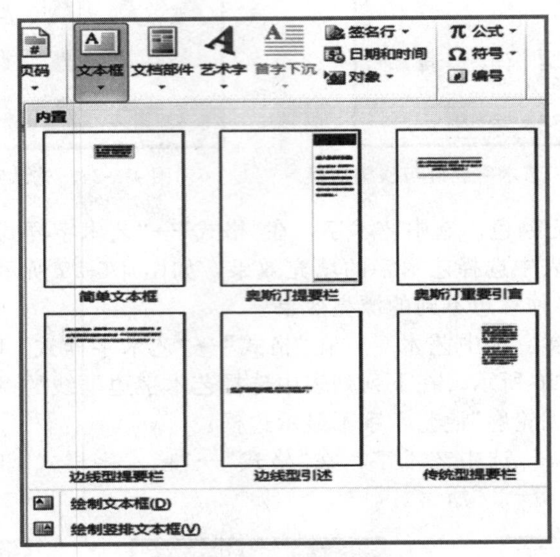

图 4-5-28　文本框样式

▶ 4.5.5　插入 SmartArt 图形

Word 2010 增加了 SmartArt 图形，如图 4-5-29 所示，用于演示流程、层次结构、循环或关系。SmartArt 提供了 80 种不同类型的模板，有列表、流程、循环、层次结构、关系、矩阵、棱锥图七大类，在每个类别下还分为很多种图形，可以更加快捷地制作出精美文档。

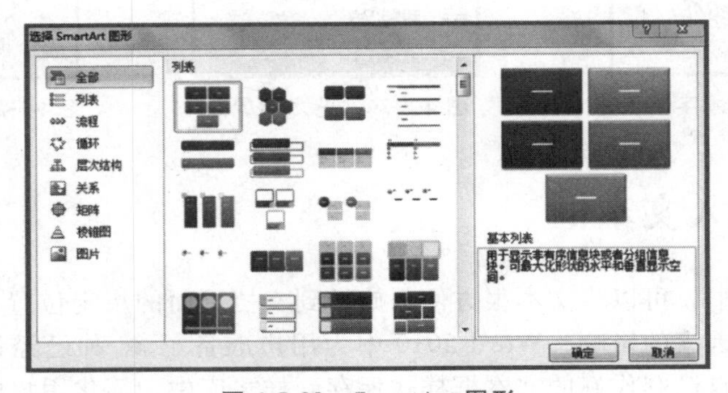

图 4-5-29　SmartArt 图形

例如，要在文档中插入一个射线图。

(1) 单击“SmartArt”按钮，弹出“选择 SmartArt 图形”对话框。

(2) 单击循环结构中的“射线循环”。

(3) 单击“确定”按钮将在文档中插入射线图。

(4) 在插入的射线图中分左右两个窗格，左侧以树形结构显示射线图的结构，右侧窗格中以图形显示结构，在左侧或右侧窗格中单击“文本”区域，鼠标变为插入状态，在中间节点中输入“插图”，在周围节点中输入“图片”“剪贴画”“形状”及“图表”，如图 4-5-30 所示。

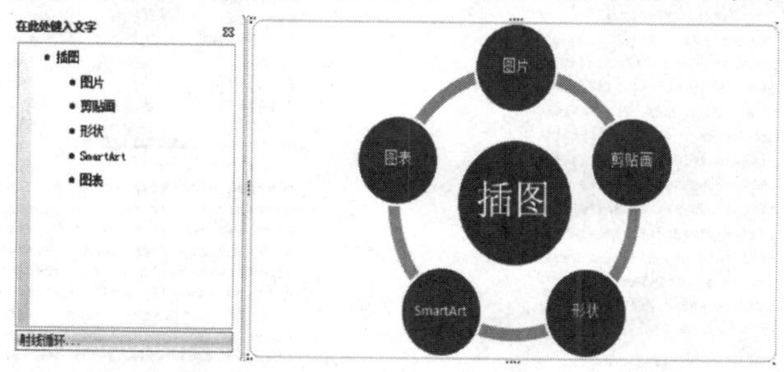

图 4-5-30 添加文字

(5) 选择各个输入的文字，单击“开始”→“字体”工具组为文字设置字体、字号及颜色等格式。

(6) 要加入一个节点形状用于输入 SmartArt，选中“形状”节点，右击鼠标，在弹出的快捷菜单中选择“添加形状”下的“在后面添加形状”命令。

(7) 在插入的新节点上右击鼠标，选择“编辑文字”，在形状节点中输入文本 SmartArt。

▶ 任务 2 设计班级简报

1. 任务描述

我们已经学习了 Word 2010 版面设计的基本知识，下面就让我们综合运用这些技巧来设计一个班级简报吧。要求文字、图片均经过设计，排版美观，整体设计合理，内容详实。

2. 操作步骤

以“与书为伴”作为班级简报的主题。

(1) 将页面颜色设置为双面渐变，颜色 1 为淡蓝色，颜色 2 为白色；底纹样式为水平，完成效果如图 4-5-31 所示。

(2) 在 Word 文档第一行插入艺术字“与书为伴”，设置为填充蓝色、强调文字颜色 1、塑料棱台、映像，发光效果为橄榄色、5pt 发光，调整“与书为伴”艺术字的位置，如图 4-5-32 所示。

图 4-5-31 页面颜色设置

图 4-5-32 插入艺术字

（3）将“与书为伴”的文章复制到文档中，清除格式后，将字体改为仿宋、小四、首行缩进两字符、行间距 1.5 倍，如图 4-5-33 所示。

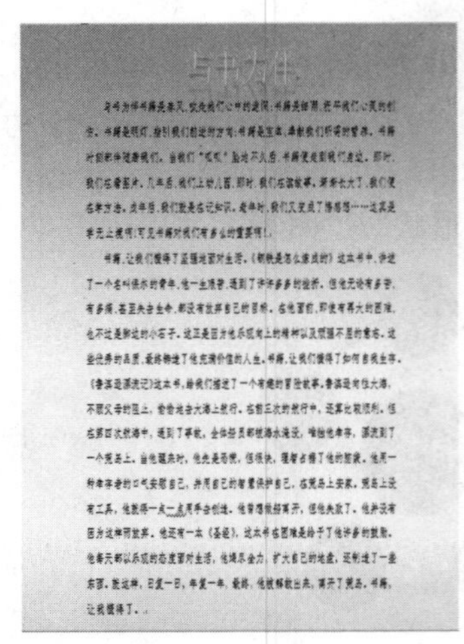
与书为伴

图 4-5-33　文本样例

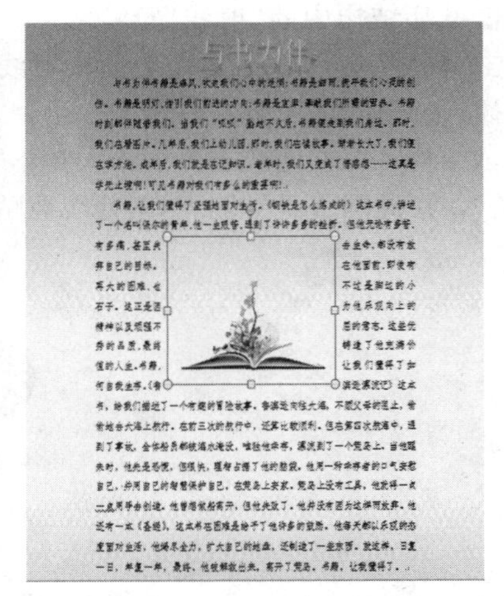
与书为伴

图 4-5-34　四周型文字环绕

（4）插入一张“书本”图片，设置为“四周型环绕”，删除背景后，放到第二自然段中间，如图 4-5-34 所示。

（5）将“书本”图片样式设置为棱台左透视，图片边框设置为绿色、3 磅，如图 4-5-35 所示。

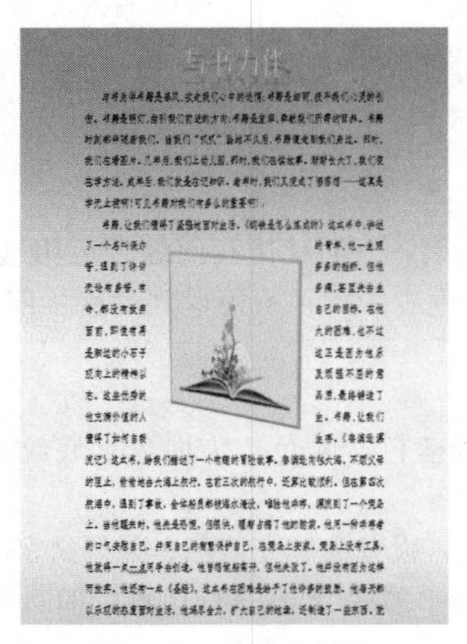
与书为伴

图 4-5-35　棱台样式

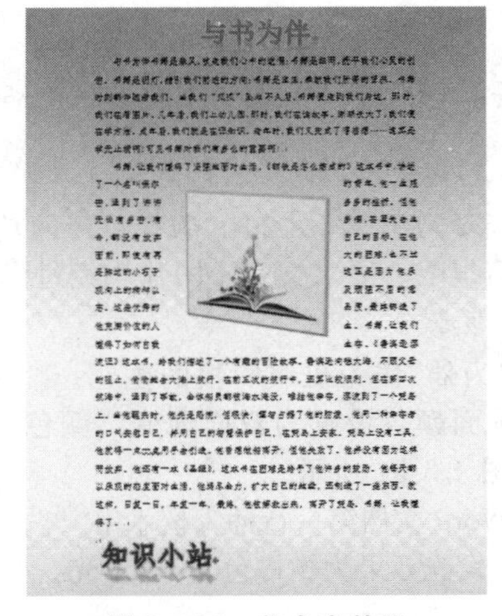
与书为伴

知识小站

图 4-5-36　艺术字效果

（6）在第一篇文章下方插入艺术字“知识小站”，设置为紫色、强调文字颜色 4、映像，“阴影”设为右下对角透视，“发光”效果为蓝色(5pt)，如图 4-5-36 所示。

（7）在“知识小站”下方插入相关内容并清除格式，字体设置为黑体、小四、首行缩进 2 字符、行间距 1.5 倍，分成两栏，如图 4-5-37 所示。

（8）页面边框设置为“三维艺术型红色气球”，宽度为 10 磅，如图 4-5-38 所示。“与书为伴”的板报就设计完成啦！

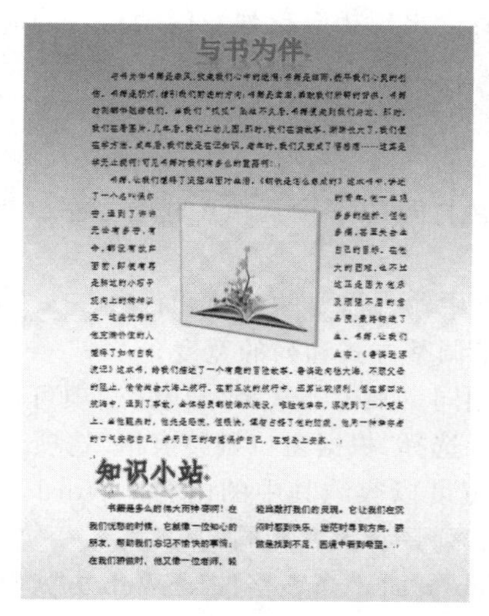

图 4-5-37　分栏

图 4-5-38　页面边框设置

4.6　Word 2010 的表格制作

人们在日常生活中经常会遇到各种各样的表格，如统计数据表格、个人简历表格、学生信息表、各种评优奖励表、课程表等。表格作为显示成组数据的一种形式，用于显示数字和其他项，以便快速引用和分析数据。表格具有条理清楚、说明性强、查找速度快等优点，因此使用非常广泛。Word 2010 中提供了非常完善的表格功能，可以很容易地制作出满足需求的表格。

4.6.1　创建表格

Word 2010 提供了多种建立表格的方法，切换到"插入"功能区，单击"表格"按钮，弹出创建表格的下拉菜单，其中提供了创建表格的 6 种方式：用单元格选择板直接创建表格、使用"插入表格"命令、使用"绘制表格"命令、使用"文本转换成表格"命令、使用"Excel 电子表格"命令、使用"快速表格"命令。

Word 2010 中，可以使用多种方法创建基本表格。

1. 使用下拉菜单中的单元格选择板直接创建表格

(1) 单击"插入"工具组中的"表格"按钮，如图 4-6-1 所示。将鼠标移到下拉菜单中最上方的单元格选择板中。随着鼠标的移动，系统会自动根据当前鼠标位置在文档中创建相应大小的表格。使用该单元格选择板能创建的表格大小最大为 8 行 10 列，每个方格代表一个单元格。单元格选择板上面的数字表示选择的行数和列数。

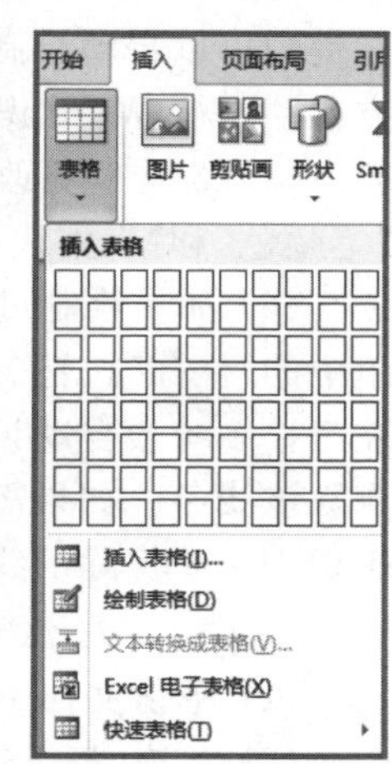

图 4-6-1　插入表格

(2) 用鼠标向右下方拖动以覆盖单元格选择板，覆盖的单元格变为深颜色显示，表示被选中，同时文档中会自动出现相应大小的表格。此时，单击鼠标左键，文档中插入点的位置会出现相应行列数的表格，同时单元格选择板自动关闭。

2. 使用“插入表格”命令可以创建任意大小的表格

(1) 单击要创建表格的位置。

(2) 单击“插入”工具组中的“表格”按钮，在打开的下拉菜单中选择“插入表格”命令，打开“插入表格”对话框。

(3) 在“表格尺寸”选项组下面相应的输入框中输入需要的列数和行数。

(4) 在“自动调整操作”选项组中，设置表格调整方式和列的宽度。

固定列宽：输入一个值，使所有的列宽度相同。其中，选择“自动”选项可创建一个列宽值低于页边距，具有相同列宽的表格，等同于选择“根据窗口调整表格”选项。

根据内容调整表格：使每一列具有足够的宽度以容纳其中的内容。Word 会根据输入数据的长度自动调整行和列的大小，最终使行和列具有大致相同的尺寸。

根据窗口调整表格：本选项适用于创建 Web 页面。当表格按照 Web 方式显示时，应使表格适应窗口大小。

(5) 如果以后还要制作相同大小的表格，选中“为新表格记忆此尺寸”复选框。这样下次再使用这种方式创建表格，对话框的行数和列数会默认为此数值。

(6) 单击“确定”按钮，在文档中插入点处即可生成相应形式的表格。

3. 使用“绘制表格”命令创建表格

除了前两种利用 Word 2010 功能自动生成表格的方法，还可以通过“绘制表格”命令来创建更复杂的表格。例如，单元格的高度不同或每行包含不同列数的单元格。

(1) 在文档中确定准备创建表格的位置，将光标放置于插入点。

(2) 单击“插入”工具组中的“表格”按钮，在弹出的下拉菜单中选择“绘制表格”命令。

(3) 首先要确定表格的外围边框，这里可以先绘制一个矩形。把鼠标移动到准备创建表格的左上角，按下左键向右下方拖动，虚线显示了表格的轮廓，到达合适位置时放开左键，即在选定位置出现一个矩形框。

(4) 绘制表格边框内的各行各列。在需要添加表格线的位置按下鼠标左键，此时鼠标变为笔形，水平、竖直移动鼠标的过程中，Word 可以自动识别出线条的方向，然后放开左键则可以自动绘制出相应的行和列。如果要绘制斜线，则要从表格的左上角开始向右下方移动，待 Word 识别出线条方向后，松开左键即可。

(5) 若希望更改表格边框线的粗细与颜色，可通过“设计”→“绘图边框”工具组中的“笔颜色”和“表格线的磅”值微调框进行设置。

(6) 如果绘制过程中不小心绘制了不必要的线条，可以使用“设计”→“绘图边框”工具组中的“擦除”按钮。此时鼠标指针变成橡皮擦形状，将鼠标指针移到擦除的线条上按鼠标左键，系统会自动识别出要擦除的线条(变为深红色显示)，松开鼠标左键，则系统会自动删除该线条。如果需要擦除整个表格，可以用橡皮擦在表格外围画一个大的矩形框，待系统识别出要擦除的线条后，松开左键即可自动擦除整个表格。

4. 使用“快速表格”功能快速创建表格

(1) 单击文档中需要插入表格的位置。

(2) 单击“插入”→“表格”工具组中的“表格”按钮，在弹出的下拉菜单中选择“快速表格”选项，如图 4-6-2 所示。然后再选择所需要使用的表格样式。

4.6.2 修改表格

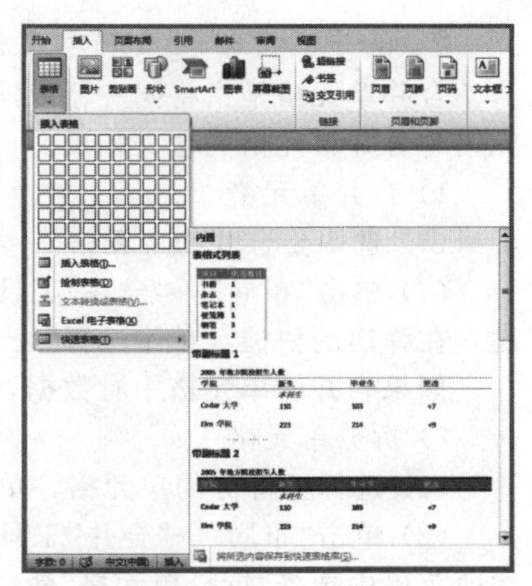

图 4-6-2 快速表格

用户创建的表格常常需要修改才能完全符合要求，另外由于实际情况的变更，表格也需要相应地进行一些调整。修改表格的主要思路是选中表格或单元格，然后再进行相应的操作。

1. 增加或删除表格的行、列和单元格

1)选定单元格

（1）单击“布局”→“表”工具组中的“选择”按钮，在弹出的下拉菜单中选择所需选取的类型(表格、行、列、单元格)。

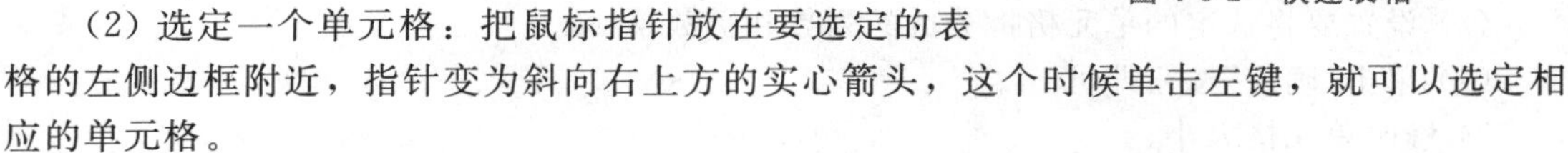

（2）选定一个单元格：把鼠标指针放在要选定的表格的左侧边框附近，指针变为斜向右上方的实心箭头，这个时候单击左键，就可以选定相应的单元格。

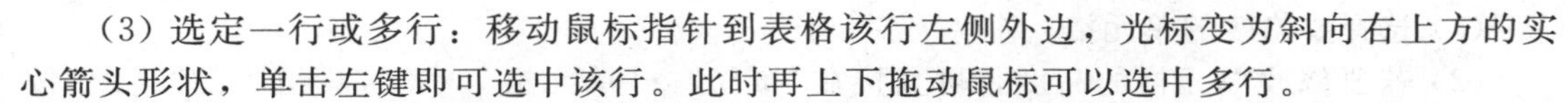

（3）选定一行或多行：移动鼠标指针到表格该行左侧外边，光标变为斜向右上方的实心箭头形状，单击左键即可选中该行。此时再上下拖动鼠标可以选中多行。

（4）选定一列或多列：移动鼠标指针到表格该列顶端外边，鼠标变为竖直向下的实心箭头形状，单击左键可选中该列。此时再左右拖动鼠标可以选中多列。

（5）选中多个单元格：按住鼠标左键所要选中的单元格上拖动可以选中连续的单元格。如果需要选择分散的单元格，则首先需要按照前面的办法选中第一个单元格，然后按住 Ctrl 键，依次选中其他的单元格即可。

（6）选中整个表格：将鼠标拖过表格，表格左上角将出现表格移动控点，单击该控点，或者直接按住鼠标左键，将鼠标拖过整张表格。

选择了表格后就可以执行插入操作了，插入行、列和插入单元格的操作略有不同。

2）插入行、列

（1）在表格中，选择待插入行(或列)的位置。所插入行(或列)必须要在所选行(或列)的上面或下面(或左边、右边)。

（2）单击“布局”→“行和列”工具组中的相应按钮进行相应操作，或单击鼠标右键，在弹出的快捷菜单中选择“插入”→“在左侧插入列”“插入”→“在上方插入行”“插入”→“在下方插入行”命令。

3）插入单元格

（1）在表格中，选择待插入单元格的位置。

（2）单击“布局”→“行和列”工具组的对话框启动器(或单击鼠标右键，在弹出的快捷菜单中选择“插入”→“插入单元格”命令)，弹出“插入单元格”对话框。

（3）选择相应的操作方式，单击“确定”按钮即可。

4）删除行、列和单元格

（1）在表格中，选中要删除的行、列和单元格。

（2）单击“布局”→“行和列”工具组的“删除”按钮，弹出下拉菜单，根据删除内容的不同，选择相应的删除命令。选择删除单元格时会弹出“删除单元格”对话框。

（3）单击“确定”按钮即可。

2. 合并、拆分表格或单元格

合并单元格是指将同一行或同一列中的两个或多个单元格合并为一个单元格。拆分单元格与合并单元格的含义相反。

1）合并单元格

(1) 选中要合并的单元格。

(2) 单击“布局”→“合并”工具组中的“合并单元格”按钮，或选中单元格后单击鼠标右键，在弹出的快捷菜单中选择“合并单元格”命令。

如果合并的单元格中有数据，那么每个单元格中的数据都会出现在新单元格内部。

2）拆分单元格

(1) 选择要拆分的单元格，单元格可以是一个或多个连续的单元格。

(2) 单击“布局”→“合并”工具组中的“拆分单元格”按钮，或单击鼠标右键，在弹出的快捷菜单中选择“拆分单元格”命令。

(3) 设置要将选定的单元格拆分成的列数和行数。

(4) 单击“确定”按钮即可。

3）修改单元格大小

(1) 选择要修改的单元格。

(2) 若要修改单元格的高度，可直接在“布局”→“单元格大小”工具组中的“高度”按钮旁边的编辑框中输入所需高度的数值，或直接使用编辑框旁的上、下按钮调节其高度。

(3) 若要修改单元格的宽度，可直接在“布局”→“单元格大小”工具组中的“宽度”按钮旁边的编辑框中输入所需高度的数值，或直接使用编辑框旁的上、下按钮调节其宽度。

4）拆分表格

(1) 拆分表格可将一个表格分成两个表格。单击要成为第一表格的首行的行。单击“布局”→“合并”工具组中的“拆分单元格”按钮，或按Ctrl＋Shift＋Enter组合键即可。

如果要将拆分后的两个表格分别放在网页上，在执行上述操作后，使光标位于两个表格间空白处，按Ctrl＋Enter组合键即可。如果希望两个表格合并，只需删除表格中间的空白即可。

(2) 还可以利用表格边框，把一张表格拆分为左、右两部分。首先选中表格中间的一列。单击“设计”→“绘制边框”工具组的对话框启动器，或单击鼠标右键，选择“边框和底纹”命令，弹出“边框和底纹”对话框，再单击“边框”选项卡。在“设置”组中选中“方框”选项，然后单击“预览”选项下面的“左框线”和“右框线”按钮，把“预览”区中表格的上、下两条框线取消。单击“确定”按钮，即可看到原表格被拆分成左、右两个表格。

4.6.3 设置表格格式

为了使创建完成后的表格达到需要的外观效果，需要进一步地对边框、颜色、字体以及文本等进行一定的排版，以美化表格，使表格内容更清晰。

1. 表格自动套用格式

Word 2010内置了许多种表格格式，使用任何一种内置的表格格式都可以为表格应用专业的格式设计。

(1) 选中要修饰的表格，将会出现"设计"→"表格样式"工具组中提供的几种简单的表格格式。用鼠标在样式上滑动，在文档中可以预览到表格应用该样式后的效果。

(2) 在预览效果满意的样式上单击鼠标左键，文档中的表格就会自动应用该样式。

(3) 选择任一样式后，可以单击"设计"→"表格样式选项"工具组中的相应按钮来对样式进行调整，同时可以随时观察表格样式发生的变化。

2. 表格中文字的字体设置

表格中文字的字体设置与文本中的设置方法一样，参照字体的相关设置即可，本处主要讨论文字对齐方式和文字方向两个方面。

1) 文字对齐方式

Word 2010 提供了 9 种不同的文字对齐方式，在"布局"→"对齐方式"工具组中显示了这 9 种文字对齐方式。在默认情况下，表格中的文字与单元格的左上角对齐。

用户可以根据需要更改单元格中文字的对齐方式。

(1) 选中要设置文字对齐方式的单元格。

(2) 根据需要单击"布局"→"对齐方式"工具组中相应的对齐方式按钮；或单击鼠标右键，在弹出的快捷菜单中选择"单元格对齐方式"，然后再选择相应的对齐方式命令；或使用"开始"→"段落"工具组中的文字方式按钮，进行文字对齐方式的设置。

2) 文字方向

在默认情况下，单元格的文字方向为水平排列，可以根据需要更改表格单元格中的文字方向，使文字垂直或水平显示。

(1) 单击包含要更改文字方向的表格单元格。如果要同时修改多个单元格，选中所要修改的单元格。

(2) 单击"页面布局"→"页面设置"工具组中的"文字方向"，或单击鼠标右键，在弹出的快捷菜单中选择"文字方向"命令，弹出"文字方向"对话框。设置所需的文字方向，单击"确定"按钮。

3. 设置表格中的文字至表格线的距离

表格中每一个单元格中的文字与单元格的边框之间都有一定的距离。默认情况下，字号大小不同，距离也不相同。如果字号过大，或者文字过多，影响了表格展示的效果，就要考虑设置单元格中的文字离表格线的距离了。

(1) 选择要做调整的单元格。如果要调整整个表格，则选中整个表格。

(2) 单击"布局"→"表"工具组中的"属性"按钮，或单击鼠标右键，在弹出的快捷菜单中选择"表格属性"命令，打开"表格属性"对话框。

(3) 如果要针对整个表格进行调整，选择"表格"选项，单击"选项"按钮，打开"表格选项"对话框。在"默认单元格边框"组的上、下、左、右输入框中输入适当的值，并单击"确定"按钮。

(4) 如果只调整所选中的单元格，选择"单元格"选项卡，然后单击"选项"按钮，弹出"单元格选项"对话框。首先要取消"与整张表格相同"复选框，然后在"单元格边距"组的上、下、左、右输入框中输入适当的值。

(5) 单击"确定"按钮。

4. 表格自动调整

表格在编辑完毕后，为了达到满意的效果，常常需要对表格的效果进行调整。

单击“布局”→“单元格大小”工具组中的“自动调整”按钮，或单击鼠标右键，在弹出的快捷菜单中选择“自动调整”命令，弹出下拉菜单，其中给出了3种自动调整功能：“根据内容调整表格”“根据窗口调整表格”和“固定列宽”。另外，使用“布局”→“单元格大小”工具组中的“平均分布各行”按钮和“平均分布各列”按钮，也可以对表格进行自动调整。

(1) 根据内容调整表格：自动根据单元格的内容调整相应单元格的大小。

(2) 根据窗口调整表格：根据单元格的内容以及窗口的大小自动调整相应单元格的大小。

(3) 固定列宽：单元格的宽度值固定，不管内容怎么变化，仅有行高可变化。

(4) 平均分布各行：保持各行行高一致，这个命令会使选中的各行行高平均分布，不管各行内容怎么变化，仅列宽可变化。

(5) 平均分布各列：保持各列列宽一致，这个命令会使选中的各列列宽平均分布，不管各列内容怎么变化，仅行高可变化。

5. *表格的边框和底纹*

创建表格后，可以为整个表格或表格中的某个单元格添加边框或填充底纹。除了前面介绍的使用系统提供的表格样式来使表格具有精美的外观外，还可以通过进一步的设置来使表格符合要求。

(1) 选中需要修饰的表格的某个部分，单击“设计”→“表格样式”工具组中的“底纹”按钮(或者单击“边框”按钮)右端的小三角按钮，可以显示一系列的底纹颜色(或边框设置)，选择相应选项即可。

(2) 选中需要修饰的表格的某个部分，单击“设计”→“绘图边框”工具组中的对话框启动器。或单击鼠标右键，在弹出的快捷菜单中选择“边框和底纹”命令，打开“边框和底纹”对话框，选择“边框”选项卡，在“设置”工具组中，选择“方框”选项，则仅仅在表格最外层应用选定格式，不给每个单元格加上边框。选择“全部”选项，则每个线条都应用选定格式。选择“虚框”选项，则会自动为表格内部的单元格加上边框。

6. *设置表格列宽和行高*

单击表格，可以直接对表格进行行、列的拖动以改变列宽和行高。若要进行精确的拖动，在单击表格的时候会出现相应的行、列标尺，通过标尺可以进行列宽和行高的精确调整。如果需要改变整个表格的大小，把鼠标指针移到表格的右下角，按住鼠标左键拖拉即可。

▶ 任务3　设计幼儿园食谱

1. 任务描述

我们前面已经学习了Word中表格的制作方法，现在就让我们运用学到的知识来制作一张幼儿园食谱。要求图文并茂、合理排版，添加去除背景的图片和底纹，使整个表格大方美观。

2. 操作步骤

(1) 插入一个7行6列的表格，分别将第3、4行和第6、7行的第1列单元格进行合并。

(2) 将需要显示的文字输入到表格里，第1行和第1列字体为宋体、小四、加粗、居中，其余字体为宋体、小四、居中。

（3）在第2行第2列的单元格内插入"饼干"图片。选中该图片，单击格式菜单下的"删除背景"选项，此时饼干图片周围白色区域变为深粉色，如图4-6-3所示。选择保留更改后，深粉色区域被删除。在弹出的对话框内有"标记要保留区域"和"标记要删除区域"两种形式，如图4-6-4所示。根据需要选择不同方式删除背景。"果汁""鸡蛋""面包"的图片根据上述方法依次删除背景，放到指定位置。

图4-6-3　删除背景

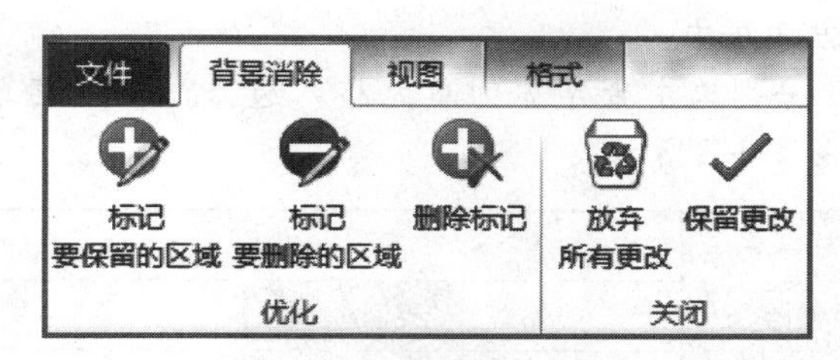

图4-6-4　背景消除选项

（4）选中第1行，按住Ctrl键同时选中第5行。选择"设计"菜单栏下的"底纹"选项，将颜色改为蓝色。同理依次将其他行改为不同颜色。

（5）选中整个单元格，选择"设计"菜单栏下的"边框"选项，添加"所有边框"，如图4-6-5所示。幼儿园食谱制作完成。

	周一	周二	周三	周四	周
早点	饼干	果汁	鸡蛋	果汁	面包
午餐	面条	米饭	红豆饭	米饭	水饺
	荷包蛋	排骨	牛肉炖土豆	宫保鸡丁	炝芹菜
午点	苹果	猕猴桃	香蕉	葡萄	梨
晚餐	红豆饭	八宝粥	米饭	花卷	二米饭
	柿子炒蛋	包子	咖喱牛肉	黄花鱼	排骨

图4-6-5　幼儿园食谱

▶ 任务4　制作幼儿园在园儿童信息采集表

1．任务描述

幼儿园每个学期都会有新的小朋友到来，为了充分了解每个小朋友的基本情况，我们需要制作一份信息采集表。

2．操作步骤

（1）插入一张3行8列的单元格，分别将第7、8列的单元格进行合并，将第3行的第4、5、6列单元格进行合并，将第1行第2～6列单元格进行合并，如图4-6-6所示。

图 4-6-6　儿童信息采集表

(2) 将上述表格显示的文字添加到信息采集表里，字体设置为宋体、小四、加粗、文字水平方向居中。

(3) 分别选中带字体的单元格，选择“设计”菜单栏下的“底纹”选项，将颜色改为蓝色，如图 4-6-7 所示。

幼儿园名称						照片
学生姓名		性别		民族		
出生日期		籍贯				

图 4-6-7　添加底纹

(4) 选中整个单元格，选择“设计”菜单栏下的“边框”选项，添加“所有边框”。幼儿园信息采集表制作完成。

▶ 任务 5　制作宣传海报

1. 任务描述

通过前面的学习，我们已经掌握了 Word 的基本知识。幼儿园现在要举办幼儿宣传海报制作大赛，请同学们综合运用技能，制作一张具有特色的宣传海报吧！要求文字、图片均经过设计，排版美观，整体设计合理，内容翔实。

2. 操作步骤

(1) 打开 Word 2010 软件，将“页面布局”下的“纸张方向”改为横向。在网上下载一张内容丰富、颜色明快的图片，将其插入文档里，图片位置设为“衬于文字下方”，改变图片大小作为底图。

(2) 在图片的右上角插入艺术字(艺术字样式自选)，输入文字“幼儿学报”。艺术字位置设置为“浮于文字上方”，“形状轮廓”设置为紫色，“文本效果”→“转换”为双波形 1，如图 4-6-8 所示。

图 4-6-8　艺术字效果

(3) 在 Word 文档左侧插入“心形形状”，“形状填充”为无填充颜色，“形状轮廓”为红色、1.5 磅，如图 4-6-9 所示。

(4) 在心形图形的上方插入艺术字(艺术字样式自选)，输入文字“小熊过桥”。艺术字位置设置为“浮于文字上方”，“文本效果”→“转换”为弯曲右牛角形，如图 4-6-10 所示。

(5) 在网上下载一张小熊的图片，删除背景，位置设置为“浮于文字上方”，放置于“心形”左上角，如图 4-6-11 所示。

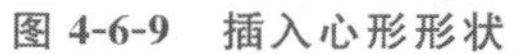

图 4-6-9　插入心形形状

4-6-10　设置艺术字位置和形状

图 4-6-11　图片设置

(6) 在“心形”内插入文本框，将文本框设置为无边框、无填充。在文本框内输入“小熊过桥”的儿歌，将字体设置为黑体、小四、紫色、加粗。“心形形状”外边框可以设置为“虚线短划线”，如图 4-6-12 所示。

图 4-6-12　在心形内插文本框

图 4-6-13　SmartArt 设置

(7) 在文档中央插入 SmartArt 中的交替六边形图形，依次“形状填充”六边形为绿色、红色、紫色、蓝色、黄色、橙色。将六个六边形统一设置为“形状效果”下的“角度棱台”效果，如图 4-6-13 所示。

(8) 在六边形的文本框里依次添加“教育板块”“儿歌板块”“饮食板块”。字体设置为白色、华文行楷、20 号。在儿歌版块左侧添加“形状左箭头”，形状样式设置为“彩色填充”“白色轮廓”，强调文字颜色 6；在饮食版块下侧添加“形状下箭头”，形状样式设置为“彩色填充”“白色轮廓”，强调文字颜色；在教育版块右侧添加“形状右箭头”，形状样式设置为“彩色填充”“白色轮廓”，强调文字颜色 1，如图 4-6-14 所示。

(9) 在文档右侧插入“正五边形形状”，“形状填充”为无填充颜色，“形状轮廓”为橙色、1.5 磅、“正五边形”外边框设置为“虚线点刻线”，如图 4-6-15 所示。

(10) 在“正五边形”内插入文本框，将文本框设置为无边框、无填充。在文本框内输入“狼性法则”的教育原则，将正文字体设置为宋体、小四、红色；标题字体设置为华文行

图 4-6-14　设置版块

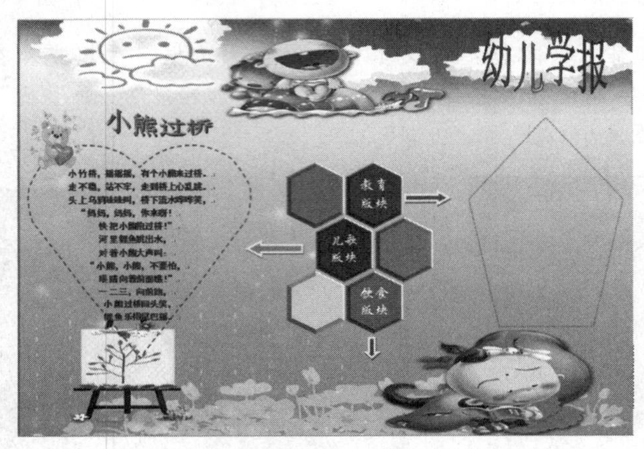

图 4-6-15　插入正五边形形状

楷、小二、红色、加粗，如图 4-6-16 所示。

图 4-6-16　在正五边形内插入文本框

(11)在文档面下侧插入“缺角矩形形状”，“形状填充”为无填充颜色，“形状轮廓”为蓝色、3 磅、图案大棋盘，如图 4-6-17 所示。

(12) 在缺角矩形内插入文本框，将文本框设置为无边框、无填充。在文本框内输入

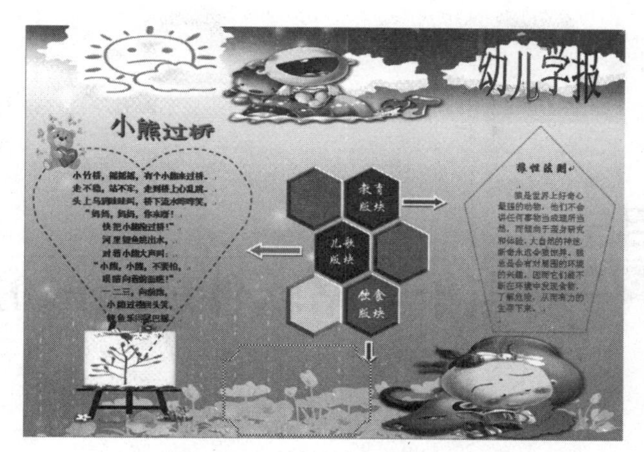

图 4-6-17 插入缺角矩形形状

“幼儿饮食”的原则，将字体设置为宋体、小四、水绿色、强调文字颜色 5，深色 50%，如图 4-6-18 所示。

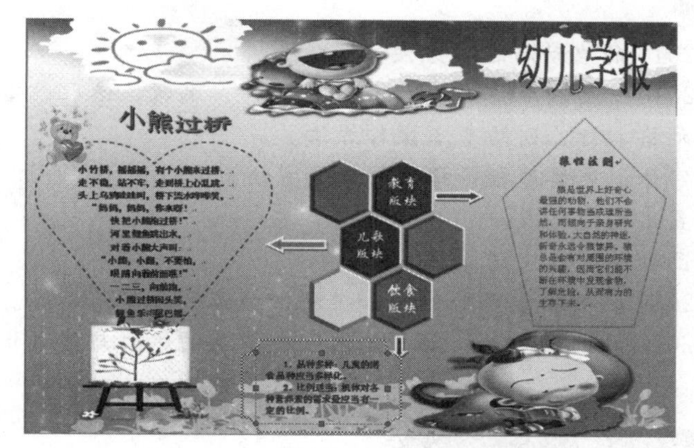

图 4-6-18 在缺角矩形内插入文本框

（13）下面对整个版面进行细微的调整，一幅完整的宣传海报制作完成，如图 4-6-19 所示。

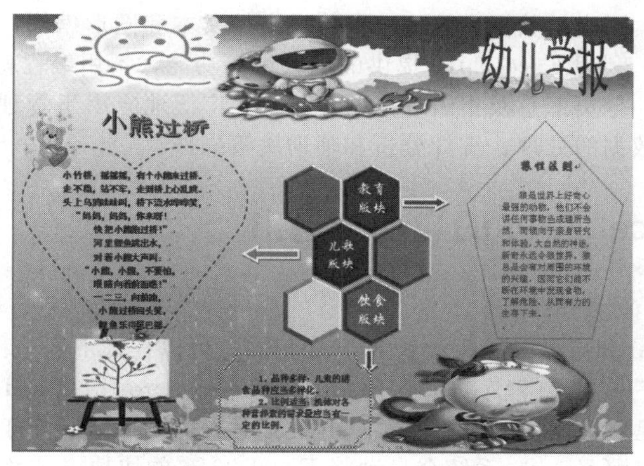

图 4-6-19 宣传海报效果图

5 项目5 Chapter 5 电子表格软件Excel 2010

>>> 学习目标

1. 掌握 Excel 2010 的启动与退出方法。
2. 掌握 Excel 2010 工作簿和工作表的打开、保存、编辑、选取、重命名等操作方法。
3. 掌握编辑单元格、行、列的基本操作方法。
4. 掌握单元格字体、表格边框等格式的设置方法。
5. 能够快速设置单元格格式。
6. 掌握公式和函数的基本使用方法。
7. 掌握 Excel 2010 的数据管理功能，如排序、筛选、分类汇总等。
8. 掌握 Excel 2010 的图表功能，如创建图表、图表的编辑与格式化等。

5.1 Excel 2010 概述

Excel 2010 是微软公司的办公软件 office 2010 的组件之一，它是一个通用的电子表格软件，集电子表格、图表、数据库管理于一体，支持文本和图形编辑，具有功能丰富、用户界面良好等特点。利用 Excel 2010 提供的函数计算功能，不用编程就可以完成日常办公的数据计算、排序、分类汇总及报表等。Excel 2010 广泛地应用于管理、统计、金融等众多领域，进行各种数据的处理、统计分析和辅助决策操作。

5.1.1 Excel 2010 的启动与退出

1. Excel 2010 的启动

启动 Excel 2010 和启动 Word 2010 的方法相同，可以任选下列一种。

(1) 单击“开始”→“所有程序”→Microsoft Office→Microsoft Excel 2010 打开软件。

(2) 在桌面上建立快捷方式，需要时双击桌面上的快捷图标即可打开。

(3) 如果经常使用 Excel，系统会自动将 Excel 2010 的快捷方式添加到“开始”菜单上方的常用程序列表中，单击即可打开。

(4) 双击与Excel关联的文件，如.xlsx类型文件，可打开Excel 2010，同时打开相应文件。

2. Excel 2010的退出

退出Excel 2010也有很多种方法。

(1) 单击窗口右上角的窗口关闭按钮。

(2) 通过Backstage视图，在功能区单击“文件”→“退出”命令。

(3) 单击窗口左上角的控制图标，在弹出的控制菜单中单击“关闭”命令。

(4) 按快捷键Alt+F4，同样可以退出Excel 2010。

选择退出时，如果Excel 2010中的工作簿没有保存，会弹出未保存的提示框。单击“是”或“否”按钮都会退出Excel 2010，单击“取消”按钮则不保存，回到编辑状态。如果同时打开了多个文件，Excel 2010会把修改过的文件一一提示是否保存。

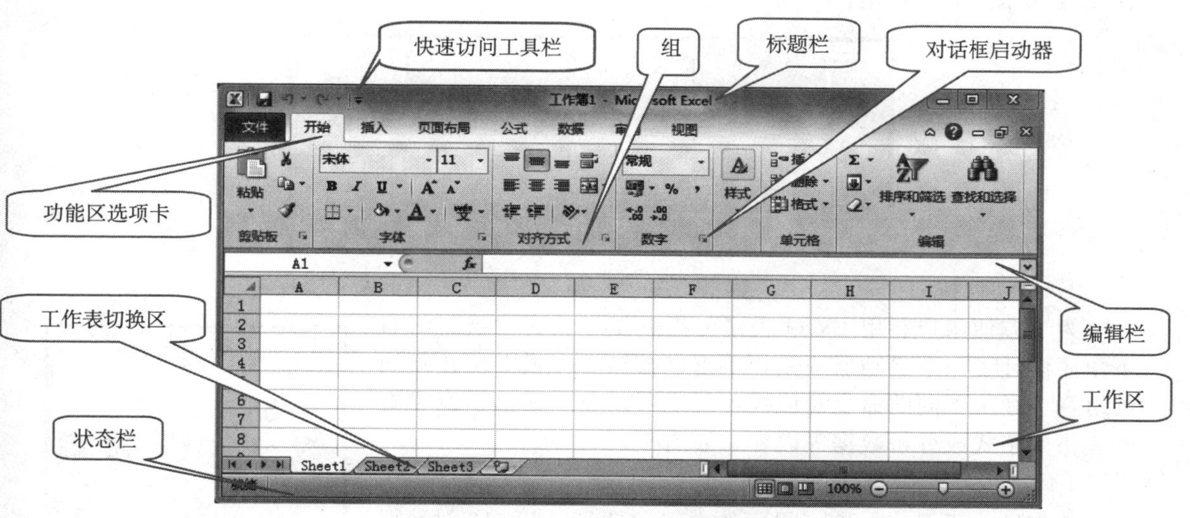

图 5-1-1 Excel 2010 的工作界面

▶ 5.1.2 Excel 2010的工作界面

1. 快速访问工具栏

图 5-1-2 快速访问工具栏

快速访问工具栏位于Excel 2010工作界面的左上方，用于快速执行一些操作。使用过程中用户可以根据工作需要单击快速访问工具栏中的按钮添加或删除快速访问工具栏中的工具。默认情况下，快速访问工具栏中包括三个按钮，分别是“保存”“撤销”和“重复”按钮，如图5-1-2所示。

2. 标题栏

标题栏位于Excel 2010工作界面的最上方，用于显示当前正在编辑的电子表格和程序名称。拖动标题栏可以改变窗口的位置，用鼠标双击标题栏最大化或还原窗口。在标题栏的右侧分别是“最小化”“最大化”“关闭”三个按钮。

3. 功能区

功能区位于标题栏的下方，默认会出现“开始”“插入”“页面布局”“公式”“数据”“审阅”和“视图”七个功能区，功能区由若干个组组成，每个组中由若干功能相似的按钮和下拉列表组成，如图 5-1-3 所示。

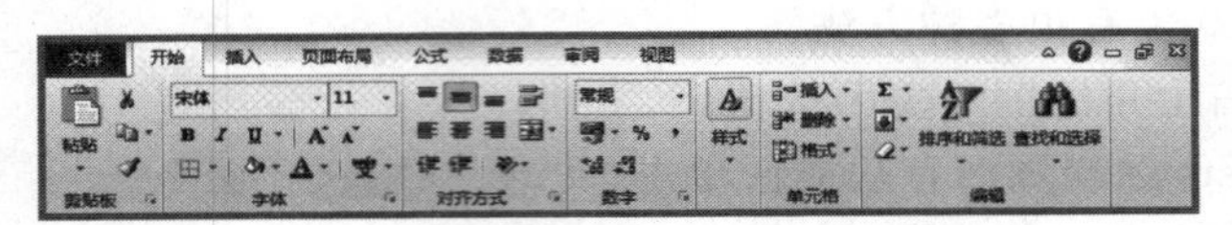

图 5-1-3 Ecxel2010 的功能区

1）组

Excel 2010 将很多功能类似的、性质相近的命令按钮集成在一起，命名为“组”。用户可以非常方便地在组中选择命令按钮，编辑电子表格，如“页面布局”功能区下的“页面设置”组，如图 5-1-4 所示。

图 5-1-4 组

2）启动器按钮

为了方便用户利用 Excel 表格分析数据，在有些组中的右下角还设计了一个启动器按钮，单击该按钮后，根据所在不同的组，会弹出不同的命令对话框，用户可以在对话框中设置电子表格的格式或分析数据等内容，如图 5-1-5 所示。

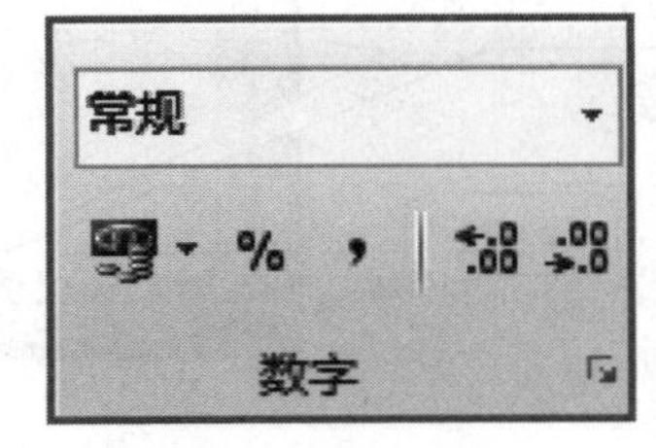

图 5-1-5 启动器按钮

4. 工作区

工作区位于 Excel 2010 界面的中间，是 Excel 2010 对数据进行分析对比的主要工作区域，用户在此区域中可以向表格中输入内容并对内容进行编辑，插入图片，设置格式及效果等。

5. 编辑栏

编辑栏位于工作区的上方，其主要功能是显示或编辑所选单元格中的内容，用户可以在编辑栏中对单元格中的数值进行函数计算等操作。编辑栏的左端是“名称框”，用来显示当前选定单元格的地址。

6. 状态栏

状态栏位于 Excel 2010 窗口的最下方，在状态栏中可以显示工作表中的单元格状态，还可以通过单击视图切换按钮选择工作表的视图模式。在状态栏的最右侧，可以通过拖动显示比例滑块单击“放大”“缩小”按钮，调整工作表的显示比例。

5.1.3 Excel 2010 的基本元素

Excel 2010 包含三个基本元素，分别是工作簿、工作表和单元格。

1. 工作簿、工作表及单元格

1)工作簿

在 Excel 中，工作簿是用来存储并处理数据的文件，其文件扩展名为 .xlsx。一个工作簿由一个或多个工作表组成，默认情况下包含 3 个工作表，默认名称为 Sheet1、Sheet2、Sheet3，最多可包含 255 个工作表。工作簿类似于财务管理中的账簿，由多页表格组成，将相关的表格和图表存放在一起，便于处理。Excel 2010 刚启动时自动创建的文件“工作簿 1”就是一个工作簿。

2) 工作表

工作表类似于账簿中的账页，包含按行和列排列的单元格，是工作簿的一部分。

3) 单元格

单元格是组织工作表的基本单位，也是 Excel 2010 进行数据处理的最小单位，输入的数据就存放在这些单元格中，它可以存储多种形式的数据，包括文字、日期、数字、声音、图形等。

在执行大多数 Excel 命令或任务前，必须先选定要作为操作对象的单元格。这种用于输入或编辑数据，或者是执行其他操作的单元格称为活动单元格或当前单元格。活动单元格周围出现黑框，并且对应的行号和列标突出显示。每个工作表的单元格为 1048576 行、16384 列。

2. 工作簿、工作表及单元格的关系

工作簿、工作表及单元格之间是包含与被包含的关系，一个工作簿中可以有多个工作表，而一张工作表中含有多个单元格。工作簿、工作表与单元格的关系是相互依存的关系，它们是 Excel 2010 最基本的三个元素。

5.2 工作簿和工作表的基本操作

要使用 Excel 2010 分析处理数据，首先应熟悉对工作簿和工作表的操作。

5.2.1 工作簿的基本操作

1. 工作簿的建立

创建工作簿有如下几种操作方法。

(1) 启动 Excel 2010 时，如果没有指定要打开的工作簿，系统会自动打开一个名称为“工作簿 1”的空白工作簿。在默认情况下，Excel 为每个新建的工作簿创建 3 张工作表，分别为 Sheet1、Sheet2、Sheet3，用户可以对工作表进行重命名、移动、复制、插入或删除等操作。

(2) 单击快速访问工作栏上的“新建”按钮，系统将自动建立一个新的工作簿文件。如果系统已经建立了一个工作簿文件，这时系统将自动创建另一个新的工作簿，默认名为“工作簿 2”，如图 5-2-1 所示。

工作簿2 - Microsoft Excel

图 5-2-1 工作簿 2

(3) 单击“文件”→“新建”命令，选择“可用模板”区域内的“空白工作簿”选项，然后单击“创建”按钮，即可建立一个新的工作簿文件。

(4) 使用Ctrl+N组合键可快速新建空白工作簿。

(5) Excel 2010还提供了用模板创建工作簿的方法，当需要创建一个相似的工作簿时，利用模板创建工作簿可以减少很多重复性工作。用户可以使用Excel 2010的自带模板，也可以根据个人工作需要，自己创建模板。

2. 保存工作簿

创建好工作簿并建立工作表后，需要保存工作簿。此外，在对工作表进行处理的过程中，应注意随时保存文件，以免计算机故障、误操作、断电等其他因素造成数据丢失。

1) 保存未保存过的工作簿文件

选择快速访问工具栏上的“保存”按钮，或者选择“文件”→“保存”命令，弹出“另存为”对话框。

(1) 在“保存位置”中选择工作簿保存的位置，在地址栏中可以看到已经选择的地址，如本地磁盘(F:)。

(2) 在“文件名”下拉列表框中输入工作簿的名称，如“成绩表”。

(3) 单击“保存”按钮，完成保存。

2) 保存已经保存过的工作簿文件

如果工作簿文件已经保存过，在对工作簿进行修改以后，选择快速访问工具栏上的“保存”按钮，或者选择“文件”→“保存”命令，就可以直接保存文件，不会弹出“另存为”对话框，工作簿的文件名和保存的位置不会发生改变。

3) 另存工作簿

用户对保存过的工作簿进行修改后，如果需要对原有的文档进行换名保存，可能通过选择“文件”→“另存为”命令，弹出“另存为”对话框。按照“保存未保存过的工作簿文件”的方法步骤即可另存为工作簿。

“保存”与“另存为”的区别在于：“保存”以最近修改后的内容覆盖当前打开的工作簿，不产生新的文件。“另存为”是将这些内容保存为另外一个新文件，不影响当前打开的工作簿文件。执行“另存为”操作后，新文件变为当前文件。

3. 关闭工作簿

当用户完成了工作表的编辑而不需要再进行其他操作时，就应该关闭工作簿文件，以防数据被误操作。关闭工作簿就是关闭当前正在使用的工作簿窗口，主要有下列几种方法。

(1) 单击工作簿窗口右上角的关闭按钮。

(2) 单击快速访问工具栏左边的Excel图标，在弹出的“控制菜单”中选择“关闭”菜单项。

(3) 选择“文件”→“退出”命令。

如果所关闭的工作簿在关闭前未被保存过，在关闭前系统将弹出一个对话框，提示是否对该工作簿所做的修改进行保存，要保存就单击“保存”按钮，不想保存就单击“不保存”按钮，如果要放弃关闭工作簿的操作，则单击“取消”按钮。

4. 打开工作簿

创建好工作簿，对工作簿进行编辑并保存、关闭后，如果再次对它进行编辑，就需要先打开工作簿。打开工作簿的方法有以下几种。

(1) 单击快速访问工具栏中的“打开”按钮，弹出“打开”对话框。在窗口导航窗格中，单击准备打开的工作簿的地址，在窗口工作区中，单击准备打开的工作簿，单击“打开”按钮即可。

(2) 选择“文件”→“打开”命令，其余操作步骤与第一种方法相同。

5.2.2 工作表的基本操作

工作表包含在工作簿中，对 Excel 2010 工作簿的操作就是对每张工作表进行操作，工作表的基本操作包括选择工作表、移动工作表、复制工作表、插入工作表、重命名工作表和隐藏工作表，下面介绍较为常用的工作表操作方法。

1. 选择工作表

(1) 在工作表中进行数据的分析处理之前，应该先选择一张工作表。在 Excel 中默认创建 3 张工作表：Sheet1、Sheet2、Sheet3，其名称显示在工作标签区域，单击工作表标签即可选择该工作表，被选中的工作表变为活动工作表。

图 5-2-2 工作表标签

(2) 如果需要选择两张或多张相邻的工作表，单击第一张工作表标签，然后再按住 Shift 键，单击准备选择的工作表的最后一张工作表标签。

(3) 选择两张或多张不相邻的工作表，首先应该单击第一张工作表标签，然后再按住 Ctrl 键，同时单击准备选择的工作表标签。

(4) 选择所有的工作表，使用鼠标右键单击任意一张工作表标签，在弹出的快捷菜单中选择“选定全部工作表”命令，即可完成选择所有工作表的操作。

2. 工作表的移动

移动工作表是在不改变工作表数量的情况下，对工作表的位置进行调整，将鼠标指针指向需要移动的工作表标签，按下鼠标左键，此时出现一个黑色的小三角和形状像一张白纸的图标，拖动该工作表标签到需要移动的目的标签位置即可。

3. 复制工作表

复制工作表则是在原工作表的基础上，再创建一个与原工作表有同样内容的工作表，操作方法与工作表移动方法相似，只不过在拖动鼠标的同时按下 Ctrl 键，可以看到形状像一张白纸的图标上多加了一个“+”号，释放鼠标即可完成复制工作表。

4. 插入工作表

插入工作表即增加新的工作表，操作方法为单击“插入工作表标签”即可，新插入的工作表被自动命名为 Sheet4。

5. 删除工作表

删除工作表的操作方法为使用鼠标右键单击准备删除的工作表，在弹出的快捷菜单中选择“删除”命令即可。

6. 重命名工作表

在 Excel 2010 工作簿中，工作表的默认名称为 Sheet1、Sheet2、Sheet3……为了便于直观表示工作表的内容，可对工作表进行重新命名。操作方法为使用鼠标右键单击准备重新命名的工作表，在弹出的快捷菜单中选择"重命名"命令，此时需要重命名的工作表标签呈高亮显示，输入新的工作表名，按下 Enter 键即可。

▶ 任务 1　建立"新生登记表"工作簿

1. 任务要求

学校录取新生，共有三个班，现在需要建立一个工作簿，并建立三个不同的工作表，在不同的工作表中分别录入各班学生信息。

图 5-2-3　重命名工作表

2. 操作步骤

(1) 打开一个 Excel 工作簿，单击"插入工作表标签"即可。新插入的工作表被自动命名为 Sheet4，依此类推。

(2) 右键单击 Sheet1，打开快捷菜单，单击"重命名"，Sheet1 变成为黑色显示，直接输入"学前教育"，依此类推，分别命名为"空中乘务""英语教育"，如图 5-2-3 所示。

5.3　单元格的基本操作

单元格是组成工作表的基本单位，也是 Excel 2010 进行数据处理的最小单位，输入的数据就存放在这些单元格中。

▶ 5.3.1　选择单元格

1. 选择一个单元格

直接单击某个单元格即可选中该单元格。此外，在地址框中输入要选择的单元格的地址，如 A3，然后按下 Enter 键确认，也可选中一个单元格。

2. 选择连续的多个单元格

若要选择连续的多个单元格，可通过以下几种方法实现。

(1) 选中需要选择的单元格区域内左上角的单元格，然后按住鼠标左键不放并拖动，当拖动到需要选择的单元格区域右下角的单元格，释放鼠标即可。

(2) 选中需要选择的单元格区域内左上角的单元格，然后按住 Shift 键不放，并单击单元格区域右下角的单元格。

(3) 在单元格名称框中输入需要选择的单元格区域的地址(例如 A1：D5)，然后按下 Enter 键即可。

3. 选择不连续的单元格

选择一个单元格后按住 Ctrl 键不放，然后依次单击需要选择的单元格，选择完成后释放鼠标和 Ctrl 键即可。

4. 选择行

(1) 选择一行。将鼠标指针指向需要选择的行对应的行号处，当鼠标指针呈→时，单击鼠标可选中该行的所有单元格。

(2) 选择连续的多行。选中需要选择的起始行号，然后按住鼠标左键不放，拖动至需要选择的末尾行号处，释放鼠标即可。

(3) 选择不连续的多行。按下 Ctrl 键不放，然后依次单击需要选择的行对应的行号即可。

5. 选择列

(1) 选择一列。将鼠标指针指向需要选择的列对应的列标处，当鼠标指针呈↓时，单击鼠标可选中该列的所有单元格。

(2) 选择连续的多列。选中需要选择的起始列标，然后按住鼠标左键不放，拖动至需要选择的末尾列标处，释放鼠标即可。

(3) 选择不连续的多列。按下 Ctrl 键不放，然后依次单击需要选择的列对应的列标即可。

6. 选择全部单元格

单击行号和列标交汇处的 按钮，可选中当前工作表中的全部单元格。

▶ 5.3.2 单元格的编辑

1. 插入单元格

(1) 插入行。单击左边的行号选中一行，然后在“开始”→“单元格”组中，单击“插入”按钮右侧的下拉按钮，在弹出的下拉列表中单击“插入工作表行”选项，即可在所选择的行的前面插入空白行。

(2) 插入列。单击列标选中一列，然后在“开始”→“单元格”组中，单击“插入”按钮右侧的下拉按钮，在弹出的下拉列表中单击“插入工作表列”选项，即可在所选择的行的前面插入空白列。

(3) 插入一个单元格。选择某个单元格，然后在“开始”→“单元格”组中，单击“插入”按钮右侧的下拉按钮，在弹出的下拉列表中单击“插入单元格”选项，弹出“插入”对话框，如图 5-3-1 所示，选择活动单元格的移动方式，单击“确定”按钮，即可完成单元格的移动方式。也可用插入单元格的方式，完成插入整行或整列的操作。

2. 删除单元格

在编辑表格的过程中，可删除行、列、单元格或单元格区域。

(1) 删除行。单击需要删除的行的行号，然后在“开始”→“单元格”组中，单击“删除”按钮右侧的下拉按钮，在弹出的下拉列表中单击“删除工作表行”选项，即可删除所选择的行。

（2）删除列。单击需要删除的列的列标，然后在“开始”→“单元格”组中，单击“删除”按钮右侧的下拉按钮，在弹出的下拉列表中单击“删除工作表列”选项，即可删除所选择的列。

（3）删除一个单元格或单元格区域。选中需要删除的某个单元格或单元格区域，然后在“开始”→“单元格”组中，单击“删除”按钮右侧的下拉按钮，在弹出的下拉列表中单击“删除单元格”选项，弹出“删除”对话框，如图 5-3-2 所示，选择活动单元格的移动方式，单击“确定”按钮，即可完成单元格或单元格区域的删除。也可用删除单元格的方式，完成删除整行或整列的操作。

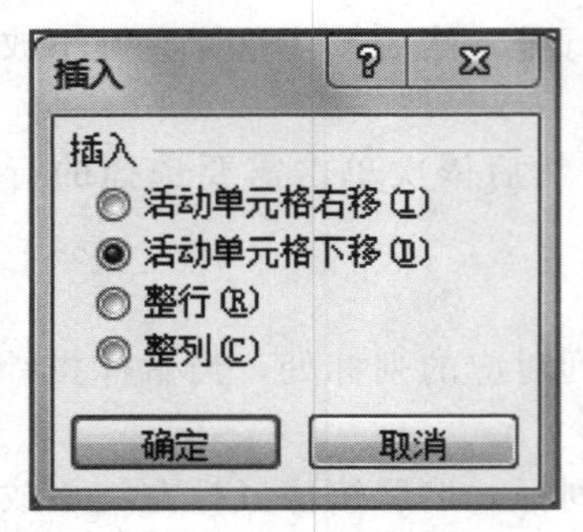

图 5-3-1　插入单元格

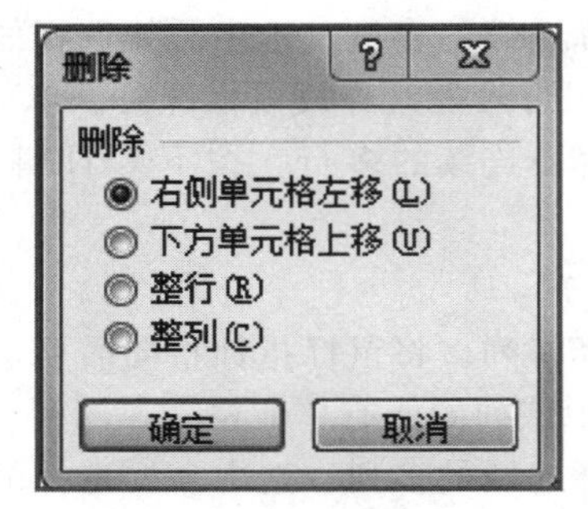

图 5-3-2　删除单元格

▶ 5.3.3　数据的输入

单元格可以存储多种形式的数据，包括文字、日期、数字、声音、图形等。输入的数据可以是常量，也可以是公式和函数，Excel 能自动把它们区分为文本、数据、日期和时间等类型，如图 5-3-3 所示。

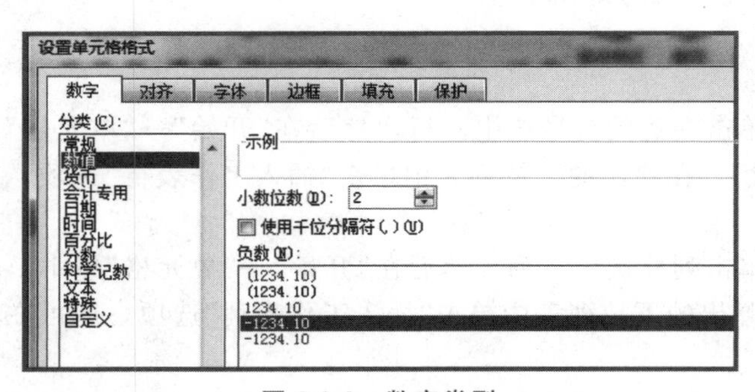

图 5-3-3　数字类型

1. 数值类型

Excel 将由数字 0～9 及某些特殊字符组成的字符串识别为数值型数据。单击准备输入数值的单元格，在编辑栏中编辑框中输入数值，然后按下 Enter 键。在单元格中显示时，系统默认的数值型数据一律靠右对齐。

若输入数据的长度超过单元格的宽度，系统将自动调整宽度。当整数长度大于 12 位时，Excel 将自动改用科学计数法表示。例如，输入“453628347265”，单元格的显示将为“4.53628E+11”。

若预先设置的数字格式为带两位小数，则当输入数值为 3 位以上小数时，将对第 3 位采取“四舍五入”。但在计算时一律以输入数而不是显示数进行，故不必担心误差。

无论输入的数字位数有多少，Excel 2010 都只保留 15 位有效数字的精度。如果数字长度超过 15 位，则多余的数字位舍入为零。

为避免将输入的分数视为日期，应在分数前冠以 0 并加一个空格，如输入“1/2”时，应键入“0 1/2”。

2. 日期和时间类型

Excel 2010 内置了一些日期和时间格式，当输入数据与这些格式相匹配时，则被识别为日期和时间型数据，如图 5-3-4所示。日期和时间被视为数字处理。工作表中的日期和时间的显示方式取决于所在单元格中的数字格式。默认时，日期或时间项在单元格中右对齐。如不能识别输入的日期或时间格式，输入的内容将被视为文本，并在单元格中左对齐。

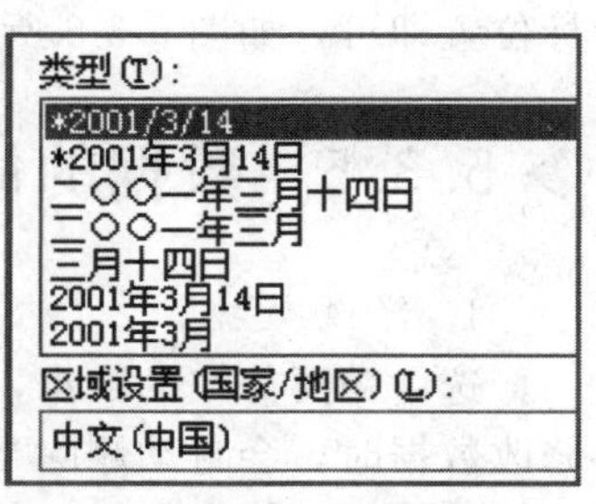

图 5-3-4 日期和时间类型

如果要在同一单元格中键入日期和时间，应在其间用空格分开；如果按 12 小时制键入时间，应在时间后留一个空格，并键入 AM 或 PM，表示上午或下午。如不输入 AM 或 PM，Excel 默认使用 24 小时制；在输入日期时，可以使用连字符(－)或斜杠(/)，不区分大小写；若想输入当天日期可使用 Ctrl＋组合键；输入当天时间可使用 Ctrl＋Shift＋组合键。

3. 文本类型

Excel 2010 中，除去被识别为公式(一律以“＝”开头)和数值或日期型的常量数据外，其余的输入数据均认为是文本数据。在单元格中输入较多的就是文本信息，如输入工作表的标题、图表中的内容等。单击准备输入文本的单元格，在编辑栏的编辑框中输入文本，然后按下 Enter 键。文本数据可以由字母、数字或其他字符组成，在单元格显示时一律靠左对齐。

对于全部由数字组织的文本数据，输入时应在数字前加一个单引号(’)，单引号是一个对齐前缀，随后的数字将被作为文本处理，且在单元格中左对齐。或者输入一个“＝”，然后用引号将要输入的数字括起来。例如，邮政编码 150001，输入时应键入’150001，或者＝”150001”。

▶ 5.3.4 数据的快速填充

自动填充功能是 Excel 2010 的一项特殊功能，利用该功能可以将一些有规律的数据或公式方便快速地填充到需要的单元格中，从而提高工作效率。在单元格中填充数据主要分两种情况：一是填充相同数据；二是填充序列数据。

1. 填充相同数据

选择准备输入相同数据的单元格或单元格区域，把鼠标指针移动至单元格区域右下角的填充柄上，待指针变为黑色“＋”形状时，按下鼠标左键不放并拖动至准备拖动的目标位置即可，填充的方向可以向下或向右，如图 5-3-5 所示。

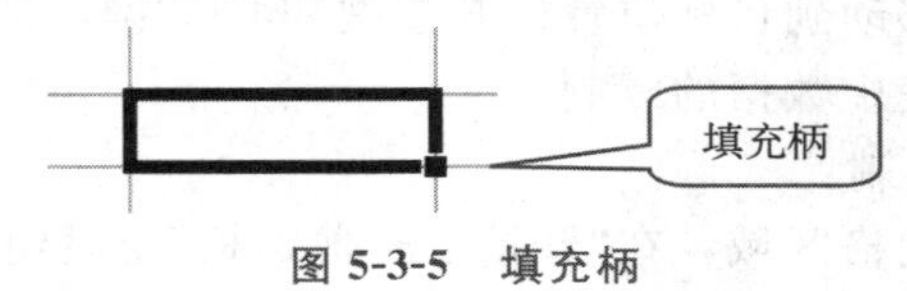

图 5-3-5 填充柄

2. 填充序列数据

图 5-3-6 填充序列数据

Excel 2010 中可以填充序列数据，例如，星期一、星期二、……、星期日，或一月、二月、……，或是等差、等比数列等。填充时，先在单元格中输入序列的前两个数字，选中这两个单元格，将鼠标指针指向第二个单元格右下角，待指针变为黑色"+"字状时，按下鼠标左键不放并拖动至准备拖动的目标位置即可，如图 5-3-6 所示。填充的方向可以向下或向右。

▶ 5.3.5 数据的修改与清除

1. 修改数据

选中需要修改的数据，直接输入正确的数据，然后按下 Enter 键即可。应用这种方法修改数据时，会自动删除当前单元中的全部内容，保留重新输入的内容。

双击需要修改数据的单元格，使单元格处于编辑状态，然后定位好光标插入点进行修改，完成修改后按下 Enter 键确认修改。应用这种方法修改数据时，只对单元格的部分内容进行修改。

2. 清除数据

如果工作表中有不需要的数据，可将其清除，选中需要清除内容的单元格或单元格区域，在"开始"→"编辑"组中单击"清除"按钮，在弹出的下拉列表中选择需要的清除方式即可。

弹出的下拉列表中提供了 6 种清除方式。

(1) 全部清除：可清除单元格或单元格区域中的内容和格式。

(2) 清除格式：可清除单元格或单元格区域中的格式，但保留内容。

(3) 清除内容：可清除单元格或单元格区域中的内容，但保留格式。

(4) 清除批注：可清除单元格或单元格区域中内容添加的批注，但保留单元格区域的内容及设置的格式。

(5) 清除超链接：可仅清除单元格或单元格区域超链接，也可清除单元格区域的超链接和格式。

(6) 删除超链接：直接删除单元格或单元格区域超链接和格式。

清除与删除之间的区别在于：清除只是针对数据或格式，单元格或单元格区域继续保留；删除则是把单元格或单元格区域全部删除，包括单元格内的数据和格式。

▶ 5.3.6 数据的复制与粘贴

1. 复制单元格或单元格区域数据

(1) 鼠标拖动复制：选中要复制的单元格或单元格区域，把鼠标移动到选中单元格区域的边缘上，按住 Ctrl 键的同时按下鼠标左键拖动，此时会看到指针上增加了一个"+"号，同时有一个虚线框，移动到目标位置松开左键和 Ctrl 键，即可完成复制。这种方法能较为快速地完成同一工作表中数据的复制。

(2) 通过剪贴板进行复制：

选中要复制内容的单元格区域，在"开始"→"剪贴板"工具组中单击"复制"按钮，将选中的内容复制到剪贴板中，然后选中目标单元格或区域，单击“剪贴板”组中的“粘贴”按钮，即可完成复制。

(3) 快捷键方式复制：选中要复制内容的单元格区域，按 Ctrl＋C 组合键复制，然后选中目标单元格或单元格区域，按 Ctrl＋V 组合键粘贴即可。

2. 移动单元格或单元格区域

(1) 鼠标拖动移动：选中要移动的单元格区域，把光标移动到街区的边缘上，按下左键拖动，会看到上个虚框，在合适的位置松开左键，单元格区域就移动过来了。

(2) 通过剪贴板进行移动：选中要移动内容的单元格区域，在“开始”→“剪贴板”组中单击“剪切”按钮，将选中的内容剪切到剪贴板中，然后选中目标单元格或单元格区域，单击“剪贴板”组中的“粘贴”按钮，即可完成移动。

(3) 快捷键方式移动：选中要移动内容的单元格区域，按 Ctrl＋X 组合键剪切，然后选中目标单元格或单元格区域，按 Ctrl＋V 组合键粘贴即可。

▶ 任务2　录入“学前教育”的学生信息

1. 任务描述

(1) 在新生登记表中，录入一班学生信息。

(2) 掌握数值、文本、货币、日期等数据的录入方法。重点掌握身份证号的录入方法。

(3) 掌握快速填充的方法，并能够对数据进行修改。

2. 操作步骤

(1) 选择“学前教育”工作表。

(2) 选择“A2”，输入“序号”；选择“B2”，输入“姓名”；……

(3) 选择“A3”，输入“'20150001”，使数字格式更改为“文本”，回车；选择“A4”，输入“'20150002”，回车。

(4) 选择“A3：A4”，选区右下角出现填充柄，按下鼠标左键向下拖曳。

(5) 录入身份证号码。选择“E3”，输入“'230103000000000001”，使数字格式更改为“文本”，回车。

(6) 选择“G3”，单击“开始”→“数字”组右下角 ，可打开“设置单元格格式”对话框，在“数字”选项卡中单击“货币”，单击“确定”按钮。

(7) 在 H3 单元格中输入“8/30”，在“开始”→“数字”处单击 常规 ，选择“短日期”即可。最终效果如图 5-3-7 所示。

新生登记表

序号	姓名	性别	专业名称	身份证号	电话号码	学费	交费日期
20150001	王红	女	学前教育	230103000000000001	13804510000	¥5,800.00	2015/8/30
20150002	杨阳	女	学前教育	230103000000000002	13904510000	¥5,800.00	2015/8/30
20150003	赵明	女	学前教育	230103000000000003	15604510000	¥5,800.00	2015/8/30

图 5-3-7　新生登记表

5.4 工作表的格式设置

一个好的工作表不仅要有鲜明、详细的内容，而且应有实际、庄重、漂亮的外观。这就需要对工作表进行格式设置，如图 5-4-1 所示。

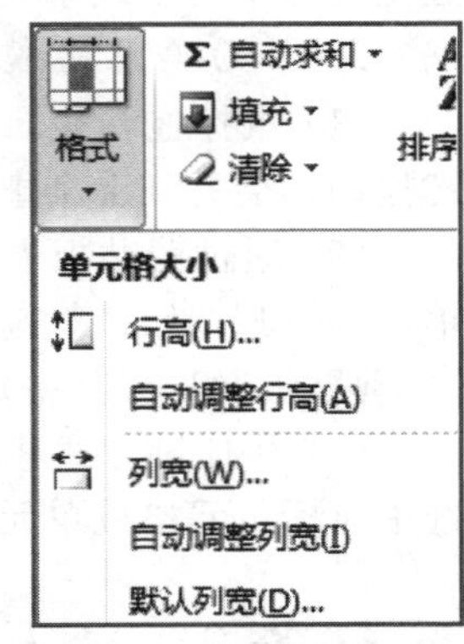

图 5-4-1　格式设置

5.4.1 设置工作表列宽和行高

在 Excel 2010 工作表中，设置行高和列宽可分两步进行。

(1) 打开 Excel 2010 工作表窗口，选中需要设置高度或宽度的行或列。

(2) 在“开始”功能区的“单元格”分组中单击“格式”按钮，在打开的菜单中选择“自动调整行高”或“自动调整列宽”命令，则 Excel 2010 将根据单元格中的内容自动调整行高和列宽。

1. 利用鼠标操作设置

把光标指向要改变列宽(或行高)的工作表的列(或行)编号之间的竖线(或横线)，按住鼠标左键并拖动，将列宽(或行高)调整到需要的宽度(或高度)，释放鼠标键即可。拖动两个单元格列标中间的竖线可以改变单元格的大小，当光标变成双箭头形状时，直接双击这个竖线，Excel 2010 会自动根据单元格的内容给这一列设置适当的宽度。

2. 精确地设定行高和列宽

(1) 行的高度设置。选择需要设置行高的行号，单击鼠标右键，在弹出的快捷菜单中选择“行高”命令，弹出“行高”对话框。输入需要的行高，单击“确定”按钮，如图 5-4-2 所示。

(2) 列宽的设置。选择需要设置列宽的列标，单击鼠标右键，在弹出的快捷菜单中选择“列宽”命令，弹出“列宽”对话框。输入需要的列宽，单击“确定”按钮，如图 5-4-3 所示。

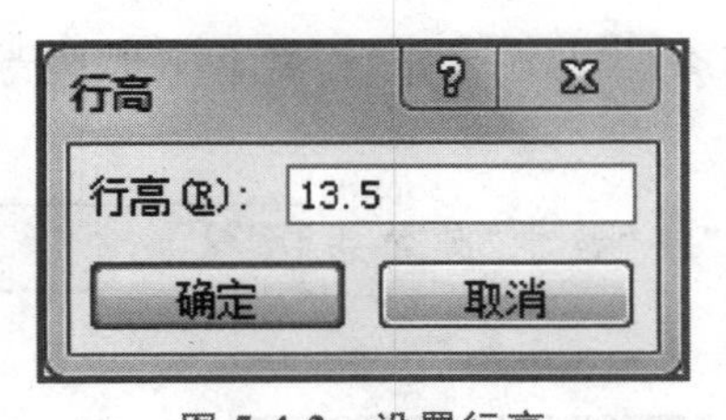

图 5-4-2　设置行高

图 5-4-3　设置列宽

5.4.2 单元格的格式设置

格式设置的目的就是使表格更规范看起来更有条理、更清楚。

选择“开始”功能区，可以通过组中的工具或单击“对话框启动按钮”来设置单元格数据的显示格式，包括设置单元格中的数字的类型、文本的对齐方式、字体、添加单元格区域的边框、图案及单元格的保护。也可以右键单击选中的单元格或单元格区域，在弹出的快捷菜单中选择“设置单元格格式”命令，弹出“设置单元格格式”对话框，如图5-4-4所示。

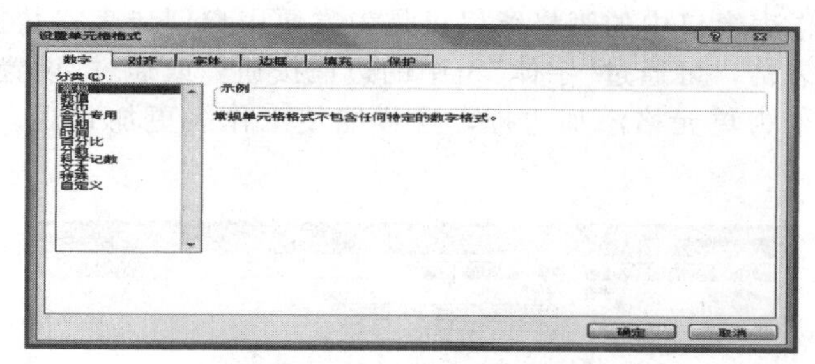

图 5-4-4 设置单元格格式

1. 设置单元格的数据格式

通过“数字”选项卡中的“分类”列表框，可以定义单元格数据的类型。数据类型主要包括常规、数值、货币、会计专用、日期、时间、百分比、分数、科学记数、文本、特殊、自定义几种数据类型，如图 5-4-4 所示。

2. 设置单元格数据对齐方式

通过“对齐”选项卡可以设置文本的水平对齐、垂直对齐、合并单元格、文字方向、自动换行等。Excel 2010 默认的文本格式是左对齐，而数字、日期和时间是右对齐的，更改对齐方式并不会改变数据类型，如图 5-4-5 所示。

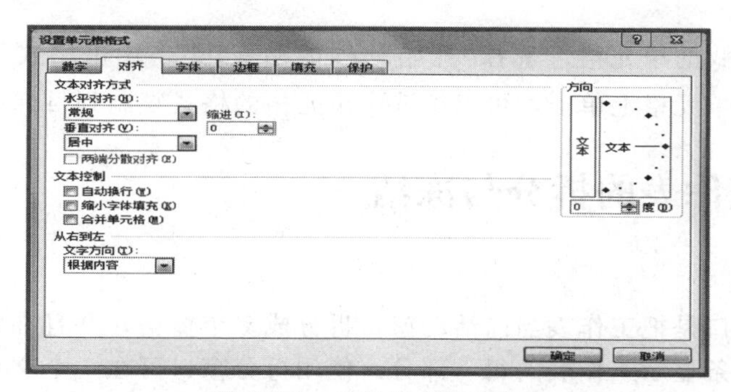

图 5-4-5 单元格对齐方式

3. 设置字体

通过“设置单元格格式”对话框中的“字体”选项卡或选择“开始”→“字体”项来对单元格数据的字体、字形和字号进行设置，如图 5-4-6 所示，注意要先选中操作的单元格数据，再执行命令。

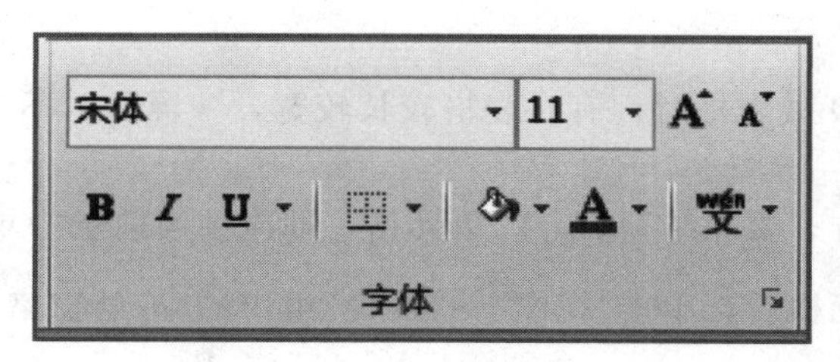

图 5-4-6 设置字体

▶5.4.3 数据表的美化

初始创建的工作表窗口中的表格线仅仅是为方便用户创建表格数据而设置的，要想打印出具有实线的表格，可通过“字体”组中的边框按钮，或通过“设置单元格格式”对话框中的“边框”选项卡为单元格添加边框，这样能使工作表更加直观、清晰，如图 5-4-7 所示。

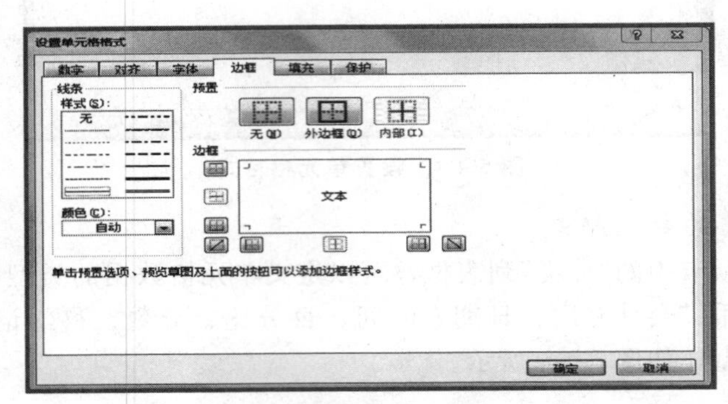

图 5-4-7　设置边框

▶5.4.4 格式的复制和删除

选中要复制格式的单元格，选择“开始”→“剪贴板”组，单击格式刷按钮 格式刷，然后在要复制到的单元格上单击，可以把选中单元格的格式复制到目标单元格。

▶5.4.5 工作表的拆分与冻结

1. 拆分

拆分工作表窗口是把工作表当前活动窗口拆分成多个窗格，并且在每个被拆分的窗格中都可以通过滚动条显示工作表的每一部分。使用拆分窗口可在一个文档窗口中查看工作表的不同部分的内容。

在拆分前，应选定要拆分窗口单元格的位置。该位置将成为进行拆分的分割点。单击“视图”→“窗口”组中的各命令按钮可对窗口进行操作，单击拆分按钮 拆分，此时系统将自动在当前活动单元格处，将工作表分为四个独立的窗格。用鼠标拖动框线，可改变窗格大小。

2. 冻结

在使用 Excel 2010 做表格时，有时表格较长较宽，一屏显示不开，此时可冻结某些行或列。

选中要冻结行下方、要冻结列右方的单元格，即冻结当前选中单元格的上方所在行和左方所在列，选中单元格后，单击“视图”→“窗口”组中的“冻结窗格”按钮 。

▶ 任务3　对"新生登记表"进行格式设置

1. 任务描述

将任务2录入的"新生登记表"进行格式设置。

2. 操作步骤

(1) 设置行高。选中第2行到第10行，单击"单元格"组中的"格式"选择"行高"，设置为"30"，单击"确定"按钮。

(2) 修改列宽。将鼠标放至E列和F列中间，变为双向箭头时，按住左键左右拖动，改变列宽。

(3) 设置数据对齐方式。选择整个表格，单击"开始"选项"对齐方式"组中 ，可打开"对齐"对话框，在"水平对齐"中选择"居中"，在"垂直对齐"中选择"居中"。

(4) 设置。选择整个表格，单击"开始"选项"字体"组中 右侧的黑色三角，可打开"边框"对话框，在"其他边框"中选择"线条样式""内部""线条样式"和"外边框"。

(5) 合并单元格。选择A1～H1单元格，单击"开始"选项"对齐方式"组中 ，选择"合并后居中"。效果如图5-4-8所示。

(6) 保存文件在F：盘中。

	A	B	C	D	E	F	G	H
1	新生登记表							
2	序号	姓名	性别	专业名称	身份证号	电话号码	学费	交费日期
3	20150001	王红	女	学前教育	230103000000000001	13804510000	¥5,800.00	2015/8/30
4	20150002	杨阳	女	学前教育	230103000000000002	13904510000	¥5,800.00	2015/8/30
5	20150003	赵明	女	学前教育	230103000000000003	15604510000	¥5,800.00	2015/8/30
6	20150004	李想	男	空中乘务	230103000000000004	13204510000	¥5,800.00	2015/8/30
7	20150005	孙雨	女	空中乘务	230103000000000005	13004510000	¥5,800.00	2015/8/30
8	20150006	张兰	女	空中乘务	230103000000000006	13704510000	¥5,800.00	2015/8/30
9	20150007	叶芳	女	英语教育	230103000000000007	13304510000	¥5,800.00	2015/8/30
10	20150008	刘靓	女	英语教育	23010300000000000X	13104510000	¥5,800.00	2015/8/30

图5-4-8　新生登记表格式设置效果图

5.5　公式的使用

公式是在工作表中对数据进行计算和分析的式子。它可以引用同一工作表中的其他单元格、同一工作簿不同工作表中的单元格，或者其他工作簿的工作表中的单元格，对其中数值进行加、减、乘、除等运算。因此，公式是Excel 2010的重要组成部分。公式通常由算术式或函数组成。

在Excel 2010中，输入公式均以"＝"开头，例如"＝A1＋C1"。函数的一般形式为"函数名()"，例如SUM()。下面介绍公式与函数的基本用法。

5.5.1 运算符

Excel 2010 中，可使用运算符来完成各种的运算。

1. 算术运算符

公式中的算术运算符包括＋(加)、－(减)、*(乘)、/(除)、%(百分数)、^(乘方)等。

2. 比较运算符

比较运算符有＝(等于)、＜(小于)、＞(大于)、＜＝(小于等于)、＞＝(大于等于)、＜＞(不等于)。

在公式中使用比较运算符时，其运算结果只有“真”或“假”两种值，被称为逻辑值。

3. 文本运算符

文本运算符只有一个，即 &，它能够连接两个文本串，如“North”&“west”产生“Northwest”。

4. 引用运算符

引用的作用在于标识工作表上的单元格或单元格区域，并指明公式中所使用的数据的位置。通过引用可以在公式中使用工作表中不同部分的数据，或者在多个公式中使用同一单元格的数值。引用运算符有两个，即“:”和“,”。

(1) 冒号(:)被称为“区域引用运算符”。如 B1 表示一个单元格引用，而 B1：D4 就表示从 B1～D4 单元格区域。

(2) 逗号(,)是一种连续运算符，用于连续两个或更多的单元格或者单元格区域引用。例如，“B1，D4”表示 B1 和 D4 单元格，“A2：B4，E6：F8”表示区域 A2：B4 和 E6：F8。

5.5.2 在公式中使用单元格引用

公式中可包括工作表中的单元格引用(即单元格名字或单元格地址)，从而使单元格的内容参与公式中的计算。单元格地址根据它被复制到其他单元格时是否会改变，可分为相对引用和绝对引用。

1. 相对引用

相对引用指把一个含有单元格地址的公式复制到一个新的位置，公式不变，但对应的单元格地址发生变化，即在用一个公式填入一个区域时，公式中的单元格地址会随着行和列的变化而改变。利用相对引用可快速实现对大量数据进行同类运算。

2. 绝对引用

绝对引用是在公式复制到新位置时单元格地址不改变的单元格引用。如果在公式中引用了绝对地址，则不论行、列怎样改变，地址总是不变。引用绝对地址必须在构成单元格地址的字母和数字前增加 $ 符号。

5.5.3 公式的编辑

公式和一般的数据一样可以进行编辑，编辑方式同编辑普通的数据一样，可以进行复制和粘贴，先选中一个含有公式的单元格，在“开始”→“剪贴板”组中单击“复制”按钮，将选中的内容复制到剪贴板中，然后选中目标单元格，单击“剪贴板”组中的“粘贴”按钮，公式即被复制到目标单元格中了，可以发现其作用和自动填充出来的效果是相同的。

其他的操作如移动、删除等也同一般的数据操作相同，只是要注意在有单元格引用的地方，无论使用什么方式在单元格中填入公式，都存在相对引用和绝对引用的问题。

▶ 任务4 录入学生成绩并计算总评分

1. 任务描述

录入学生的三次平时成绩和期末成绩，用公式法求三次平时分的总分、平均分，并求总评分(总评分＝平均分＊60％＋期末成绩＊40％)。

2. 操作步骤

(1) 录入：录入学生的三次平时成绩和期末成绩。

(2) 求和：选择G3单元格，输入“＝D3＋E3＋F3”，回车，重新选择G3单元格，用填充柄拖曳至G10，如图5-5-1所示。

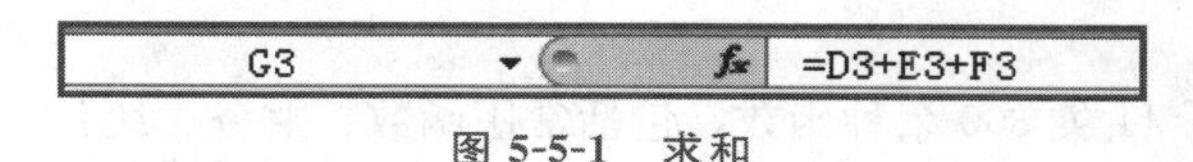

图5-5-1 求和

(3) 求平均值：选择H3单元格，输入“＝G3/3”，如图5-5-2所示。

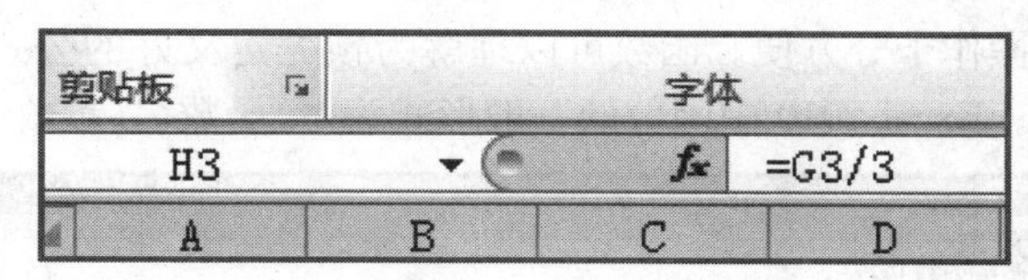

图5-5-2 求平均值

(4) 求总评值：选择J3单元格，输入“＝H3＊60％＋I3＊0.4”，如图5-5-3所示。

图5-5-3 求总评值

(5) 向下填充其他数据，如图5-5-4和图5-5-5所示。

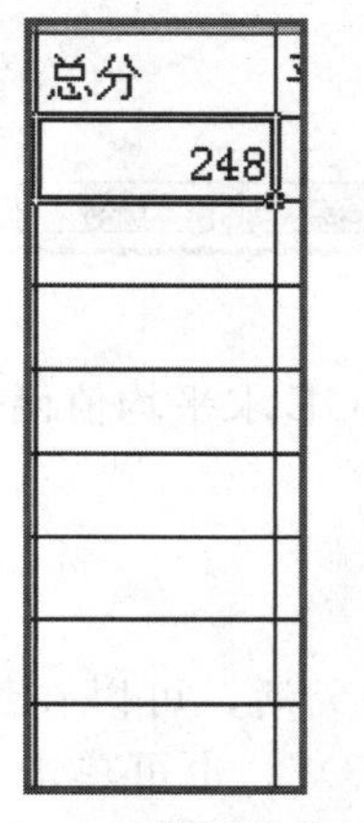

图5-5-4 使用填充柄

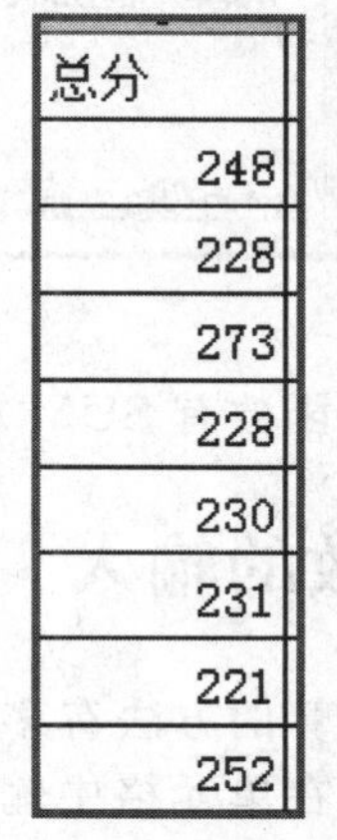

图5-5-5 填充完成

（6）结果如图 5-5-6 所示。

学期成绩表									
学号	姓名	专业名称	平时1	平时2	平时3	总分	平均分(60%)	期末(40%)	总评
20150001	王红	学前教育	78	81	89	248	82.67	88	84.8
20150002	杨阳	学前教育	83	55	90	228	76.00	79	77.2
20150003	赵明	学前教育	88	90	95	273	91.00	80	86.6
20150004	李想	空中乘务	79	60	89	228	76.00	66	72
20150005	孙雨	空中乘务	71	77	82	230	76.67	89	81.6
20150006	张兰	空中乘务	69	83	79	231	77.00	83	79.4
20150007	叶芳	英语教育	85	67	69	221	73.67	86	78.6
20150008	刘靓	英语教育	79	88	85	252	84.00	79	82

图 5-5-6　学生成绩和总评分效果图

5.6　函数的使用方法

5.6.1　函数介绍

Excel 2010 提供了 11 类 300 余种函数，包括常用函数、财务、统计、文字、逻辑、查找与引用、日期与时间、数学与三角函数、数据库和信息函数等，如图 5-6-1 所示，支持对工作表中的数据进行求和、求平均、汇总以及其他复杂的运算。其函数向导功能可引导用户通过系列对话框完成计算任务，操作十分方便。函数可以理解为预先定义好的公式，使用函数计算数据可大大地简化计算过程。Excel 2010 中函数的一般形式为“＝函数名(参数 1，参数 2，…)”。

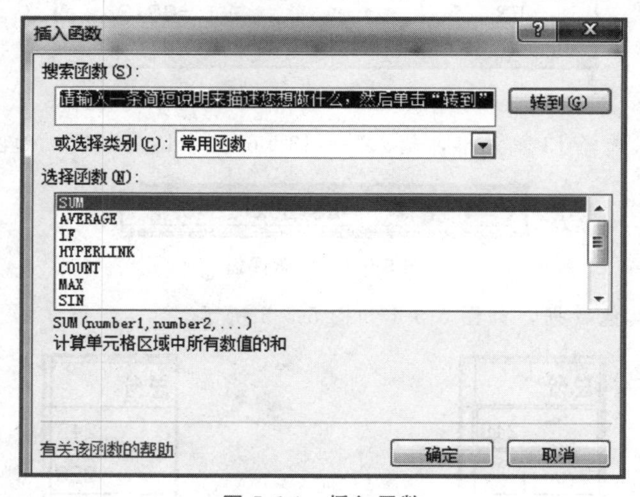

图 5-6-1　插入函数

我们经常使用的函数有 SUM 求和函数、AVERAGE 求平均值函数等。

5.6.2　函数的输入

利用函数进行计算的方法有多种，操作方法较为灵活，可以在编辑栏中直接输入函数。例如求和运算可在单元格中输入“＝SUM(C3：F3)”。也可单击“公式”→“函数库”组的插入函数按钮或单击“数据库”组中的“插入函数”按钮。

▶ 任务5　学生期末成绩统计

1. 任务描述

(1) 求和。

(2) 求平均值。

(3) 用 RANK 函数计算表中的名次。

(4) 应用 IF 函数。

2. 操作步骤

(1) 输入学生成绩信息、使用 SUM 函数求和。

① 选择 G2 单元格，单击“开始”→“编辑”组中的自动求和按钮 **Σ 自动求和▾**，此时单元格出现“=SUM(D2：F2)”，回车确认即可，如图 5-6-2 所示。

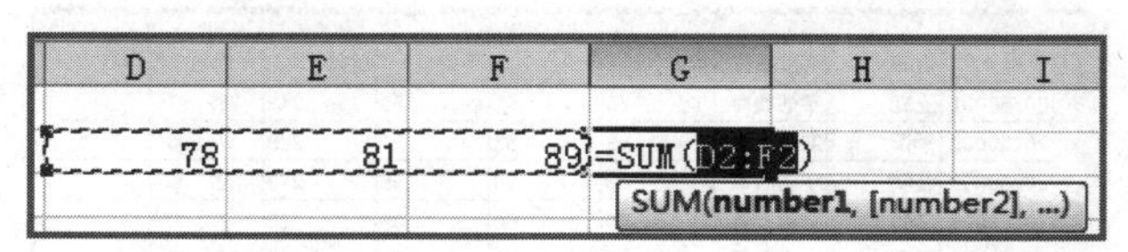

图 5-6-2　自动求和

② 重新选择 G2 单元格，用填充柄拖曳至 G9 单元格，如图 5-6-3 所示。

	A	B	C	D	E	F	G
1	学号	姓名	专业名称	语文	数学	英语	总分
2	20150001	王红	学前教育	78	81	89	248
3	20150002	杨阳	学前教育	83	55	90	228
4	20150003	赵明	学前教育	88	90	95	273
5	20150004	李想	空中乘务	79	60	89	228
6	20150005	孙雨	空中乘务	71	77	82	230
7	20150006	张兰	空中乘务	69	83	79	231
8	20150007	叶芳	英语教育	85	67	69	221
9	20150008	刘靓	英语教育	79	88	85	252

图 5-6-3　使用填充柄

(2) 用 AVERAGE 函数求平均值。

① 选择 H2 单元格，单击“公式”→“函数库”组中自动求和按钮 **Σ 自动求和▾** 的黑色三角，单击“平均值”，手动修改参数(方法：按住左键从 D2 拖曳至 F2)后此时单元格出现“=AVERAGE(D2：F2)”，回车。

② 重新选择 H2 单元格，用填充柄拖曳至 H9 单元格，如图 5-6-4 所示。

	A	B	C	D	E	F	G	H
1	学号	姓名	专业名称	语文	数学	英语	总分	平均分
2	20150001	王红	学前教育	78	81	89	248	82.67
3	20150002	杨阳	学前教育	83	55	90	228	76.00
4	20150003	赵明	学前教育	88	90	95	273	91.00
5	20150004	李想	空中乘务	79	60	89	228	76.00
6	20150005	孙雨	空中乘务	71	77	82	230	76.67
7	20150006	张兰	空中乘务	69	83	79	231	77.00
8	20150007	叶芳	英语教育	85	67	69	221	73.67
9	20150008	刘靓	英语教育	79	88	85	252	84.00

图 5-6-4　AVERAGE 函数

(3) 用 RANK 函数计算表中的名次。

① 选择 I2 单元格，单击“公式”→“函数库”组中“插入函数”，出现“插入函数”对话框，在“选择函数”中单击“RANK”，单击“确定”按钮。

② 出现“函数参数”对话框，在 Number 中输入“G2”文本框，在 Ref 文本框中输入“＄G＄2：＄G＄9”，单击“确定”按钮，如图 5-6-5 所示。

③ 从 I2 填充到 I9，如图 5-6-6 所示。

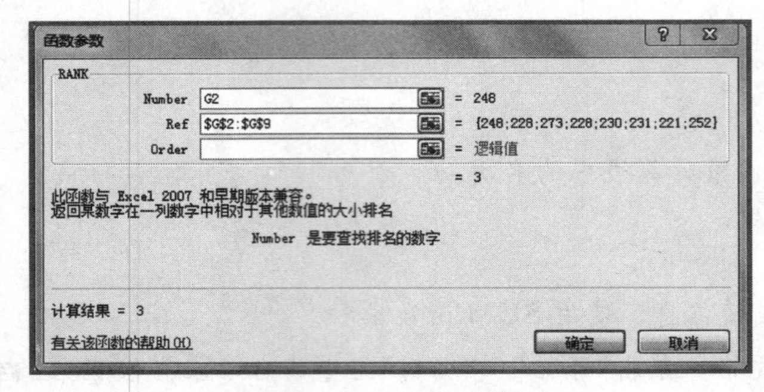

图 5-6-5　RANK 函数

	A	B	C	D	E	F	G	H	I
1	学号	姓名	专业名称	语文	数学	英语	总分	平均分	排名
2	20150001	王红	学前教育	78	81	89	248	82.67	3
3	20150002	杨阳	学前教育	83	55	90	228	76.00	6
4	20150003	赵明	学前教育	88	90	95	273	91.00	1
5	20150004	李想	空中乘务	79	60	89	228	76.00	6
6	20150005	孙雨	空中乘务	71	77	82	230	76.67	5
7	20150006	张兰	空中乘务	69	83	79	231	77.00	4
8	20150007	叶芳	英语教育	85	67	69	221	73.67	8
9	20150008	刘靓	英语教育	79	88	85	252	84.00	2

图 5-6-6　完成排名

(4) 使用 IF 函数判断是否满足某个条件，如满足则为一个值，否则是另一个值。

① 选择 I2 单元格，单击“公式”→“函数库”组中的“最近使用的函数”，选择 IF。

② 打开“函数参数”对话框，在 Logica _ test 文本框中输入“H2＞＝60”；在 Logical _ if _ true 文本框中输入“及格”；在 Logica _ if _ false 文本框中输入“不及格”，如图 5-6-7 所示。

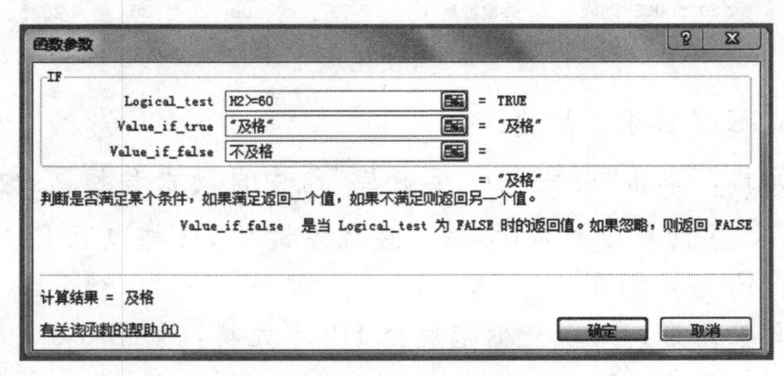

图 5-6-7　IF 函数

③ 用填充柄从 I2 填充至 I9，结果如图 5-6-8 所示。

	A	B	C	D	E	F	G	H	I
1	学号	姓名	专业名称	语文	数学	英语	总分	平均分	等级
2	20150001	王红	学前教育	78	81	89	248	82.67	及格
3	20150002	杨阳	学前教育	83	55	90	228	76.00	及格
4	20150003	赵明	学前教育	88	90	95	273	91.00	及格
5	20150004	李想	空中乘务	79	60	89	228	76.00	及格
6	20150005	孙雨	空中乘务	71	77	82	230	76.67	及格
7	20150006	张兰	空中乘务	69	83	79	231	77.00	及格
8	20150007	叶芳	英语教育	50	67	60	177	59.00	不及格
9	20150008	刘靓	英语教育	79	88	85	252	84.00	及格

图 5-6-8　完成取值

5.7 数据统计

▶5.7.1 排序

排序功能可对一列或多列中的数据按文本、数字及日期和时间进行排序(升序或降序),还可按自定义序列或格式进行排序。

(1) 选择表格数据,单击“开始”→“编辑”组中的“自定义排序”。

(2) 在“排序”对话框中的“主要关键字”处输入“总分”,“次序”处输入“降序”。

(3) 如果总分相同,则“添加条件”,在“次要关键字”处输入“数学”,“次序”处输入“降序”,如图 5-7-1 所示。单击“确定”按钮,如图 5-7-2 所示。

图 5-7-1 排序

	A	B	C	D	E	F	G	H	I
1	学号	姓名	专业名称	语文	数学	英语	总分	平均分	排序
2	20150003	赵明	学前教育	88	90	95	273	91.00	1
3	20150008	刘靓	英语教育	79	88	85	252	84.00	2
4	20150001	王红	学前教育	78	81	89	248	82.67	3
5	20150006	张兰	空中乘务	69	83	79	231	77.00	4
6	20150005	孙雨	空中乘务	71	77	82	230	76.67	5
7	20150004	李想	空中乘务	79	60	89	228	76.00	6
8	20150002	杨阳	学前教育	83	55	90	228	76.00	7
9	20150007	叶芳	英语教育	85	67	69	221	73.67	8

图 5-7-2 完成排序

▶5.7.2 筛选

当我们希望从一个很庞大的数据表中查看或打印满足某条件的数据时,采用排序或者条件格式显示数据往往不能达到很好的效果。Excel 2010 提供了一种“数据筛选”的功能,使查找数据变得非常方便。

(1) 选择工作表,单击“开始”→“编辑”组中的“排序和筛选”。

(2) 单击“筛选”,每列出现了筛选器▼。

(3) 单击 H1 单元格的筛选器,出现下拉菜单,单击“数字筛选”,选择“大于或等于”。

(4) 在“自定义自动筛选方式”栏中输入“80”。

(5) H 列中符合条件的行数据被显示出来,如图 5-7-3 所示。

	A	B	C	D	E	F	G	H
1	学号	姓名	专业名称	语文	数学	英语	总分	平均分
2	20150001	王红	学前教育	78	81	89	248	82.67
4	20150003	赵明	学前教育	88	90	95	273	91.00
9	20150008	刘靓	英语教育	79	88	85	252	84.00

图 5-7-3　筛选

5.7.3　分类汇总

对于一个数据区域要按某些项目统计，如求和、计数等。注意在进行分类汇总时，选择的汇总字段一定要具有分类意义。

(1) 选择表格，单击“数据”→“分级显示”组中的“分类汇总”。

(2) 在“分类字段”中选择“等级”；在“汇总方式”中选择“计数”；在“选定汇总项”中选择“等级”，单击“确定”按钮。

(3) 取消分类汇总时，单击“全部删除”按钮。

任务6　学生期末成绩分类汇总

1. 任务描述

将学生成绩按照优良中差进行分类汇总，统计各级别人数。

2. 操作步骤

(1) 用 IF 函数计算出等级：90 分以上为“优”、80～90 分为“良”、75～80 分为“中”、75 分以下为“不及格”，如图 5-7-4 和图 5-7-5 所示。

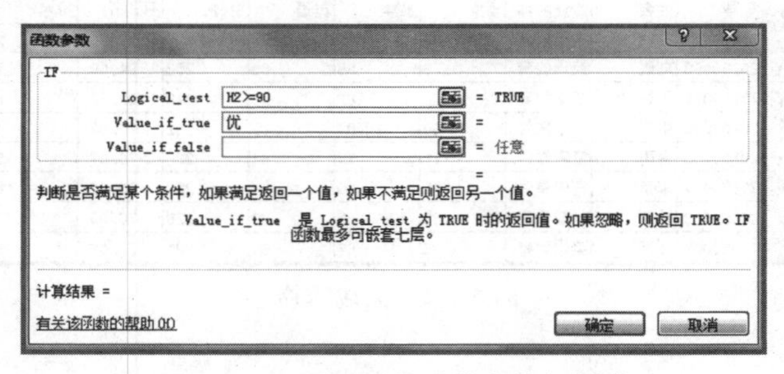

图 5-7-4　用 IF 函数计算出等级“优”

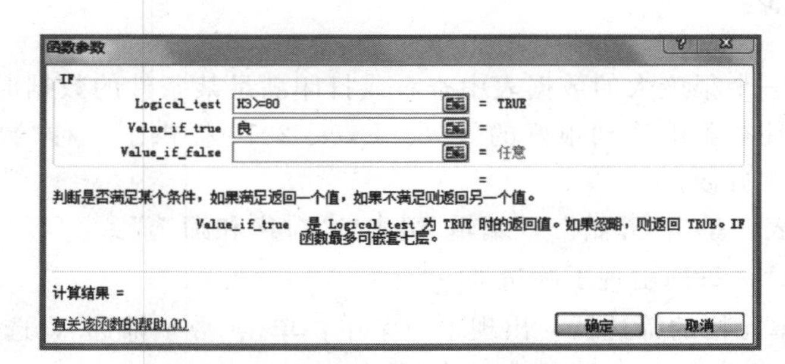

图 5-7-5　用 IF 函数计算出等级“良”

(2) 依此类推，计算出如图 5-7-6 成绩表中的学生成绩等级。

(3) 选择“数据”→“分级显示”组中的“分类汇总”。

(4) 设置“分类字段”为“等级”，“汇总方式”为“计数”，“选定汇总项”为“等级”。

(5) 单击“确定”按钮，如图 5-7-6 所示。

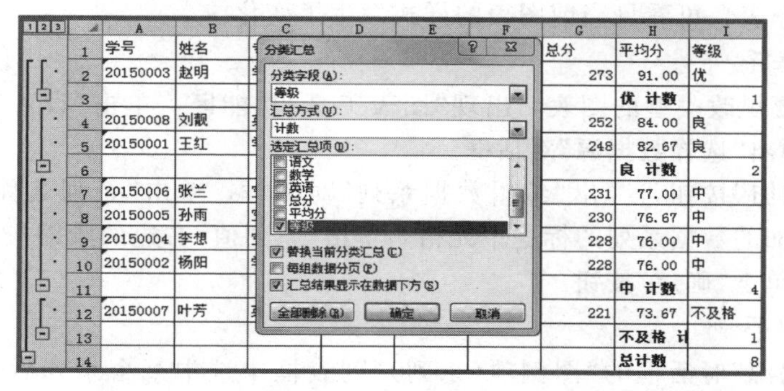

图 5-7-6 完成等级计算

5.8 图表制作

Excel 2010 提供了强大的图表功能，可根据用户提出的要求，制作出各种不同类型的图表，可更直观、更清楚地显示数据、分析数据。

图表是信息的图形化的表示，在 Excel 2010 中，可以将工作表中的行、列数据转换在成各种形式且有意义的图形。它不但能够帮助人们很容易地辨别数据变化的趋势，而且还可以为重要的图形部分添加色彩和其他视觉效果。

Excel 2010 中内置了大量的图表标准类型，包括柱形图、折线图、饼图、条形图、面积图、散点图、股份图、曲面图、圆环图等，用户可根据不同的需要选用适当的图表类型。

▶ 5.8.1 创建图表

Excel 2010 图表是依据 Excel 工作表中的数据创建的，所以在创建图表之前，首先要创建一张含有数据的工作表。组织好工作表后，就可以创建图表了。

(1) 首先选择用来创建图表的数据单元格区域，切换到“插入”功能区，然后单击“图表”组中的“柱形图”按钮，在弹出的下拉列表中选择需要的图表样式。

(2) 样式选择好后，系统会根据选择的数据区域在当前工作表中生成对应的图表。

▶ 5.8.2 编辑图表

Excel 2010 允许在建立图表之后对整个图表进行编辑，如更改图表类型、在图表中增加数据系列及设置图表标签等。

1. 更改图表类型

(1) 选中需要更改类型的图表，出现“图表工具”功能区，单击“设计”功能区中的“更改图表类型”按钮，样式选择好后，系统会根据选择的数据区域在当前工作表中生成对应的图表。

(2) 在弹出的“更改图表类型”对话框左窗格中选择“饼图”，右窗格中选择“饼图样式”，然后单击“确定”按钮。

(3) 返回工作表，可看见当前图表的样式发生了变化。

2. 增加数据系列

(1) 选中需要更改类型的图表，出现“图表工具”功能区，单击“设计”功能区中的“选择数据”按钮，弹出“选择数据源”对话框。

(2) 单击“添加”按钮，弹出“编辑数据系列”对话框，单击“系列名称”右边的收缩按钮，选择需要增加的数据系列的标题单元格，单击“系列值”右边的收缩按钮，选择需要增加的系列的值，单击“确定”按钮。

3. 删除数据系列

在“选择数据源”对话框的“图例项(系列)”列表框中选中某个系列后，单击“删除”按钮，可删除该数据系列。

4. 设置图表标签

对已经创建的图表，选中图表，切换到“图表工具”→“布局”功能区，通过“标签”组中的按钮，可对图表设置图表标题、坐标轴标题、图例、数据标签。

5.8.3 使用迷你图显示数据趋势

迷你图是 Excel 2010 中的一个新增功能，它是工作表单元格中的一个微型图表，可直观地显示数据变化。

1. 创建迷你图

Excel 2010 提供了三种类型的迷你图：折线图、柱形图和盈亏图，可以根据需要进行选择。

(1) 打开需要编辑的工作簿，选中需要显示迷你图的单元格，切换到“插入”功能区，然后单击“迷你图”组中的“折线图”按钮。

(2) 弹出“创建迷你图”对话框，在“数据范围”文本框中设置迷你图的数据源，然后单击“确定”按钮。

(3) 返回工作表，可以看见当前单元格创建了迷你图。

(4) 用同样的方法或使用 Excel 2010 中的自动填充方法可完成其他单元格迷你图的创建。

2. 编辑迷你图

创建迷你图后，功能区中将显示“迷你图工具设计”功能区，通过该功能区可对迷你图数据源、类型、样式、显示进行编辑。

任务 7 制作学生成绩柱形图

1. 任务描述

按图 5-8-1 所示学生成绩表做出单科成绩三维簇状柱形图。

	A	B	C	D	E	F	G	H
1	学号	姓名	专业名称	语文	数学	英语	总分	平均分
2	20150001	王红	学前教育	78	81	89	248	82.67
3	20150002	杨阳	学前教育	83	55	90	228	76.00
4	20150003	赵明	学前教育	88	90	95	273	91.00
5	20150004	李想	空中乘务	79	60	89	228	76.00
6	20150005	孙雨	空中乘务	71	77	82	230	76.67
7	20150006	张兰	空中乘务	69	83	79	231	77.00
8	20150007	叶芳	英语教育	85	67	69	221	73.67
9	20150008	刘靓	英语教育	79	88	85	252	84.00

图 5-8-1　学生成绩表

2. 操作步骤

(1) 选中“姓名”列，按住 Ctrl 键再选中“语文”“数学”“英语”列。

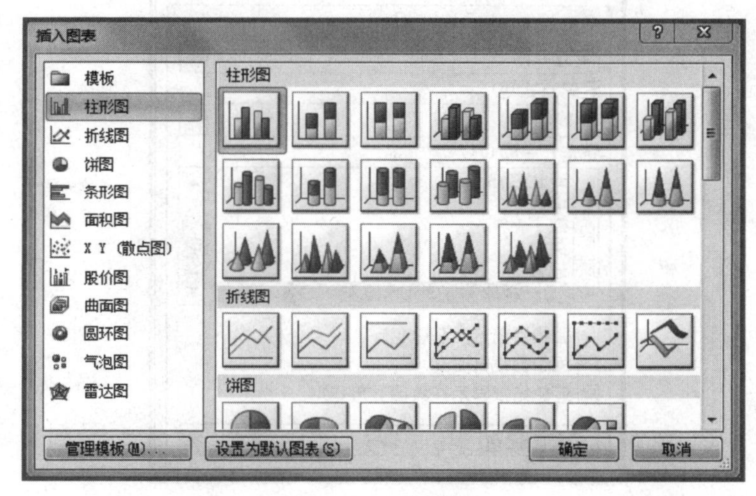

图 5-8-2　柱形图

(2) 单击“插入”→“图表”组中柱形图按钮，选“三维柱形图”中的第一个“簇状柱形图”，如图 5-8-2 所示。学生成绩柱形图效果如图 5-8-3 所示。

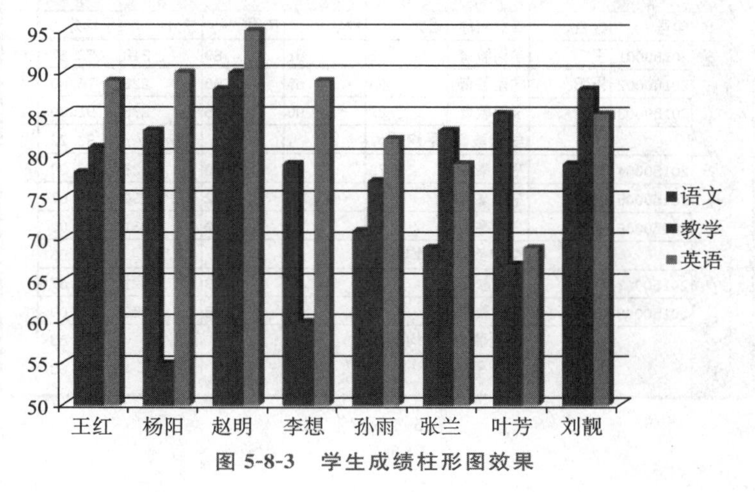

图 5-8-3　学生成绩柱形图效果

▶ 任务8　制作学生成绩条形图

1. 任务描述

按图5-8-1所示学生成绩按专业进行分类汇总，将各专业平均分用条形图表示出来，尝试修改图表样式。

2. 操作步骤

(1) 选择“数据”→“分级显示”组中的“分类汇总”选项。

(2) 设置“分类字段”为“专业名称”，“汇总方式”为“平均值”，“选定汇总项”为“平均分”，如图5-8-4所示。

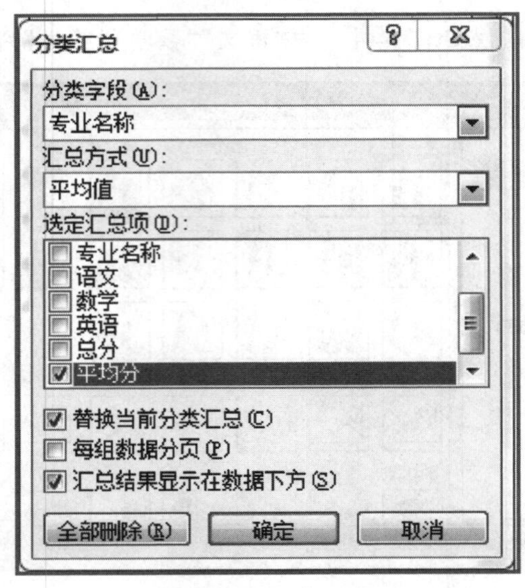

图 5-8-4　分类汇总

(3) 单击“确定”按钮，如图5-8-5所示。

	A	B	C	D	E	F	G	H
1	学号	姓名	专业名称	语文	数学	英语	总分	平均分
2	20150001	王红	学前教育	78	81	89	248	82.67
3	20150002	杨阳	学前教育	83	55	90	228	76.00
4	20150003	赵明	学前教育	88	90	95	273	91.00
5			**学前教育 平均值**					83.22
6	20150004	李想	空中乘务	79	60	89	228	76.00
7	20150005	孙雨	空中乘务	71	77	82	230	76.67
8	20150006	张兰	空中乘务	69	83	79	231	77.00
9			**空中乘务 平均值**					76.56
10	20150007	叶芳	英语教育	85	67	69	221	73.67
11	20150008	刘靓	英语教育	79	88	85	252	84.00
12			**英语教育 平均值**					78.83
13			**总计平均值**					79.63

图 5-8-5　汇总

（4）用复选方式选择 C5 后，按住 Ctrl 键选择 H5、C9、H9、C12、H12、C13、H13 单元格，如图 5-8-6 所示。

B	C	D	E	F	G	H
名	专业名称	语文	数学	英语	总分	平均分
红	学前教育	78	81	89	248	82.67
阳	学前教育	83	55	90	228	76.00
明	学前教育	88	90	95	273	91.00
	学前教育 平均值					83.22
想	空中乘务	79	60	89	228	76.00
雨	空中乘务	71	77	82	230	76.67
兰	空中乘务	69	83	79	231	77.00
	空中乘务 平均值					76.56
芳	英语教育	85	67	69	221	73.67
靓	英语教育	79	88	85	252	84.00
	英语教育 平均值					78.83
	总计平均值					79.63

图 5-8-6　选择所需单元格

（5）单击“插入”→“图表”组中条形图按钮，选“二维条形图”中的第一个“簇状条形图”，如图 5-8-7 所示。

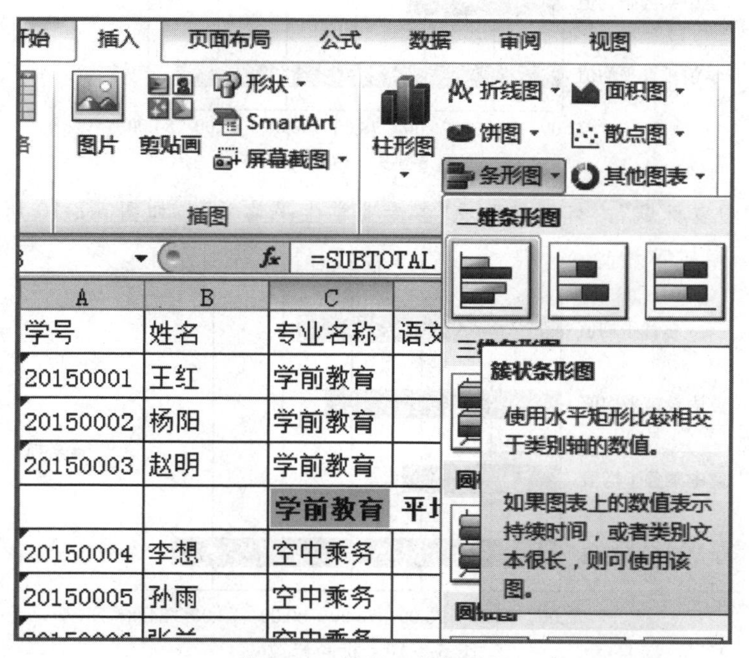

图 5-8-7　选择二维条形图

(6) 各专业平均分如图 5-8-8 所示。

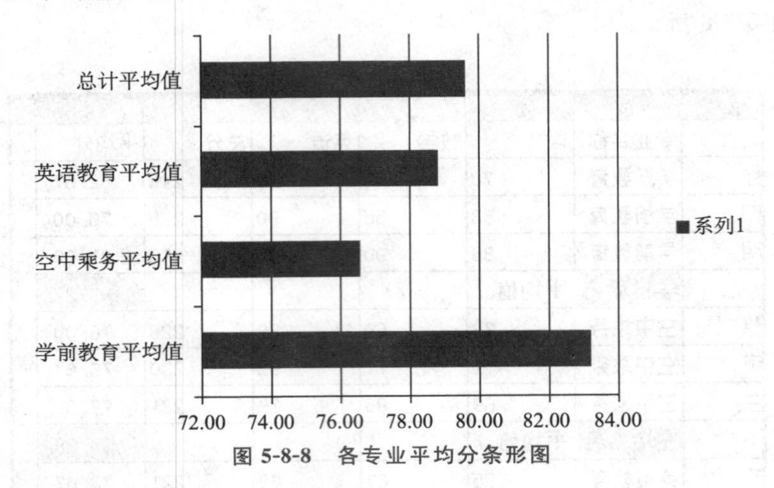

图 5-8-8　各专业平均分条形图

(7) 选择“快速布局—布局 1”，如图 5-8-9 所示。

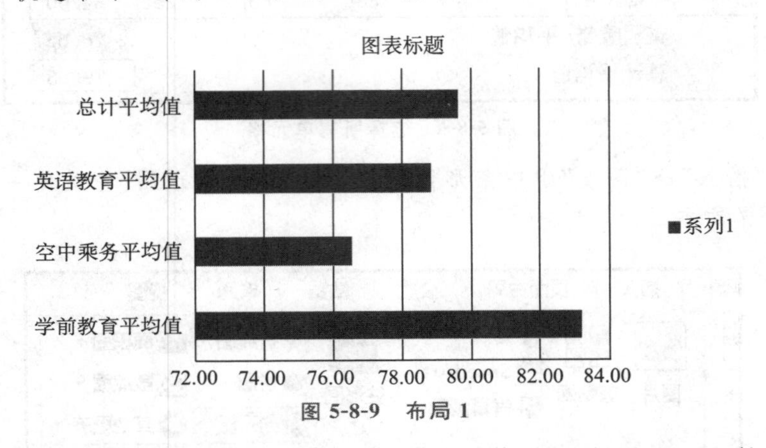

图 5-8-9　布局 1

(8) 单击“图表标题”，将题目改成“各专业学生平均分”，如图 5-8-10 所示。

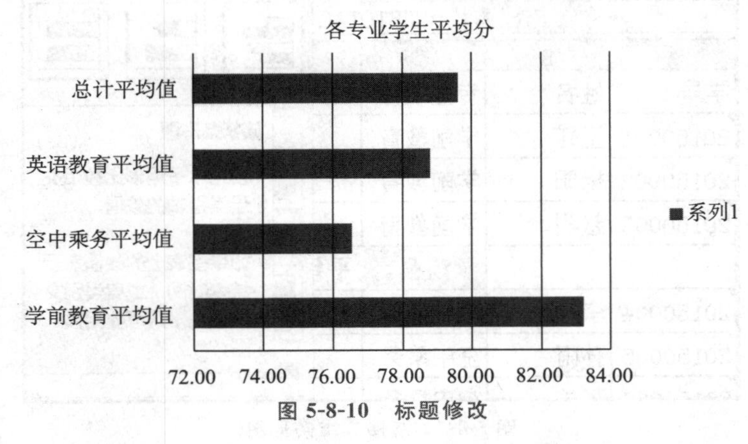

图 5-8-10　标题修改

(9) 在图表工具中选择“设计”→“图表样式”，如图 5-8-11 所示。

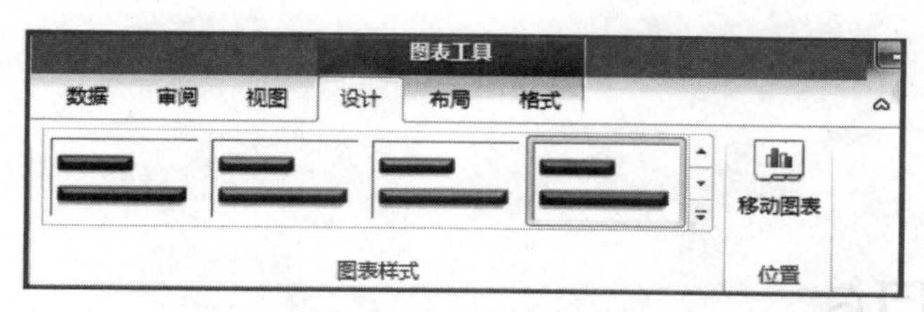

图 5-8-11　图表样式

（10）学生成绩条形图效果如图 5-8-12 所示。

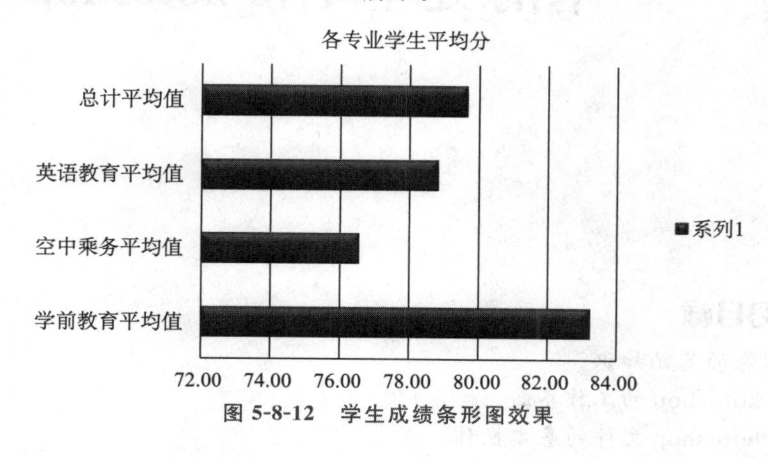

图 5-8-12　学生成绩条形图效果

项目6
Chapter 6
图像处理软件Photoshop

>>> 学习目标

1. 掌握图像的基础知识。
2. 了解 Photoshop 的工作界面。
3. 掌握 Photoshop 文件的基本操作。
4. 掌握 Photoshop 常用工具的使用方法。
5. 掌握 Photoshop 动画的制作方法。
6. 能够独立制作 Photoshop 综合实例。

在制作课件过程中有很多需要用到图片的地方，但网络下载的图片素材往往不能符合课件要求，这时就需要对图片素材进行加工处理。Photoshop 是专业处理图形图像文件的软件，本项目就介绍如何使用 Photoshop 加工处理图像素材并制作适用于课件中的 GIF 动态图片。

6.1 图像基础知识

本节主要介绍 Photoshop 图像处理的基础知识，包括位图与矢量图、图像尺寸与分辨率、文件常用格式、图像色彩模式等。

6.1.1 位图与矢量图

1. 位图

位图图像也叫点阵图像，它是由许多单独的小方块组成的，这些小方块又称为像素点，每个像素点都有特定的位置和颜色值。像素点越多，图像的分辨率越高，相应地，图像的文件量也会随之增大。使用放大工具放大后，可以清晰地看到像素的小方块形状和颜色，如图 6-1-1 和图 6-1-2 所示。

图 6-1-1　原始效果

图 6-1-2　局部放大后效果

2. 矢量图

矢量图也叫向量图，它是一种基于图形的几何特性来描述的图像。矢量图中的各种图形元素称为对象，每一个对象都是独立的个体，都具有大小、颜色、形状、轮廓等属性。矢量图与分辨率无关，可以将它设置为任意大小，其清晰度不变，也不会出现锯齿状的边缘，如图 6-1-3 和图 6-1-4 所示。

图 6-1-3　原始效果

图 6-1-4　局部放大后效果

▶ 6.1.2　分辨率

1. 图像分辨率

图像中每单位长度上的像素数目，称为图像的分辨率，其单位为像素/英寸或像素/厘米。在相同尺寸的两幅图像中，高分辨率的图像包含的像素比低分辨率的图像包含的像素多。

2. 屏幕分辨率

屏幕分辨率是显示器上每单位长度显示的像素数目。屏幕分辨率取决于显示器大小及其像素设置。当图像分辨率高于显示器分辨率时，屏幕中显示的图像比实际尺寸大。

3. 输出分辨率

输出分辨率是照排机或打印机等输出设备产生的每英寸的油墨点数(dpi)。打印机的分辨率在 720 dpi 以上的，可以使图像获得比较好的效果。

▶ 6.1.3　图像的色彩模式

1. CMYK 模式

CMYK 模式是减法混合原理，即减色色彩模式。CMYK 代表了印刷上用的四种油墨颜色：C代表青色，M代表洋红色，Y代表黄色，K代表黑色。

2. RGB模式

RGB模式是一种加色模式，它通过红、绿、蓝三种色光相叠加而形成更多的颜色。RGB是色光的彩色模式，一幅24bit的RGB图像有三个色彩信息的通道：红色(R)、绿色(G)和蓝色(B)。

3. 灰度模式

灰度模式，灰度图又叫8 bit深度图。每个像素用8个二进制位表示，能产生2^8(即256)级灰色调。

6.1.4 常用的图像文件格式

常用的Photoshop文件存储格式有PSD格式、TIF格式、TGA格式、BMP格式、GIF格式、JPEG格式、EPS格式等。

1. BMP

BMP是标准Windows图像格式，非压缩格式，文件存储量较大，扩展名为.bmp。

2. JPG

JPG支持真彩色，适用于色彩较丰富的照片。采用JPEG压缩格式，广泛应用于多媒体和网络中。文件扩展名为.jpg或.jpeg。

3. GIF

GIF常用于网页数据传输的图像文件。压缩格式，可用于静态图像；也可支持图像内的多画面循环显示，来制作小型动画。

4. PSD

PSD格式是Photoshop专用格式，支持图层、通道存储等功能。

在日常学习和生活中，我们应该根据自己的需要选择合适的格式，例如，TIFF、EPS常用于印刷；PDF常用于出版物；GIF、JPEG、PNG常用于Internet图像；PSD、PDD、TIFF常用于Photoshp文件的处理。

6.2 Photoshop简介

Adobe Photoshop，简称PS，是由Adobe Systems开发和发行的图像处理软件，主要处理以像素构成的数字图像。Photoshop有很多功能，可广泛用于平面广告设计、室内装潢、个人照片处理、印刷排版等方面。

6.2.1 Photoshop的主要功能

Photoshop支持大量的图像格式，具有图层功能、绘图功能、选取功能、颜色调整功能、图像变形和特技效果等功能。Photoshop的开放式结构，能够支持广泛的图像输入设备。

▶ 6.2.2 Photoshop 的工作界面

Photoshop 的工具栏存放各种工具，在工具栏中选择相应工具后，选项栏中分别展示每个工具的具体属性。工作区是对文件进行编辑的区域。辅助控制面板是 Photoshop 特有面板，便于操作者操作，有历史记录、图层面板等多种形态，如图 6-2-1 所示。

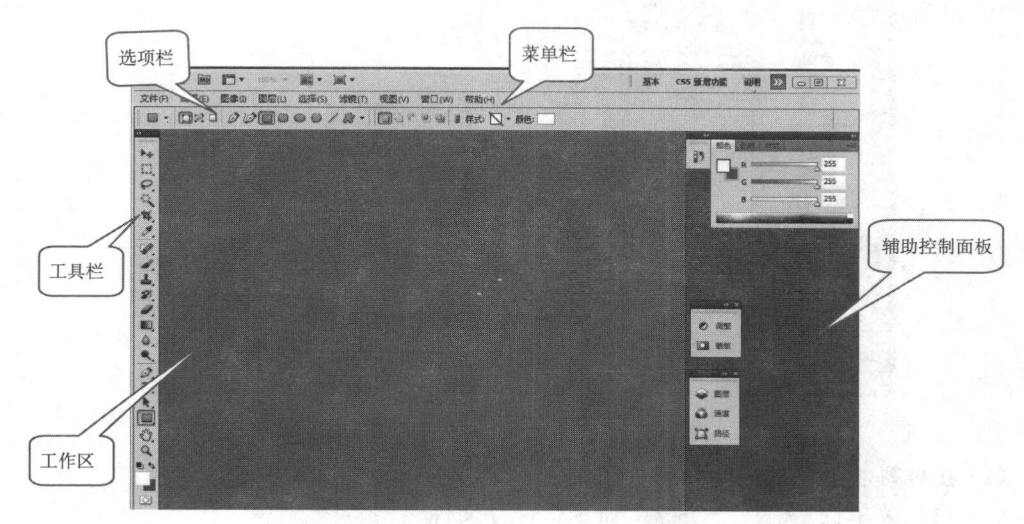

图 6-2-1 Photoshop 的工作界面

▶ 6.2.3 Photoshop 文件的基本操作

1. 新建文件

选择菜单栏“文件”→“新建”命名，新建文件，如图 6-2-2 所示。

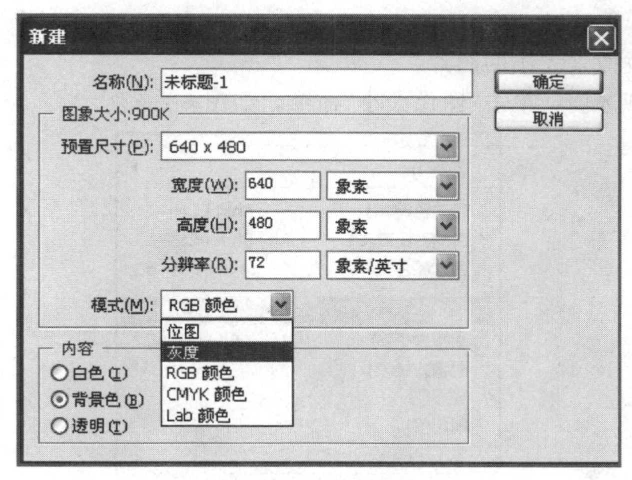

图 6-2-2 新建文件

2. 打开、关闭、保存文件

(1) 选择菜单栏“文件”→“打开”命令，打开文件，如图 6-2-3 所示。

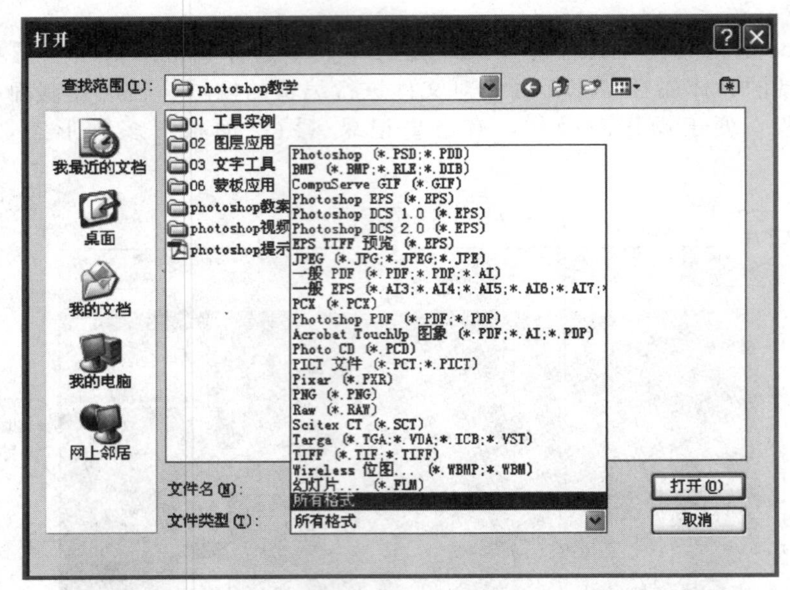

图 6-2-3 打开文件

(2) 按屏幕右上角的关闭按钮关闭文件。

(3) 执行菜单栏“文件”→“保存”命令，保存文件。

3. 使用标尺、参考线、网格设置

标尺：精确定位图像。选择“视图”→“标尺”命令出现水平/垂直标尺。拖动标尺左上角十字线，可改变画布的原点 0 位置。

参考线：根据标尺，确定某点位置。从水平/垂直标尺拖动参考线，可利用移动工具，改变位置。通过“视图”菜单栏的命令，可删除参考线、锁定参考线。

网格：通过“视图”→“显示”→“网格”命令设置。

4. 设置图像、画布大小

(1) 打开需修改像素大小的图片。

(2) 选择“图像”选项，单击“图像大小”命令，如图 6-2-4 所示。

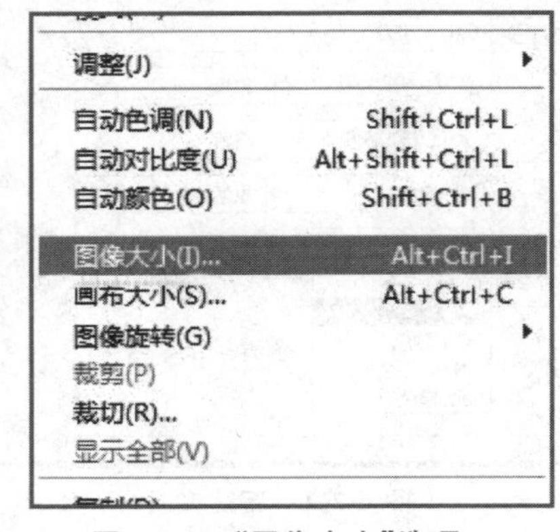

图 6-2-4 “图像大小”选项

（3）在“图像大小”对话框中，进行文档大小更改，也可输入图像像素大小，如图 6-2-5 所示。

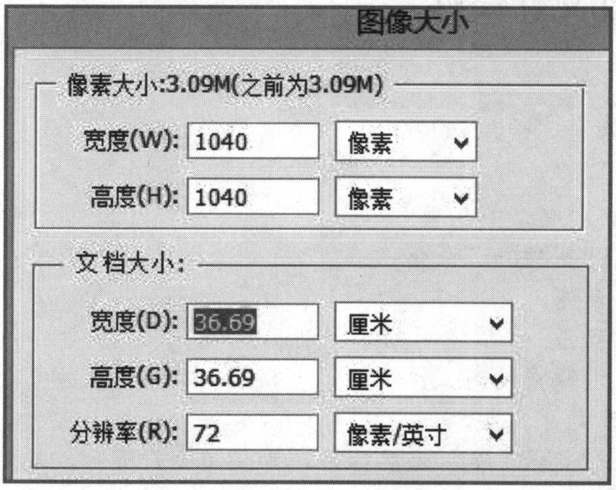

图 6-2-5 “图像大小”对话框

▶ 任务 1 新建文件

1. 任务描述

新建文件，设置文件属性。

2. 操作步骤

新建文件的方式有以下三种。

（1）单击菜单“文件”→“新建”命令，打开“新建”对话框。

（2）按 Ctrl＋N 组合键。

（3）按住 Ctrl 键双击屏幕即可新建文件。

根据需要分别设置文件的宽度、高度、分辨率，颜色模式为 RGB，背景内容默认白色，如图 6-2-6 所示。

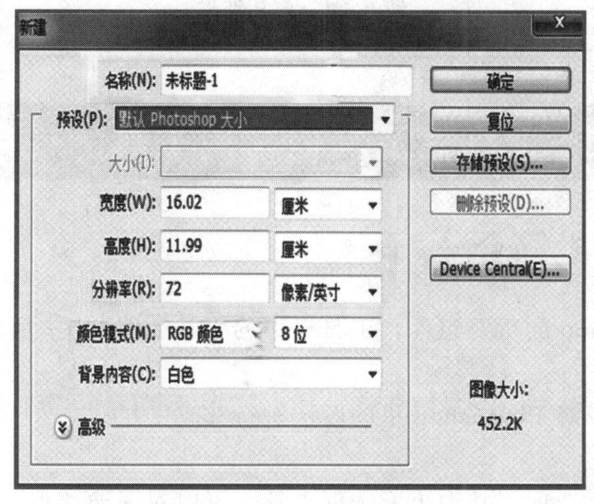

图 6-2-6 新建文件

任务2 修改文件属性

1. 任务描述

打开文件，修改属性，使用标尺等。

2. 操作步骤

(1) 打开文件的方式有以下几种。

① 单击菜单“文件”→“打开”命令。

② 按Ctrl+O组合键。

③ 在空白工作区双击。

④ 图片文件按住左键拖曳到工作区。

(2) 根据需要修改文件属性。

(3) 执行“视图”→“标尺”命令设置标尺，如图6-2-7所示。拖动标尺左上角十字线，可改变画布原点位置，双击左上角区域恢复原点。

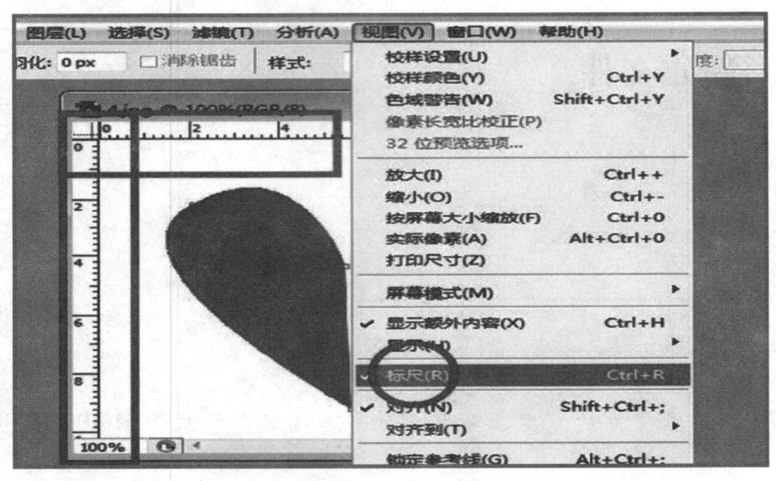

图6-2-7 设置标尺

6.3 Photoshop工具栏及其他常用工具的使用

6.3.1 工具栏简介

工具栏是Photoshop的重要组件，工具栏中的工具如图6-3-1所示。

1. 移动工具

使用移动工具可以对Photoshop里的图层进行移动图层。

2. 选框工具

选框工具包含4个选项，其中矩形选框工具，可以对图像选取一个矩形范围；椭圆选框工具，可以对图像选取一个椭圆形范围；单行选框工具，可以对图像在水平方向选择一

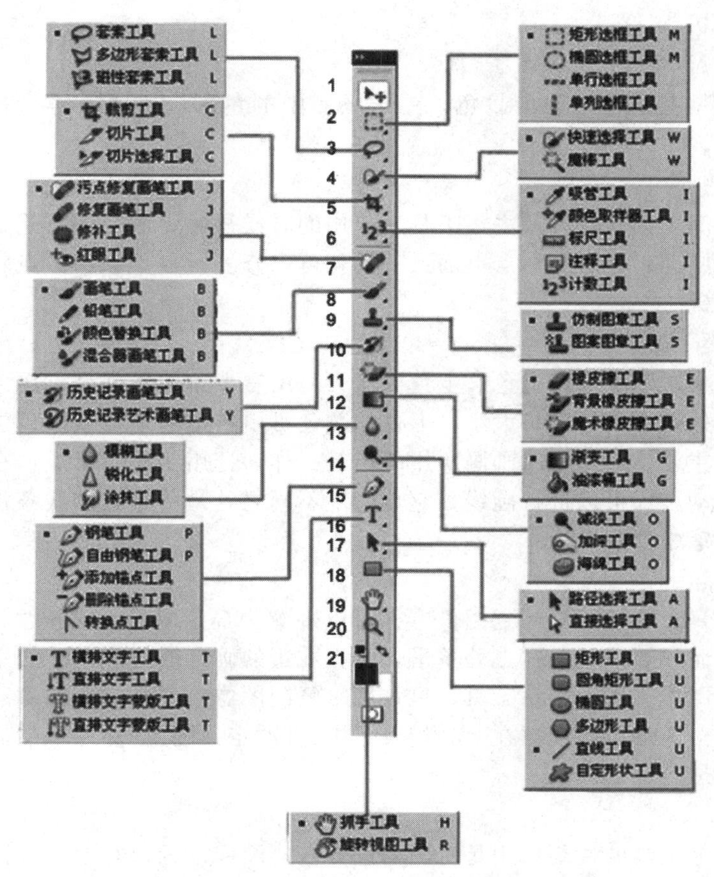

图 6-3-1 Photoshop 工具介绍

行像素，一般用于比较细微的选择；单列选框工具，可以对图像在垂直方向选择一列像素，一般用于比较细微的选择。

3. 套索工具

使用套索工具可按住鼠标左键并拖动选择一个不规则的范围，一般用于精度要求不高的选择。多边形套索工具，可用鼠标在图像上固定某点，然后进行多线选中要选择的范围，没有圆弧的图像勾边可以用这个工具，但不能勾出弧线，所勾出的选择区域都是由多条线组成的。使用磁性套索工具，不须按鼠标左键而直接移动鼠标，在工具头处会出现自动跟踪的线，这条线总是位于颜色与颜色的边界处，边界越明显磁力越强，将首尾连接后可完成选择，一般用于颜色边界差别比较大的图像选择。

4. 魔棒工具

用鼠标对图像中某颜色单击一下，对图像中此颜色范围图像进行选择，也就是选择图像中颜色范围相同的颜色。其相同程度可通过对魔棒工具属性进行设置：在屏幕右上角上容差值处调整容差度，数值越大，表示魔棒所选择的颜色差别大；反之，颜色差别小。

5. 裁切工具

使用裁切工具可以对图像进行剪裁，剪裁选择后一般出现八个节点框，用户用鼠标对节点进行缩放，用鼠标对着框外可以对选择框进行旋转，用鼠标对着选择框双击或按回车键即可以结束裁切。

6. 吸管工具

使用吸管工具在图像中取前景色，单击区域中的色彩，按 Alt 键，单击图像中的色彩，设为背景色。

7. 污点修复画笔

污点修复画笔工具是修复及去污工具。使用的时候只需要适当调节笔触的大小及在属性栏设置好相关属性。然后在污点上面点一下就可以修复污点。如果污点较大，可以从边缘开始逐步修复。

8. 画笔工具

画笔工具用来对图像进行上色。上色的压力可由右上角的选项调整压力，上色的大小可由右边的画笔处选择所需笔头大小，上色的颜色可由右边的色板或颜色处选择所需的颜色。铅笔工具，主要是模拟平时画画所用的铅笔一样，选用铅笔工具后，在图像内按住鼠标左键不放并拖动，即可以进行画线，它与画笔不同之处是所画出的线条没有毛边。笔头可以在右边的画笔中选取。

9. 图章工具

橡皮图章工具，主要用来修复图像，亦可以理解为局部复制。先按住 Alt 键，用鼠标在图像中需要复制或要修复取样点处单击，再在右边的画笔处选取一个合适的笔头，就可以在图像中修复图像。图案图章工具，也是用来复制图像，但与橡皮图章有些不同，使用它需要先选择一个矩形范围，再在“编辑”菜单中选取“定义图案”命令，然后再选择合适的笔头，在图像中进行复制图案。

10. 历史记录画笔工具

历史记录画笔工具的主要作用是对图像进行恢复图像最近保存或打开图像的原来的面貌，如果对打开的图像操作后没有保存，使用这工具，可以恢复这幅图原来打开的面貌；如果对图像保存后再继续操作，则使用该工具会恢复保存后的面貌。

11. 橡皮擦工具

橡皮擦工具主要用来擦除不必要的像素，如果对背景层进行擦除，则会显露背景色；如果对背景层以上的图层进行擦除，则会将这层颜色擦除，显示出下一层的颜色。擦除笔头的大小可以在右边的画笔中选择一个合适的笔头。

12. 渐变与油漆桶

渐变与油漆桶工具主要是对图像进行渐变填充，双击渐变工具，在右上角出现渐变的类型，并单击右边的三角形下拉菜单列出各种渐变类型，选择渐变类型后，按住鼠标拖动到另一处放开鼠标，完成渐变类型。如果想使图像局部渐变，则要先选择一个范围再进行渐变设置。径向渐变工具、角度渐变工具、对称渐变工具和菱形渐变工具，其操作和直线渐变工具基本相同。油漆桶工具主要用于填充颜色，其填充的颜色和魔棒工具相似，它只是将前景色填充一种颜色，其填充的程度由右上角的选项的“容差”值决定，其值越大，填充的范围就越大。

13. 模糊、锐化、涂抹工具

模糊工具，主要是对图像进行局部模糊，按住鼠标左键不断拖动即可操作，一般用于颜色边界比较生硬的地方加以柔和，也用于颜色边界过渡比较生硬的地方。锐化工具，与模糊工具相反，使作用范围内的全部像素清晰化。使用了模糊工具后，再使用锐化工具，图像不能复原，因为模糊后颜色的组成已经改变。涂抹工具，可以将颜色抹开，好像是一幅图像的颜料未干而用手去涂抹造成颜色走位一样，一般用在颜色边界生硬或颜色过渡效果不好可以使用这个工具，使过渡颜色柔和化，有时也会用在修复图像的操作中。涂抹的大小可以在右边画笔处选择一个合适的笔头。

14. 减淡、加深、海绵工具

减淡工具，也可称为加亮工具，主要是对图像进行加光处理以达到对图像的颜色进行减淡，其减淡的范围可以在右边的画笔中通过选取笔头大小调节。加深工具，与减淡工具相反，也可称为减暗工具，主要是对图像进行变暗以达到对图像的颜色加深，其减淡的范围可以在右边的画笔中通过选取笔头大小调节。海绵工具，可以对图像的颜色进行加色或进行减色，可以在右上角的选项中选择加色还是减色，实际上也可以是加强颜色对比度或减少颜色的对比度。可以在右上角的选项中选择压力设置其加色或是减色的强烈程度，可以在右边的画笔中选择合适的笔头设置其作用范围。

15. 钢笔工具

钢笔工具是专业抠图必备工具。钢笔路径工具，亦称为勾边工具，主要是画出路径，首先注意的是落笔必须在像素锯齿下方，即在像素锯齿下方单击一下定点，移动鼠标到另一落点处单击一下鼠标左键，如果要勾出一条弧线，则落点时就要按住鼠标左键不放，再拖动鼠标则可以勾出一条弧线。每定一点都会出现一个节点加以控制以方便以后修改，而用鼠标拖出一条弧线后，节点两边都会出现一控制柄，还可按住 Ctrl 键对各控制柄进行调整弧度，按住 Alt 键则可以消除节点后面的控制柄，避免影响后面的勾边工作。

16. 文字工具

文字工具可在图像中输入文字，选中该工具后，在图像中单击一下便出现对话框即可横向输入文字。输入文字后还可对该图层双击对文字加以编辑，对话框中可任意选择颜色。

17. 路径选择工具

路径选择工具可以整体移动和改变路径的形状，还可以调整两个路径的相对位置。其使用方法类似于“移动工具”，“移动工具”是对选取区域进行操作，而“路径选择工具”是对路径进行操作。

18. 图形工具

使用图形工具可绘制矩形、圆形、多边形、线段、自定义图层等经常使用的形态。矩形工具可以绘制矩形或正方形路径。椭圆工具可以绘制椭圆或圆形路径。单击多边形工具属性栏上的多边形选项按钮，弹出多边形选项框，在这里可以对多边形的边、半径、平滑拐角、星形以及平滑缩进等参数进行设置。用鼠标右键单击工具箱中的“自定形状工具”按钮，即可显示出自定义形状工具组。

19. 抓手工具

抓手工具主要用来翻动图像，但前提条件是当前图像未能在文件窗口中全部显出来时用，一般用于勾边操作。当选为其他工具时，按住空格键不放，鼠标会自动转换成抓手工具。

20. 缩放工具

缩放工具主要用来放大图像，当出现“＋”号时对图像单击一下，可以放大图像，或者按下鼠标不放拖出一个矩形框，则可以局部放大图像，按住 Alt 键不放，则鼠标会变为“－”号，单击一下可以缩小图像。用快速方式，Ctrl＋“＋”则为放大，Ctrl＋“－”则为缩小。

21. 前景色和背景色选择

单击工具栏上拾色器选择前景色和背景色，实现前景色和背景色转换。

▶6.3.2 其他常用工具的使用

1. 选区

选区是 Photoshop 中一个重要的概念。选区即一个选取的区域，这个区域可以是规则的也可以是不规则的。

(1) 建立规则的选区，如矩形、圆形、线形(1 个像素宽选区，水平和垂直)。用拖动的方法，确定一个任意选区，按住 Shift＋拖动选区，如正方形或正圆。按住 Alt＋Shift 组合键拖动选区可绘制中心等比选区。

(2) 选区图像的复制、剪切。先执行“编辑”下的“拷贝”命令，再到新的文件中执行“粘贴”的命令。用工具栏上的移动工具将选区内的图像直接拖入新文件中。

选区色彩：选择现有选区，使用“编辑”→“填充”命令，填充前景色、背景色或图案。

羽化：使用该命令可对图像中已有的选区进行羽化。

反选：将当前的选区反转过来。使用 Ctrl＋Shift＋I 组合键或用“选择”菜单中“反选”命令。

2. 滤镜工具

选择将要应用滤镜效果的图像或某一图层，单击下拉式菜单“滤镜”→“主类滤镜”→“各种滤镜”命令。常用的滤镜有以下几种。

(1)“扭曲”滤镜：制作波浪效果、涟漪效果、折反效果时使用，可使图像产生波浪形扭曲或枕形、球面形失真。

(2)“锐化”滤镜：将图像中比较模糊的地方变得清晰。

(3)“模糊”滤镜：与“锐化”功能相反，将清晰的图像变得模糊不清。

(4)“艺术化”滤镜：可轻松制作各种油画、水彩画、壁画等特殊效果。

(5)“渲染”滤镜：可以根据前景及背景色作出云彩的效果。

(6)“素描”滤镜：专门模仿各种素描形式的滤镜组。

上述这些滤镜是 Photoshop 中常用且较为实用的几种，在实际操作中结合图层的操作，可制作出千变万化的效果。

3. 画笔工具

在 Photoshop 中，画笔是一个比较常用的工具。选中画笔工具后，在菜单栏的下方会有画笔的常用属性，最常见的设置就是“主直径”和“硬度”，分别决定了画笔的大小和画笔的边缘过渡效果。通过对这两个属性的设置，可以完成不同的画笔效果。

▶6.3.3 图层的使用

通俗地讲，图层就像是含有文字或图形等元素的胶片，一张张按顺序叠放在一起，组合起来形成页面的最终效果。图层可以将页面上的元素精确定位，可以加入文本、图片、表格、插件，也可以在里面再嵌套图层。

1. 新建图层

可以在图层菜单选择“新建图层”或者在图层面板下方选择“新建图层”→“新建图层组”完成新建图层。

2. 复制图层

需要制作同样效果的图层，可以选中该图层，右击，选择“复制图层”选项，需要删除图层就选择“删除图层”选项。双击图层的名称可以重命名图层。

3. 颜色标识

选择“图层属性”选项，可以给当前图层进行颜色标识，有了颜色标识后更易于在图层调板中查找相关图层。

4. 栅格化图层

一般建立的文字图层、形状图层、矢量蒙版和填充图层，不能在它们的图层上再使用绘画工具或滤镜进行处理。如果需要在这些图层上再继续操作就需要使用到栅格化图层了，它可以将这些图层的内容转换为平面的光栅图像。栅格化图层可以选中图层单击鼠标右键选择“栅格化图层”选项，或者在“图层”菜单选择“栅格化”命令各类选项。

5. 合并图层

Photoshop的很多图形都分布在多个图层上，而对这些已经确定的图层不会再修改了，我们就可以将它们合并在一起以便于图像管理。合并后的图层中，所有透明区域的交叠部分都会保持透明。如果是将全部图层都合并在一起可以选择菜单中的“合并可见图层”和“拼合图层”等选项，如果选择其中几个图层合并，根据图层上内容的不同有的需要先进行栅格化之后才能合并。栅格化之后菜单中出现“向下合并”选项，我们要合并的这些图层集中在一起这样就可以合并所有图层中的几个图层了。

6. 图层样式

图层样式是一个非常实用的功能，利用它可以对单个图层快速生成阴影、浮雕、发光等效果。为一个层增加图层样式，可以将该层选为当前活动层，选择“菜单图层”→“图层样式”，然后在子菜单中选择“投影”等效果。或者可以在图层命令调板中，单击添加图层样式按钮，再选择各种效果。

▶ 任务3 绘制蝶恋花图片

1. 任务描述

熟练使用画笔工具，画出蝴蝶、草和花的效果。

2. 操作步骤

(1) 打开Photoshop，新建文件“蝶恋花”，如图6-3-2所示。

(2) 打开Photoshop画笔工具，单击画笔旁下箭头，弹出对话框，如图6-3-3所示。

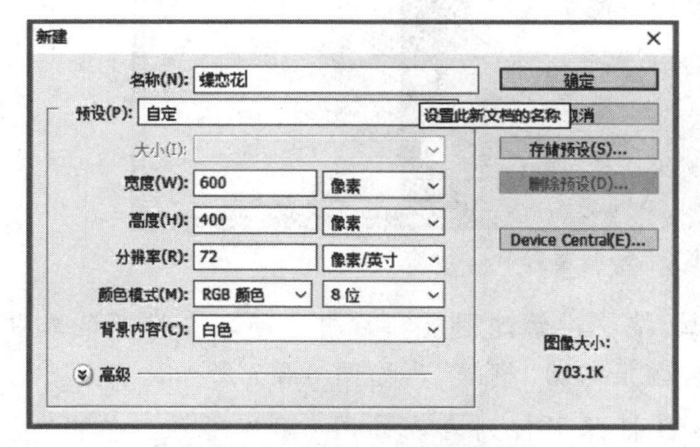

图6-3-2 新建文件“蝶恋花”

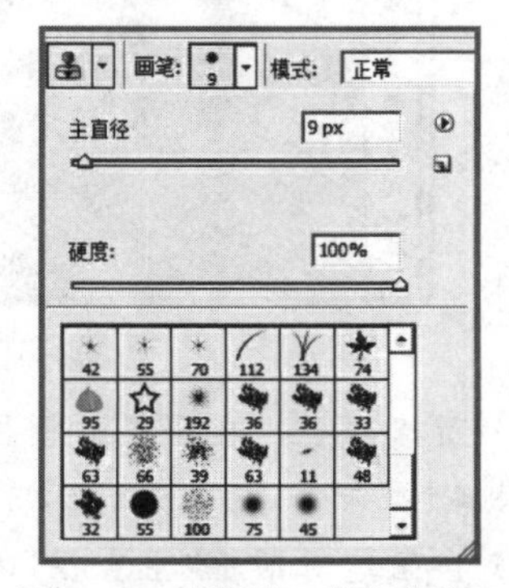

图6-3-3 “画笔工具”对话框

（3）前景色选择，单击工具栏上的拾色器，弹出对话框选择前景色，如图 6-3-4 所示。

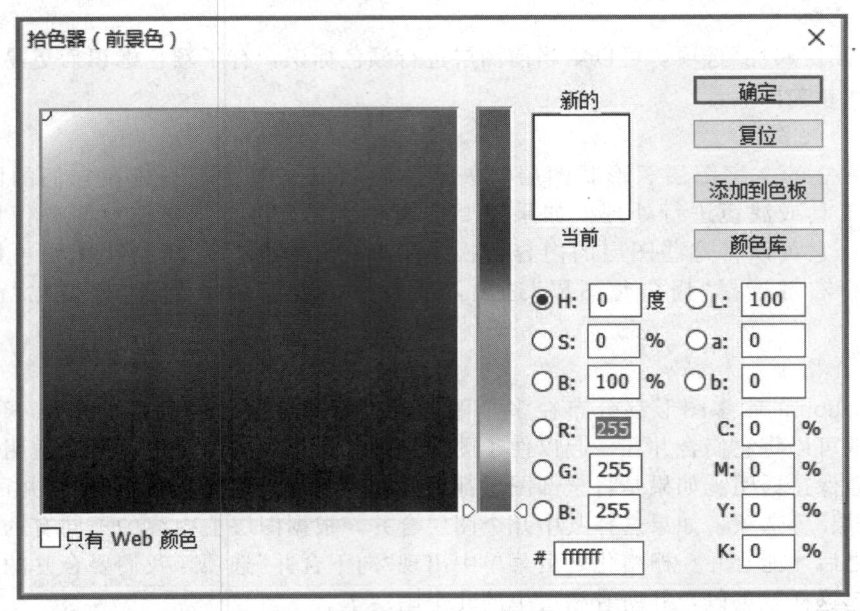

图 6-3-4　选择前景色

（4）选择“草”笔触，通过主直径调整笔触大小。调整完毕后在新建“蝶恋花”图片上单击，绘制草地，如图 6-3-5 所示。

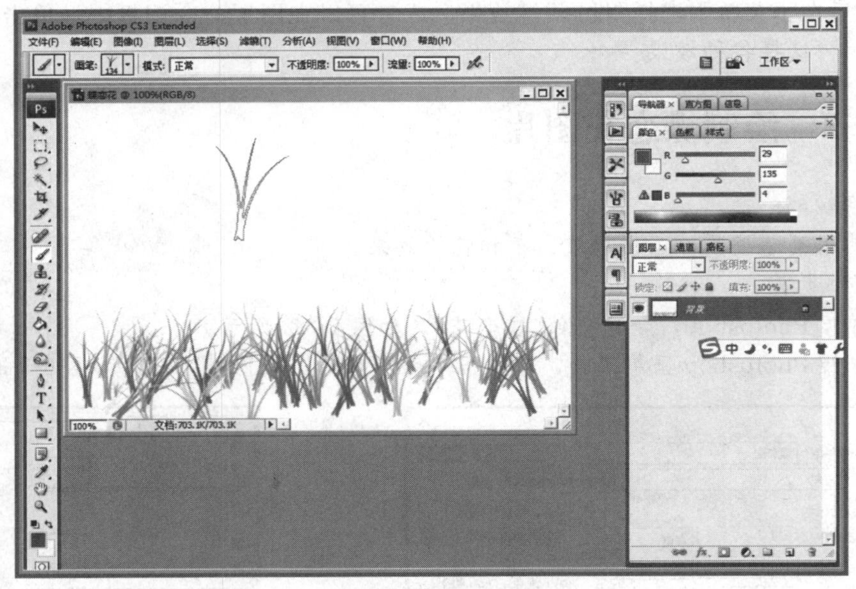

图 6-3-5　绘制草地

（5）新建图层，在图层面板下方单击按钮，新建图层，右击图层，在弹出菜单中选择“图层属性”命令，如图 6-3-6 所示。修改图层名为“蝴蝶”，如图 6-3-7 所示。

（6）在画笔对话框“主直径”右侧单击打开下拉列表，如图 6-3-8 所示。单击“特殊效果画笔”弹出对话框，如图 6-3-9 所示，单击“追加”按钮，将特殊效果画笔添加到普通画笔效果中，可以看到笔触中有蝴蝶、花朵等，如图 6-3-10 所示。

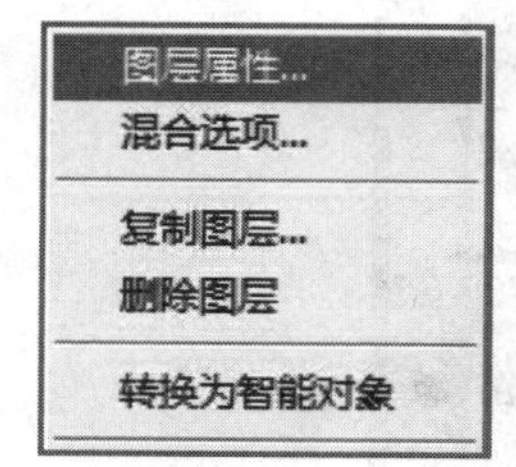

图 6-3-6 图层重命名

图 6-3-7 修改图层名称

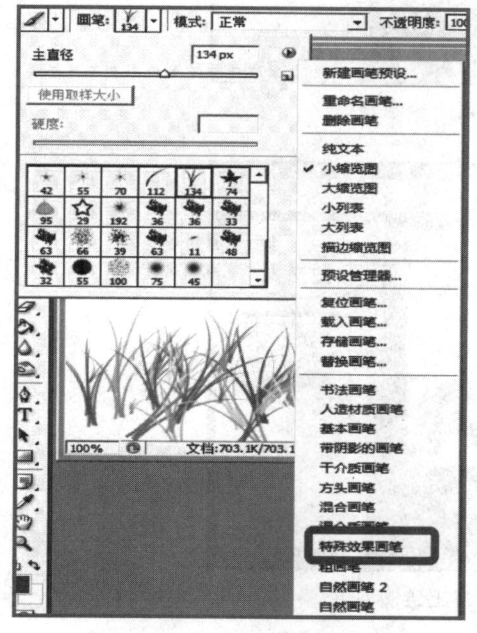

图 6-3-8 特效效果画笔工具

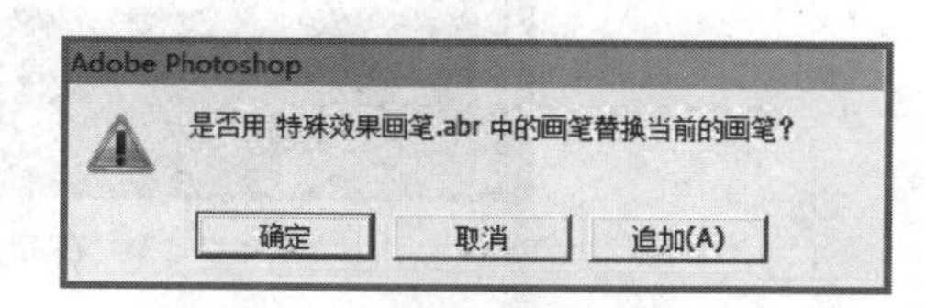

图 6-3-9 更改画笔工具设置

（7）在新建图层中绘制蝴蝶，使用“画笔”工具，单击刚刚添加的蝴蝶画笔，使用“蝴蝶”画笔在新建图层中单击绘制蝴蝶，如图 6-3-11 所示。

（8）再次新建图层，命名为“花朵”和“羽毛”，使用“花朵”画笔绘制花朵图层，添加“人造材质画笔”，选择“羽毛”画笔绘制羽毛，如图 6-3-12 所示。

（9）如果需要调整位置，选中需要调整的图层，使用移动工具，在画布上拖曳即可实现移动图层，如果位置需要微小调整，可以使用键盘的上下左右键调整。

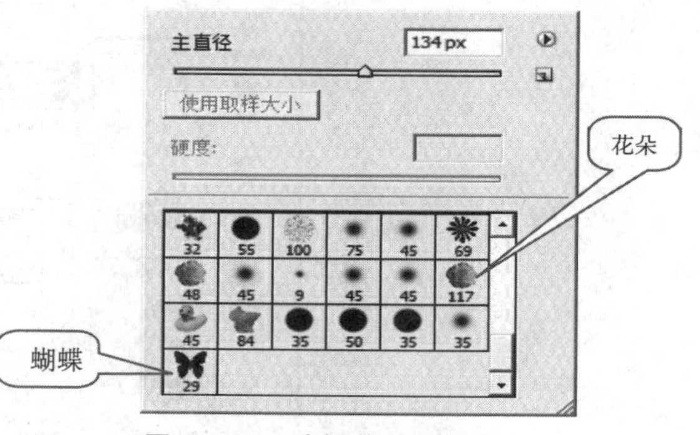

图 6-3-10 选择花朵和蝴蝶

（10）绘制完成后保存图片，单击“文件”按钮，在菜单中选择“保存”命令，弹出对话框，如图 6-3-13 所示，将图片保存为 JPEG 格式。

图 6-3-11　在新建图层上绘制蝴蝶

图 6-3-12　在新建图层上绘制羽毛

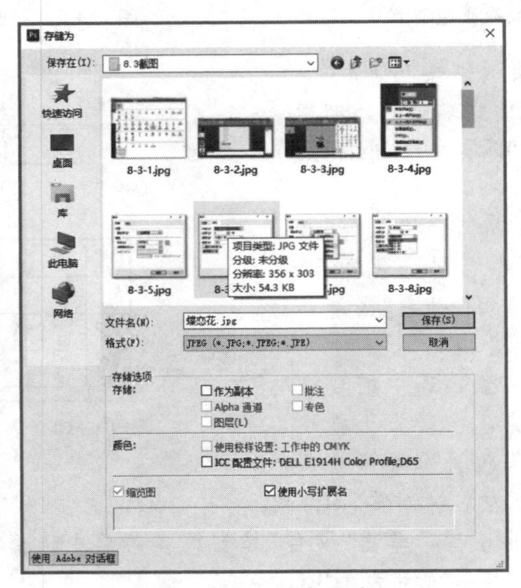

图 6-3-13　另存图片

▶ 任务4 制作繁花似锦图片

1. 任务描述

通过对图层的操作，如新建、复制、删除、移动等，将一枝花变成一簇花。

2. 操作步骤

(1) 打开素材图片“花”。

(2) 利用套索工具选取花朵，如图 6-3-14 所示。

(3) 生成选区后，右键选择需要拷贝的图层，如图 6-3-15 所示。

图 6-3-14 选择“套索工具”

图 6-3-15 生成选区

(4) 在背景图层上新建 8 个图层分别粘贴 8 朵花，注意粘贴时将花朵分别放在不同位置。为了方便区分，将图层分别以“1”～“8”进行重命名，如图 6-3-16 所示。

(5) 调整花朵位置，如图 6-3-17 所示，操作完成后保存为 JPEG 格式。

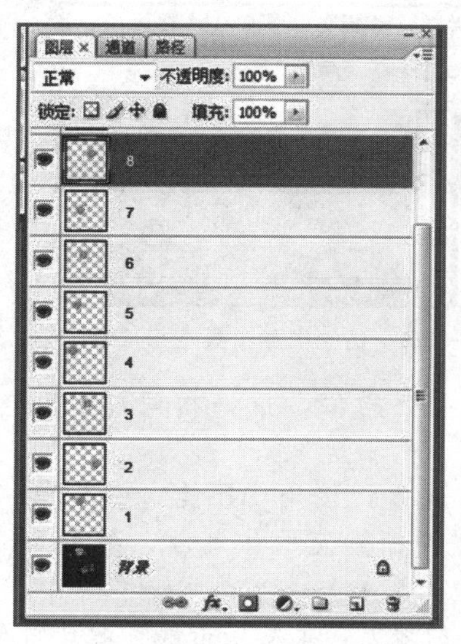

图 6-3-16 图层重命名

图 6-3-17 调整花朵位置

▶ 任务5 去图片水印

1. 任务描述

熟练去除图片水印，进行素材加工。

2. 操作步骤

(1) 在 Photoshop 中打开水印背景的图片，如图 6-3-18 所示。

(2) 利用裁切工具去除图片中的橙色边框，如图 6-3-19 所示。

图 6-3-18　打开图片

图 6-3-19　去除橙色边框

(3) 选择“仿制图章工具”，如图 6-3-20 所示。

(4) 选择仿制源。选择“仿制图章工具”后，把光标移向右边图像，会发现光标变成一个“圆圈”，这表示已经选择“仿制图章工具”成功，如图 6-3-21 所示。

图 6-3-20　选择“仿制图章工具”

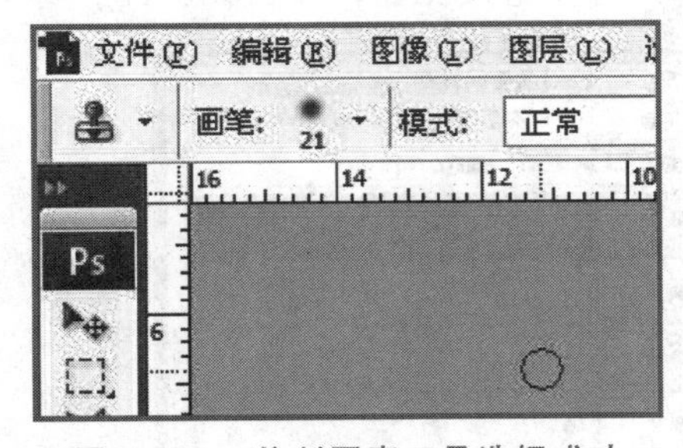

图 6-3-21　仿制图章工具选择成功

需要注意的是，仿制源应该跟想要修复的地方十分相似，最好相同，如颜色等方面。

选择仿制源比较简单，把光标停在所要复制的地方，按下 Alt 健，然后单击鼠标，光标出现一个“十”外面被一个圆圈包围，这个就是所选定的仿制源，如图 6-3-22 所示。

选定“仿制源”后，松开 Alt 键。把光标移到要修补的地方，重复点击鼠标，直到满意的效果出现。值得注意的是，当不停地点击鼠标修复时，屏幕会出现一个“+”，这个就是仿制源，要时刻留意这一点，如图 6-3-23 所示。

(5) 不满意的地方可以用橡皮工具修改。

(6) 调整图片，如图 6-3-24 所示，操作完成后将图片保存为 JPEG 格式。

图 6-3-22 选择仿制源

图 6-3-23 使用仿制图章进行修复

图 6-3-24 去除图片水印效果

▶ 任务 6 给图片设置透明背景

1. 任务描述

通过给图片设置背景，实现背景透明的效果。

2. 操作步骤

(1) 打开素材图片，选中"魔棒工具"，如图 6-3-25 所示，使用"魔棒"工具单击黑色背景，如图 6-3-26 所示。

(2) 单击"选择"菜单，选择"反向"命令，如图 6-3-27 所示。得到新的选区，如图 6-3-28所示。

(3) 新建文件，设置参数为背景透明，宽度、高度、分辨率参数如图 6-3-29 所示。

快速选择工具 W
魔棒工具 W

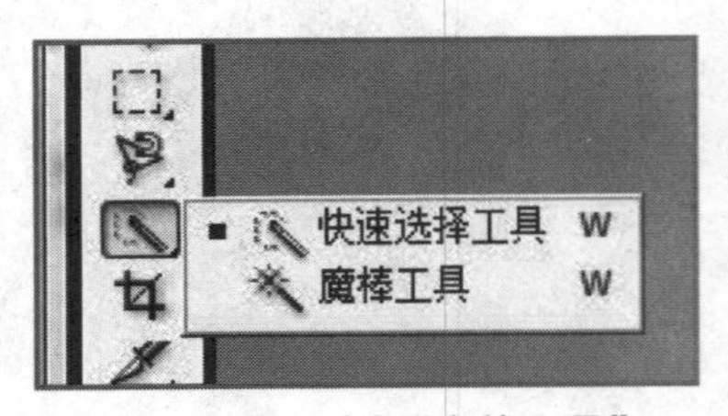

图 6-3-25 选择“魔棒工具”

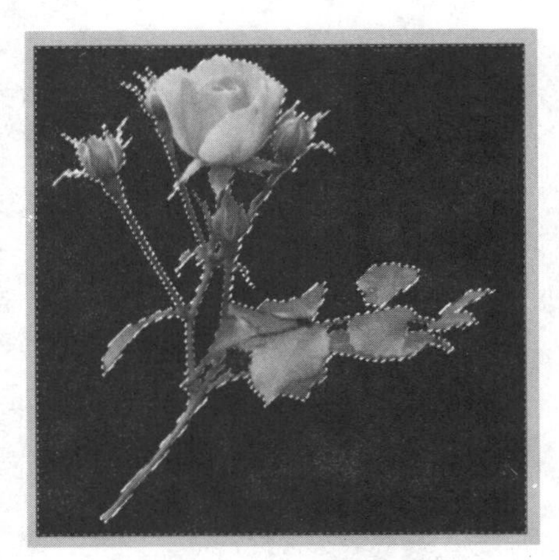

图 6-3-26 选择黑色背景

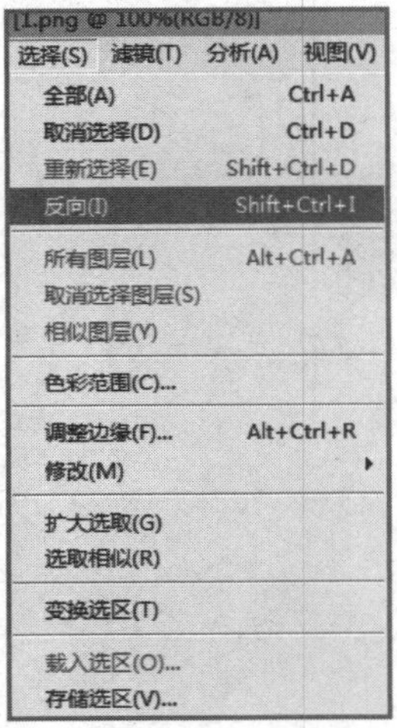

1.png @ 100%(RGB/8)
选择(S) 滤镜(T) 分析(A) 视图(V)
全部(A) Ctrl+A
取消选择(D) Ctrl+D
重新选择(E) Shift+Ctrl+D
反向(I) Shift+Ctrl+I
所有图层(L) Alt+Ctrl+A
取消选择图层(S)
相似图层(Y)
色彩范围(C)...
调整边缘(F)... Alt+Ctrl+R
修改(M)
扩大选取(G)
选取相似(R)
变换选区(T)
载入选区(O)...
存储选区(V)...

图 6-3-27 反向选择

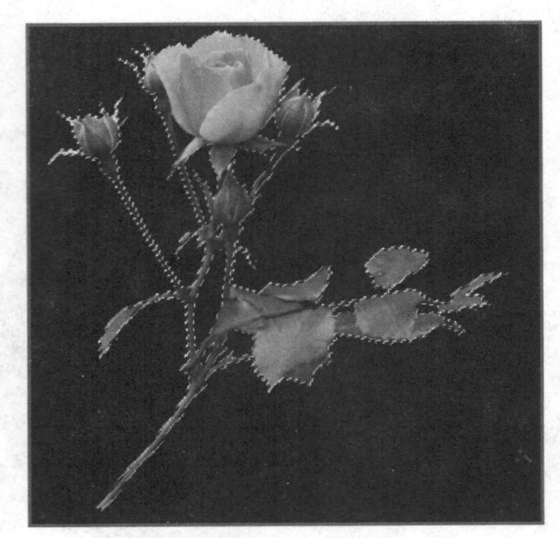

图 6-3-28 选择新选区

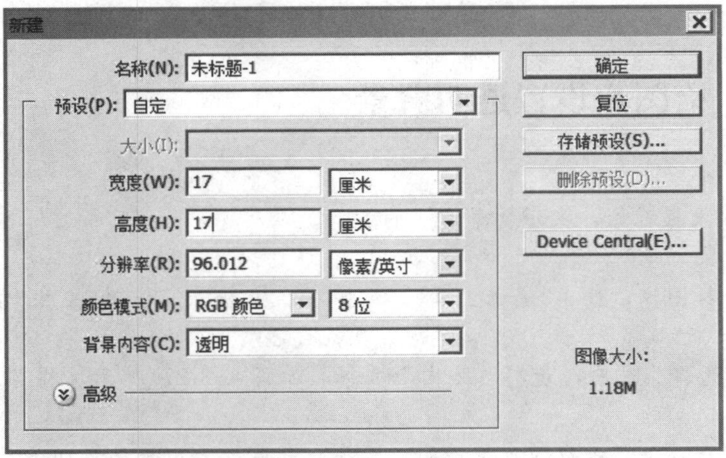

新建
名称(N): 未标题-1
确定
预设(P): 自定
复位
大小(I):
存储预设(S)...
宽度(W): 17 厘米
删除预设(D)...
高度(H): 17 厘米
分辨率(R): 96.012 像素/英寸
Device Central(E)...
颜色模式(M): RGB 颜色 8 位
背景内容(C): 透明
图像大小:
1.18M
高级

图 6-3-29 新建背景透明文件

(4) 使用移动工具，将“选区”拖曳到新建文件中，如图 6-3-30 所示。完成操作后，将文件保存为 GIF 格式。完成后作品如图 6-3-31 所示。

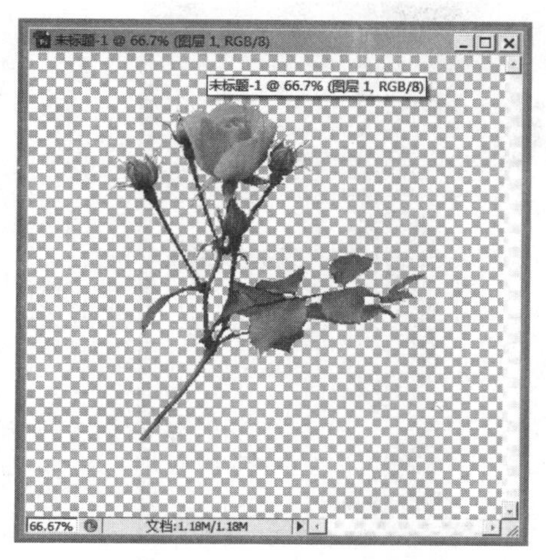

图 6-3-30 移动选区到新文件

图 6-3-31 透明背景图片效果图

6.4 Photoshop 动画

Photoshop 是一款功能非常强大的软件，除了常见的静态图片处理以外，还能进行 GIF 动画的编辑。

GIF 图片以 8 位颜色或 256 色存储单个光栅图像数据或多个光栅图像数据，支持透明度、压缩、交错和多图像图片(GIF 动画)。GIF 动画是较为常见的网页或贴图动画，其特点是以一组图片的连续播放来产生动态效果。动画面板如图 6-4-1 所示。

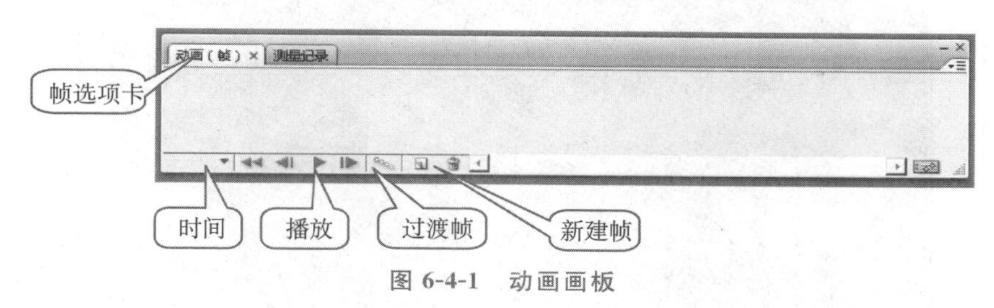

图 6-4-1 动画画板

▶ 任务 7 制作“跑动的小狗”动画

1. 任务描述

幼儿园的李老师需要准备一节公开课，课件中需要有一只跑动的小狗，但是始终没有找到合适的素材，需要制作一个“跑动的小狗”动态图片。

2. 操作步骤

(1) 打开 Photoshop，将已经下载好的背景图片和小狗图片打开，如图 6-4-2 所示。

(2) 使用“魔棒工具”将“小狗”图片背景色选中，单击“选择”菜单，在弹出下拉列表中，选择“反向”命令，形成小狗选区。将小狗选区拖曳到背景图片中，如图 6-4-3 所示。

图 6-4-2 打开背景图和小狗图片

图 6-4-3 小狗图片与背景图融合

(3) 单击“窗口”菜单，选择“动画”按钮，单击“动画按钮”打开动画窗格，如图 6-4-4 所示。单击窗口中“复制所选帧”按钮，复制当前帧，如图 6-4-5 所示。

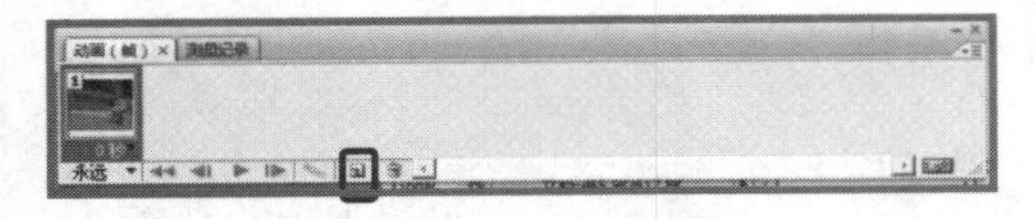

图 6-4-4 打开动画窗格

图 6-4-5 新建帧

在新建帧中，将“小狗”拖曳到屏幕左侧，如图 6-4-6 所示。

图 6-4-6 将“小狗”图片移动到背景左侧

(4) 将“帧”的时间修改为 0.1s，如图 6-4-7 所示。

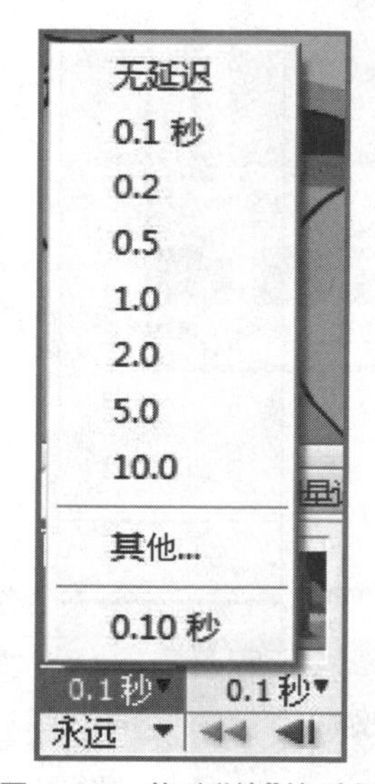

图 6-4-7 修改“帧”的时间

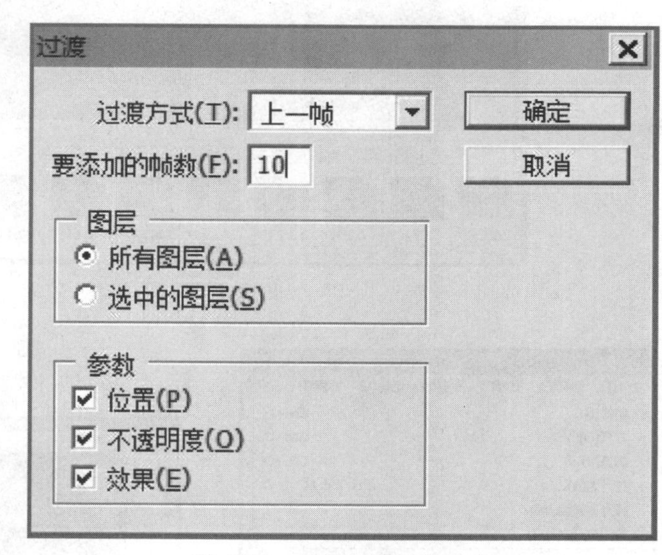

图 6-4-8 设置过渡时间选项

(5) 在动画窗格中单击“过渡帧”按钮，弹出对话框，如图 6-4-8 所示。过渡方式选择“上一帧”，帧数为“10”，单击“确定”按钮。动画窗格内会出现 10 帧过渡帧，如图 6-4-9所示。

(6) 单击动画窗格内的“播放”按钮，预览动画效果，如图 6-4-10 所示。

(7) 预览觉得效果比较满意后，单击“文件”菜单，在下拉列表中选择“储存为 Web 所用格式”，如图 6-4-11 所示。弹出对话框，如图 6-4-12 所示。直接单击“确定”按钮，再次弹出对话框，如图 6-4-13 所示，填写文件名称，确认文件为 GIF 格式，单击“保存”按钮。

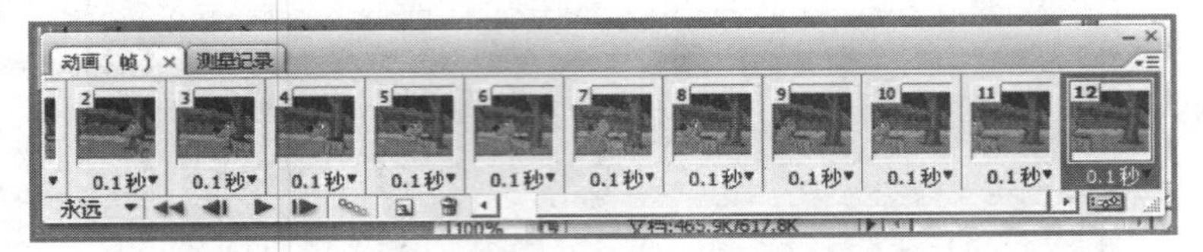

图 6-4-9　设置过渡时间

图 6-4-10　预览动画效果

Adobe Photoshop CS3 Extended
文件(F)　编辑(E)　图像(I)　图层(L)　选择(S)　滤镜(T)　分析(A
新建(N)...　Ctrl+N
打开(O)...　Ctrl+O
浏览(B)...　Alt+Ctrl+O
打开为(A)...　Alt+Shift+Ctrl+O
打开为智能对象...
最近打开文件(T)
Device Central...
关闭(C)　Ctrl+W
关闭全部　Alt+Ctrl+W
关闭并转到 Bridge...　Shift+Ctrl+W
存储(S)　Ctrl+S
存储为(V)...　Shift+Ctrl+S
签入...
存储为 Web 和设备所用格式(D)...　Alt+Shift+Ctrl+S
恢复(R)　F12

图 6-4-11　选择储存为 Web 所用格式

图 6-4-12　确定储存为 Web 所用格式

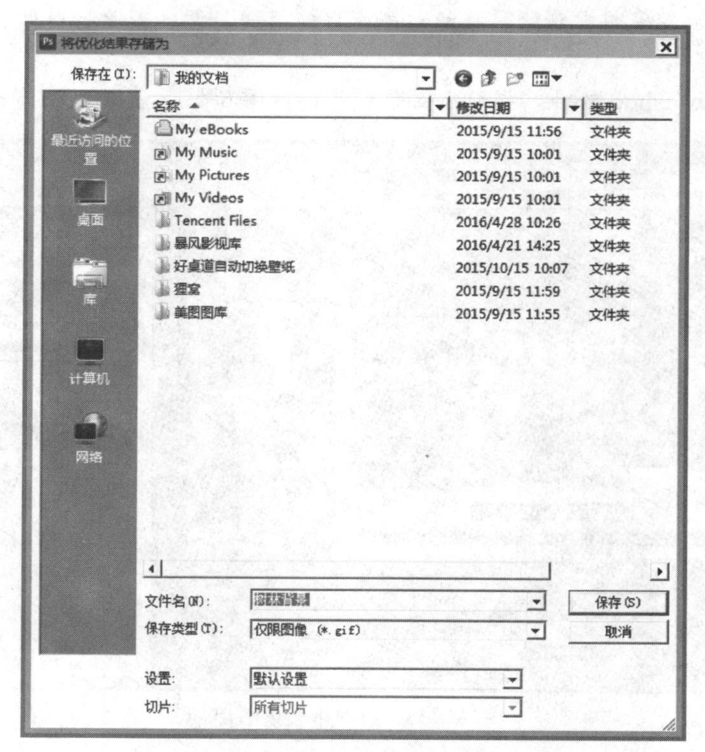

图 6-4-13　保存为 GIF 格式

(8) 打开刚存储的图片，检查是否已成功存储为动态图片，如图 6-4-14 所示。

图 6-4-14　检验图片动态效果

▶ 任务 8　制作“讲故事的小女孩”动画

1. 任务描述

通过制作一个“讲故事的小女孩”的动态图片，掌握图层与动画窗口的基本操作，包括图层的隐藏与显示、复制、删除、移动动画面板的帧的复制、删除、时间的设定等。

2. 操作步骤

(1) 打开 Photoshop 软件，打开小女孩图片，如图 6-4-15 所示。

图 6-4-15 打开小女孩图片

(2) 复制背景图层，得到“背景副本”图层，如图 6-4-16 所示。在背景副本图层中使用“仿制图章”工具，将女孩的嘴抹掉，如图 6-4-17 所示。在本图层中画一张闭嘴的嘴巴，如图 6-4-18 所示。

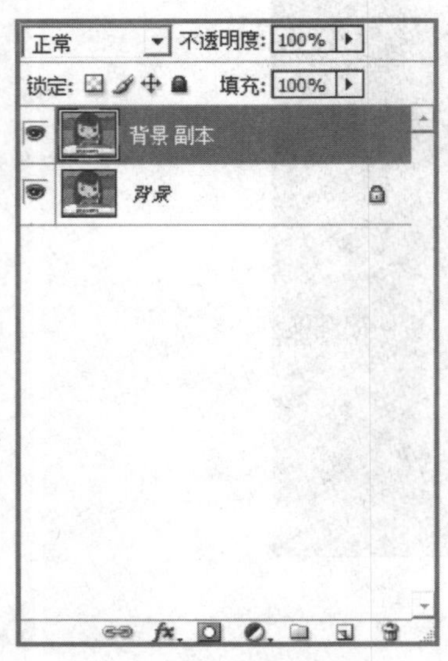

图 6-4-16 复制背景图层 1

图 6-4-17 删除女孩嘴巴

(3) 复制背景图层，得到“背景副本 2”图层。在“背景副本 2”图层中使用“仿制图章”工具，将女孩的眼睛抹掉，如图 6-4-19 所示。在此图层画笔画一只闭合的眼睛，如图 6-4-20 所示。

图 6-4-18 添加闭合嘴巴

图 6-4-19 删除女孩眼睛

图 6-4-20 添加闭眼图片

(4) 单击“窗口”菜单，在下拉列表中选择“动画”命令，打开动画窗格。勾选将“背景副本”和“背景副本 2”可见按钮勾选，如图 6-4-21 所示。在动画窗格中单击“新建帧”，得到新建帧，如图 6-4-22 所示。选中“新建帧”，在图层通道中点亮“背景副本”，将“背景”可见勾选掉，如图 6-4-23 所示。再次新建一帧，选中新建帧，在图层通道将“背景副本 2”选中，将“背景副本”可见勾选掉，如图 6-4-24 所示。

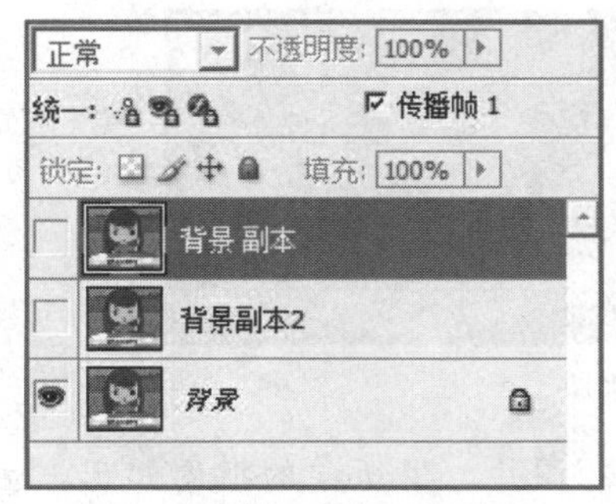

图 6-4-21 隐藏背景副本、背景副本 2 图层

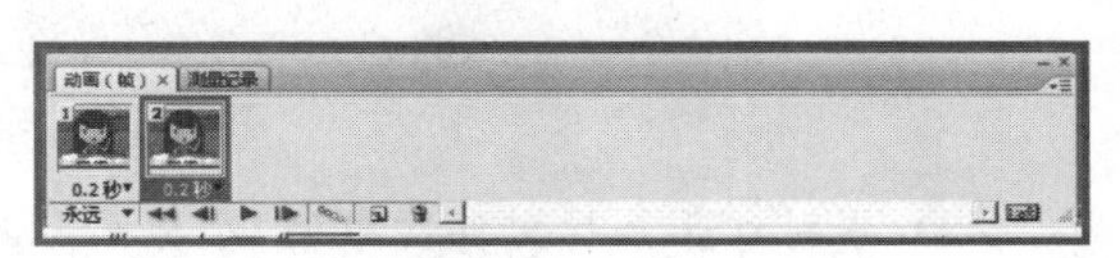

图 6-4-22 新建帧

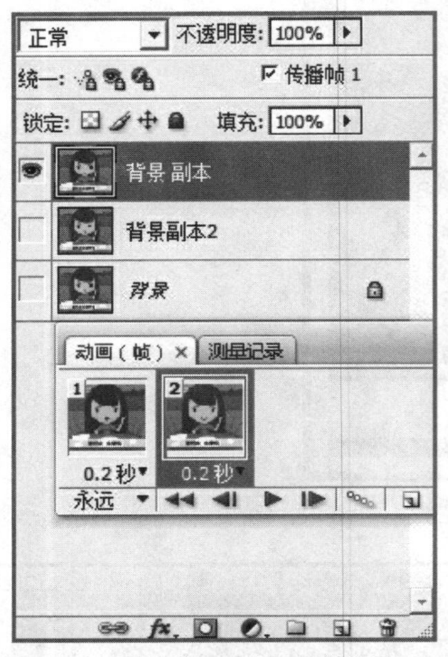

图 6-4-23 选中背景副本，隐藏背景图层

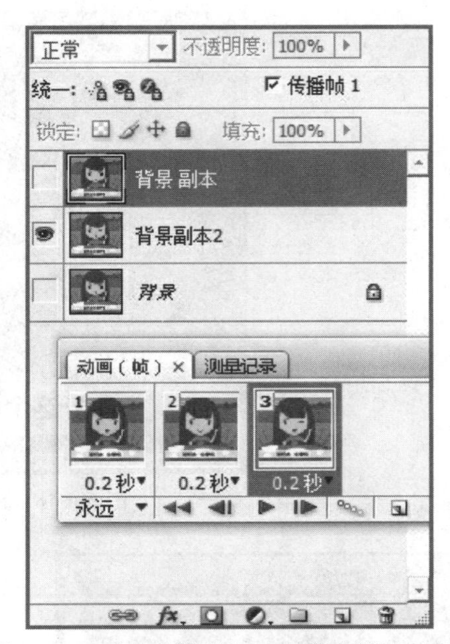

图 6-4-24 选中背景副本 2，隐藏背景副本图层

(5) 将帧时间设为 0.5S，如图 6-4-25 所示。单击“播放”按钮，可以观看播放效果。

(6) 观看播放效果，觉得满意，单击“文件”下拉列表中“存储为 Web 和设备所用格式”按钮，保存为 GIF 格式，完成操作。

图 6-4-25 设置帧时间

▶ 任务 9 设计宝贝运动会海报

1. 任务描述

利用所学的 Photoshop 知识解决实际生活中的问题，给幼儿园举办的宝贝运动会设计海报。

2. 操作步骤

(1) 打开素材文件夹，找到背景图片，去除背景文件的水印，最终效果如图 6-4-26 所示，保存为 JPG 格式，以备用。

图 6-4-26 去除背景水印

(2) 分别打开素材文件夹中的“小男孩”和“小女孩”图片。用所学的抠图知识，去除图片背景，图片最终处理效果如图 6-4-27 和图 6-4-28 所示，保存为 JPG 格式，以备用。

图 6-4-27 去除“小男孩”图片背景

图 6-4-28 去除“小女孩”图片背景

(3) 打开步骤(1)中修改好的背景图片，输入文字“宝贝运动会”五个字，五个字分别设成不同颜色，字体为“迷你简黑咪体”，文字大小 150 点。

(4) 选择“图层”菜单，执行“图层样式—投影”命令。

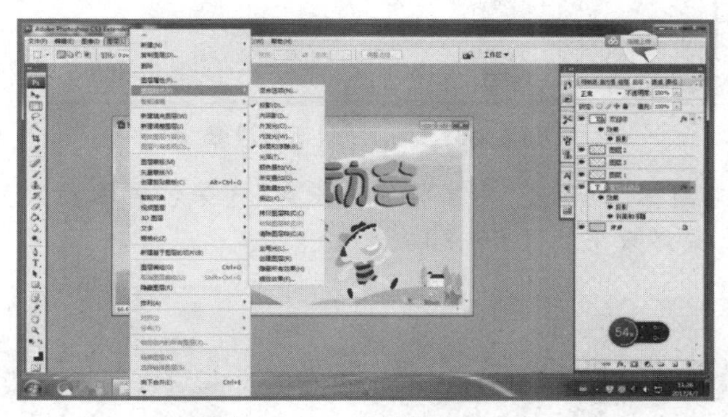

图 6-4-29 设置图层样式

(5) 在打开的“图层样式—投影”选项卡中，设置参数如图，不透明度 75%，距离 5 像素，扩展 0 像素，大小 5 像素。

(6) 在“图层样式—斜面与浮雕”选项卡中，设置参数如图，“结构”：深度 75%，大小 5 像素，软化 0 像素。“阴影”：角度 30 度，高度 30 度，不透明度 75%。

(7) 打开步骤(2)中已修改完的两张图片，调整图片位置，参考效果如图 6-4-32 所示。

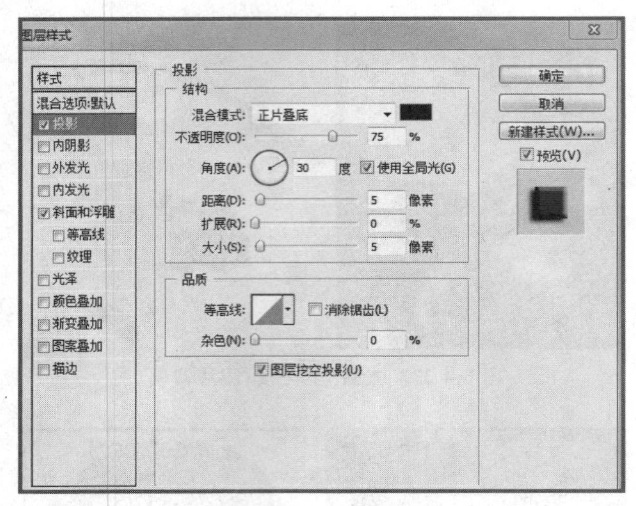

图 6-4-30　设置“投影”

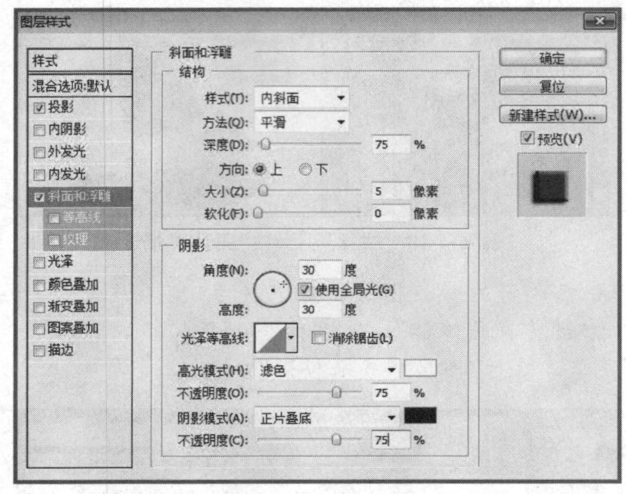

图 6-4-31　设置“斜面与浮雕”

(8) 输入文字“欢迎你”，设置“图层样式—投影”效果，具体参数可参考步骤(5)。调整文字与图片位置，最终效果如图 6-4-33 所示。

图 6-4-32　调整人物图片位置

图 6-4-33　宝贝运动会海报最终效果图

(9) 将图片命名为《宝贝运动会海报设计》，保存为 PSD 格式，制作完成。

7 项目7 Chapter 7 音频和视频处理软件

>>> 学习目标

1. 能够转换音频和视频素材的格式。

2. 可以使用 GoldWave 等软件进行音频素材的录制、剪切、合并、降噪等处理，能够制作配乐故事等。

3. 能够使用狸窝软件进行视频的截取、合并、添加水印等操作。

4. 能够使用爱剪辑视频编辑软件对视频进行截取；添加音频、字幕、相框、贴图；修改画面风格等操作。

近几年来，随着智能设备的高速发展，视频、音频等素材也越来越多的出现在多媒体课堂上，极大地丰富了教学手段和教学资源。在教学中，有效发挥多媒体教学的优势可以大大激发幼儿的学习兴趣，丰富幼儿的想象力、创造力和表现力。

音、视频素材可以将教学中重要的部分视觉化，弥补文本资源直观性不足的缺陷，而且看和听是幼儿获取信息，增加知识量的重要途径。在制作学前教育课件时，加入音频和视频素材会使课件更加生动活泼，使课堂氛围更热烈。本项目主要介绍如何获取音频、视频素材，并使用软件将获取的音、视频素材处理为更适合使用的素材。

常见的音频素材主要有 MP3、WMA、AMR、WAV 等格式，课件中主要使用 MP3 和 WAV 格式。常见的视频素材主要有 RM、RMVB、MP4、MOV、MWV、AVI、3GP、FLV 等格式，课件中经常使用 AVI、MPG、WMV 格式。

7.1 GoldWave 音频处理软件

通过各种途径采集的声音素材往往不能直接用于课件制作，在应用于课件之前还需要对其音量、音调、速度、噪声等进行各种处理，那么如何才能将声音素材加工成为合适的素材呢？

本节为大家介绍一款音频处理软件 GoldWave，利用这款软件可以对音频素材进行编辑。

▶ 7. 1. 1　GoldWave 简介

GoldWave 是一个功能强大的数字音乐编辑器，是一个集声音编辑、播放、录制和转换的音频工具，还可以对音频内容进行格式转换等处理。它体积小巧，功能却无比强大，支持许多格式的音频文件，包括 WAV、OGG、VOC、IFF、AIFF、AIFC、AU、SND、MP3、MAT、DWD、SMP、VOX、SDS、AVI、MOV、APE 等音频格式。使用它也可以从 CD、VCD、DVD 或其他视频文件中提取声音。

GoldWave 界面如图 7-1-1 所示，由标题栏、菜单栏、工具栏、工作区、设备控制窗口组成。

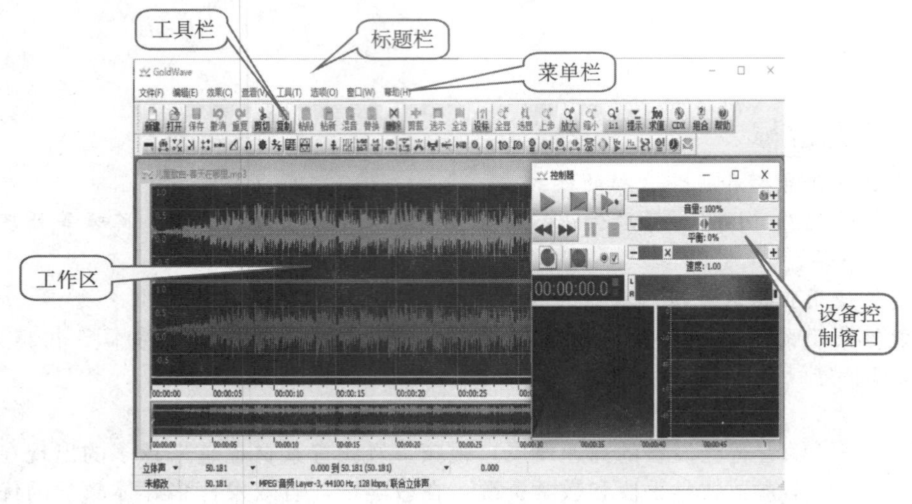

图 7-1-1　GoldWave 界面

设备控制窗口的主要作用是播放声音以及录制声音，如图 7-1-2 所示。

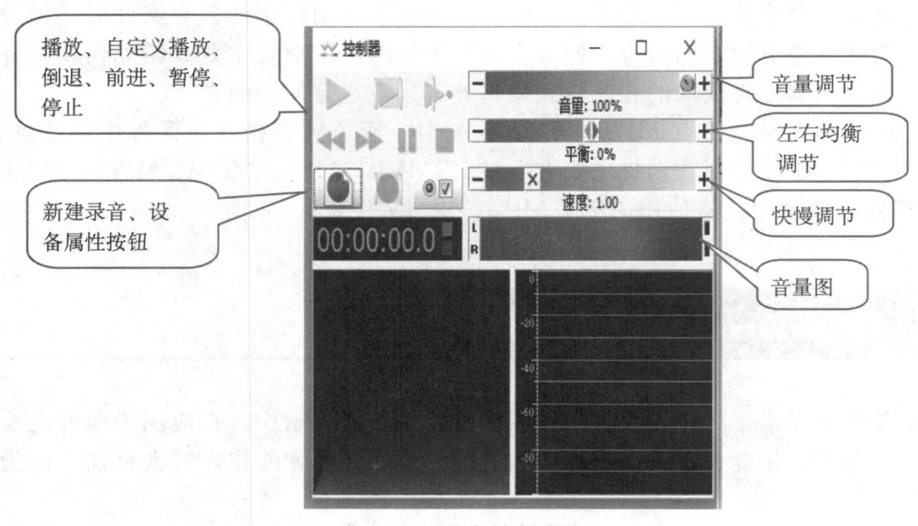

图 7-1-2　设备控制窗口

▶ 7.1.2 GoldWave 的基本操作

1. 录制音频素材

（1）单击“文件”→“新建”命令，弹出“新建声音”对话框，可新建空白文件，如图 7-1-3 所示。

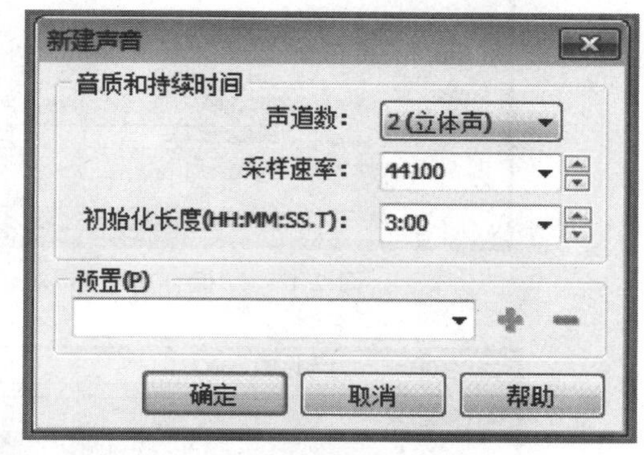

图 7-1-3 “新建声音”对话框

（2）将麦克风连接到计算机上，单击控制器上的录音按钮就可以录音了，如图 7-1-4 所示。

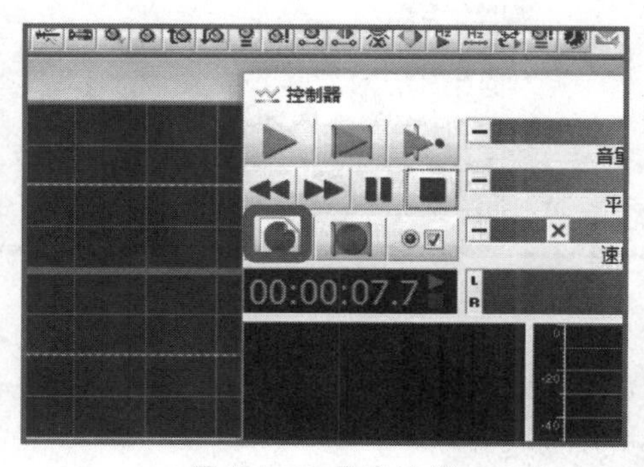

图 7-1-4 录音按钮

（3）录制完成，单击停止按钮 ■ 完成录音。

（4）录制完成后，单击“文件”菜单，选择“保存”命令，弹出“保存声音为”对话框，如图 7-1-5所示，选择音频素材存储位置，为音频素材命名并选择音频素材格式，如图 7-1-6 所示。

2. 降低噪声

由于我们并不是在专业录音棚中录制声音，所以在录音过程中会将生活中的一些噪声和电流音等一并录制在音频素材中。我们可以使用 GoldWave 软件中的降噪功能降低音频素材中的噪声，提高声音质量。

（1）去除已有文件中的噪声。如果我们已经录好了一段音频文件，但文件中有比较强的噪声，就需要降低噪声效果。首先选中音频文件噪声声波位置，单击鼠标右键选择“复制”选中声波，如图 7-1-7 所示。之后在菜单栏中选择“效果”→“滤波器”→“降噪”，打开“降噪”对话框，如图 7-1-8 所示。在这里可以看到很多参数，不必对每个参数进行设置，

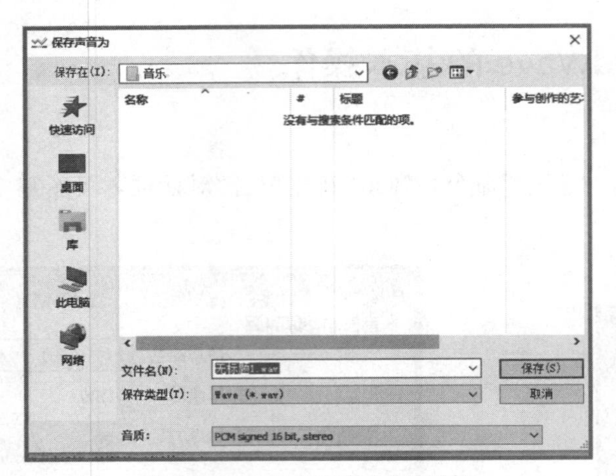

图 7-1-5 “保存声音为”对话框

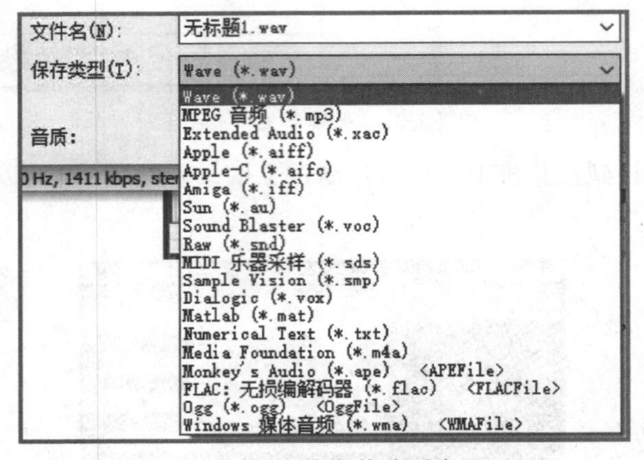

图 7-1-6 音频格式列表

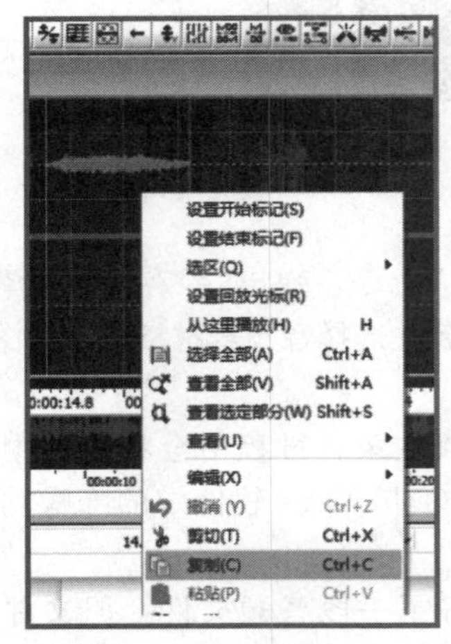

图 7-1-7 复制声波

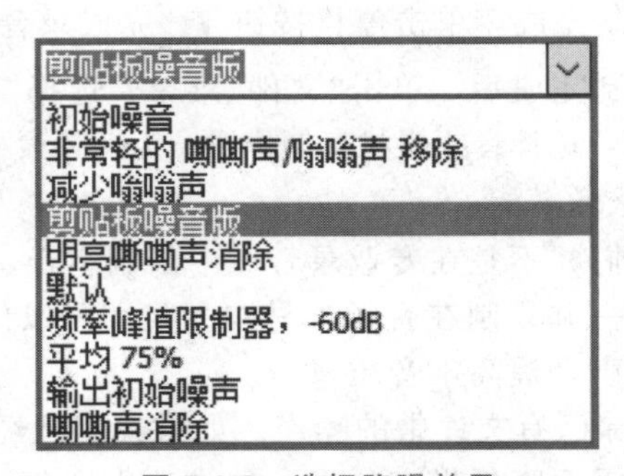

图 7-1-8 选择降噪效果

只需要从图示中的下拉列表里选择“剪贴板噪音版”即可，单击“确定”按钮，完成降噪处理，如图 7-1-9 所示。

(2) 录制新文件的噪声处理。在录制新文件之前，可以先专门录制一段噪声作为样本，再录制主要声音。录制结束后使用鼠标右击声波面板，在弹出对话框中选择“选择全部”命令，如图 7-1-10 所示。之后在菜单栏中选择“效果”→“滤波器”→“降噪”，如图 7-1-11所示，打开“降噪”对话框，如图 7-1-12 所示，从下拉列表里选择“初始噪音”模式即可，单击“确定”按钮，完成降噪处理。

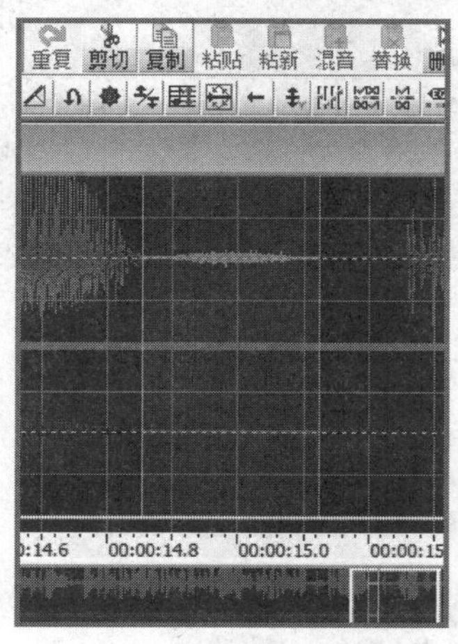

图 7-1-9 降噪处理结果

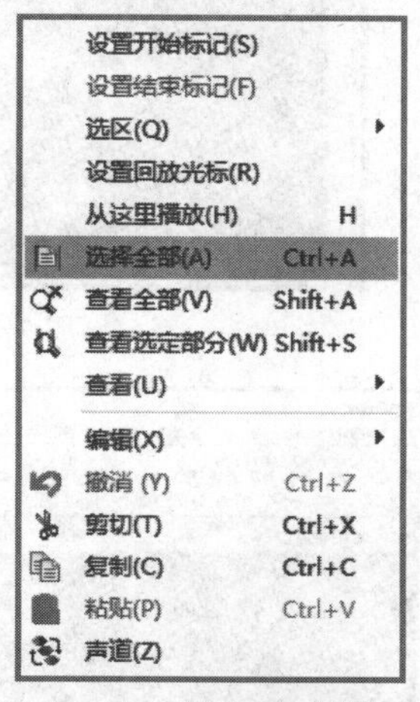

图 7-1-10 “选择全部”命令

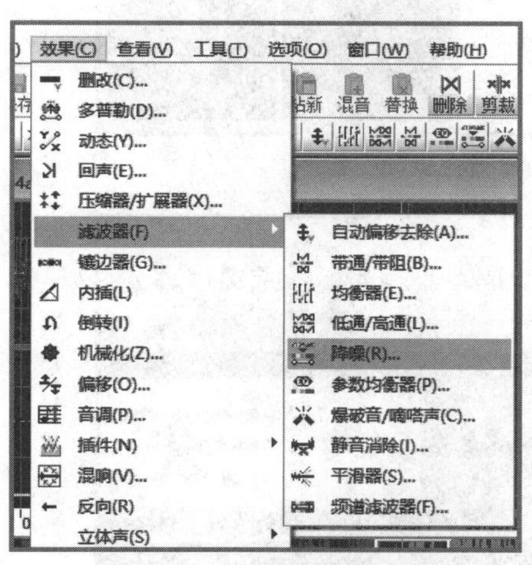

图 7-1-11 选择“降噪”命令

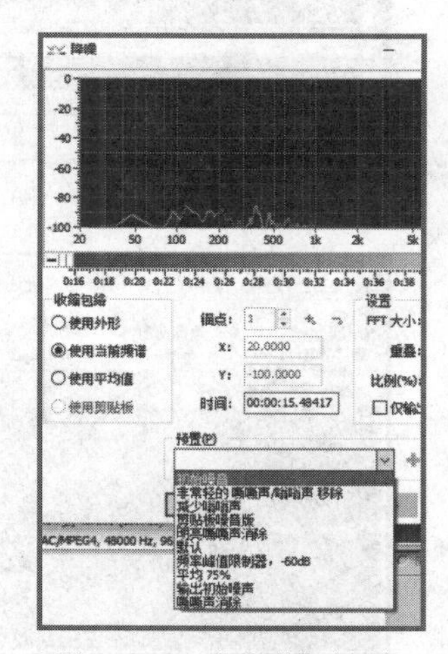

图 7-1-12 “降噪”对话框

3. 音频剪切

打开 GoldWave 软件，单击工具栏上的打开按钮，打开音频文件《春天在哪里》，如图 7-1-13 所示。单击控制器中的绿色播放按键可以播放音频文件，也可以选择中间对音频文件进行播放，在声波窗口中找到要播放的位置，单击鼠标右键，在弹出菜单中选择“从这里播放”即可，如图 7-1-14 所示。

当确定了需要保留的部分后，用鼠标左键按住声波图开始位置向后拖曳，选择要保留的部分，如图 7-1-15 所示。

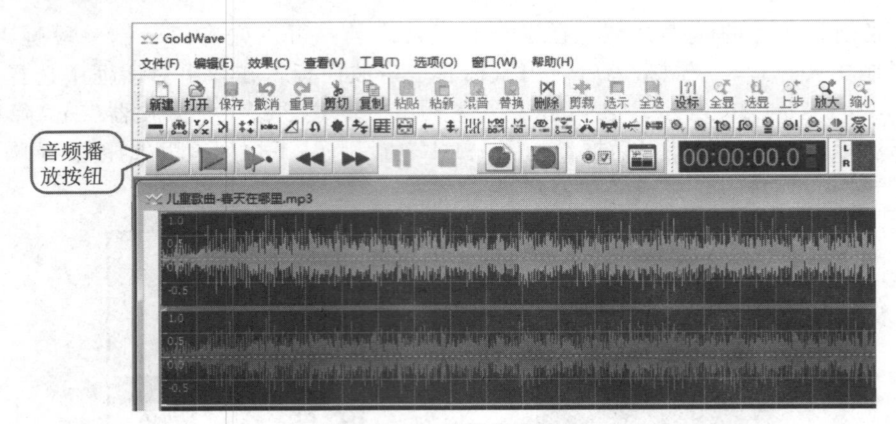

图 7-1-13　打开音频文件

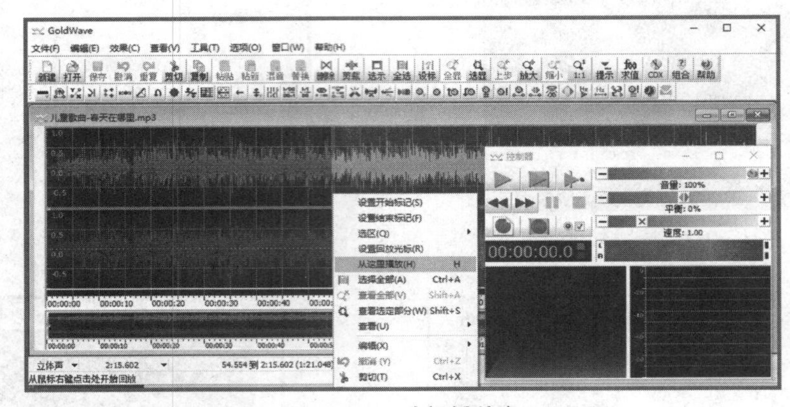

图 7-1-14　选择播放点

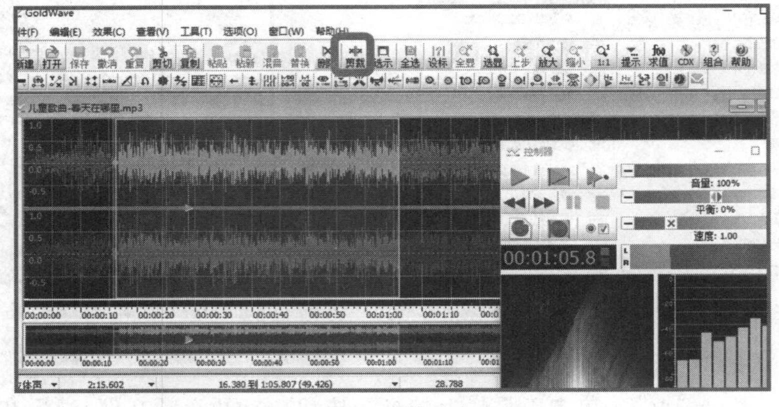

图 7-1-15　剪裁选中音频

之后，在工具栏中单击“剪裁”命令，将不需要的部分删除。将裁剪完成的音频素材保存为 MP3 格式，如图 7-1-16 所示。

4. 淡入、淡出操作

裁剪后的音频声音频率是相同的，在应用到其他软件里时，声音的出现会显得非常突兀，所以可以对裁剪后的音频做淡入、淡出的操作。首先要打开需要做淡入、淡出操作的音频文件，选中声波，如图 7-1-17 所示。

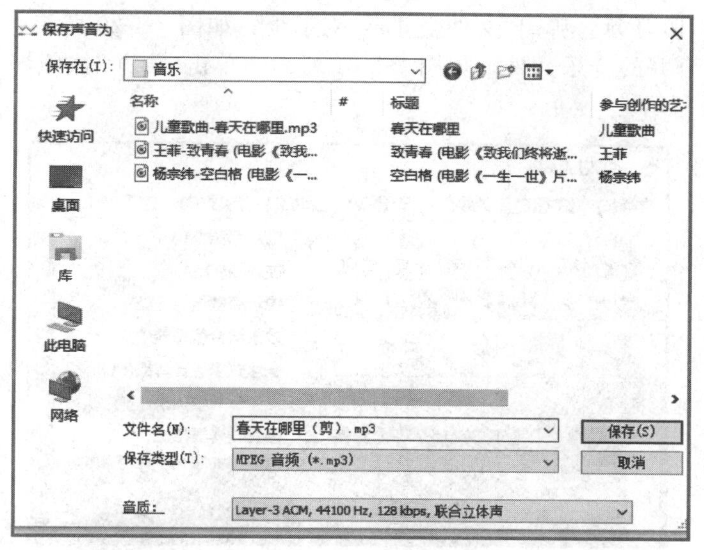

图 7-1-16 保存音频

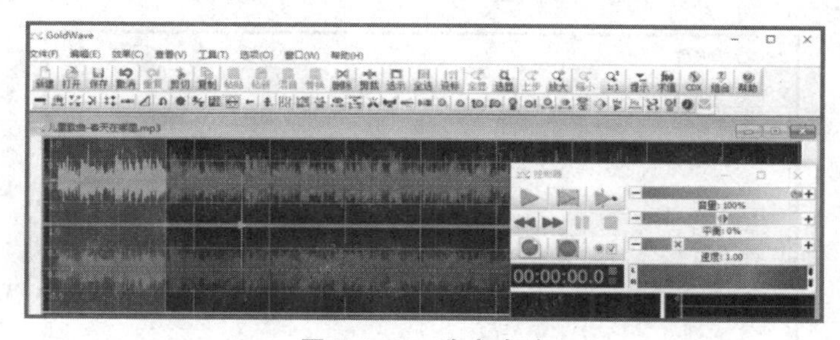

图 7-1-17 选中声波

选中后，在工具栏上单击按钮，进行淡入、淡出操作，操作后声波图两端的声波明显减小，播放时开头部分由弱渐强，结尾部分由强渐弱，如图 7-1-18 所示。这样操作后，将音频文件应用于其他软件中时就不会显得非常突兀了。

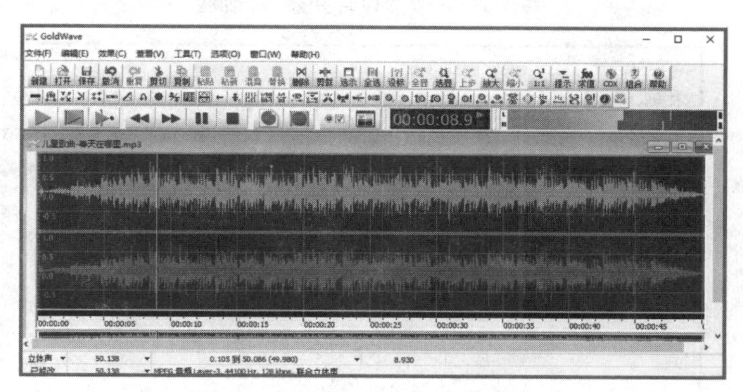

图 7-1-18 淡入、淡出操作后效果

5. 组合音频文件

在使用多媒体教学时，会遇到需要多个音频文件组合在一起形成一个文件的时候，这个时候也可以使用 GoldWave 软件来进行操作，首先在 GoldWave 中单击“工具”→“文件合并器”，如图 7-1-19 所示。弹出“文件合并器”对话框，如图 7-1-20 所示。单击“添加文件”按钮，选择需要合并的音乐文件，如图 7-1-21 所示。单击“合并”按钮即可合并为一个文件，如图 7-1-22 所示。

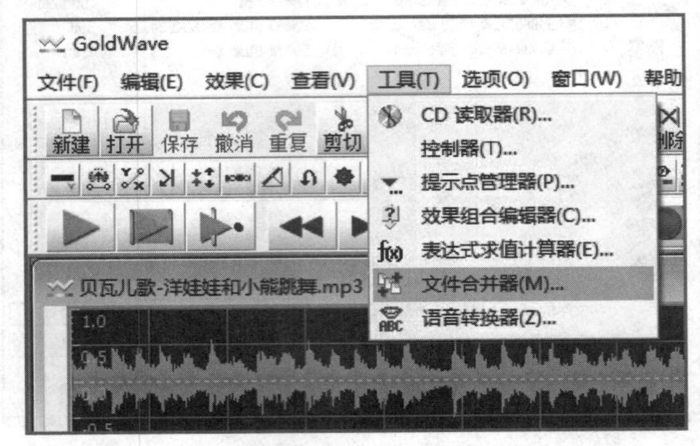

图 7-1-19 “文件合并器”命令

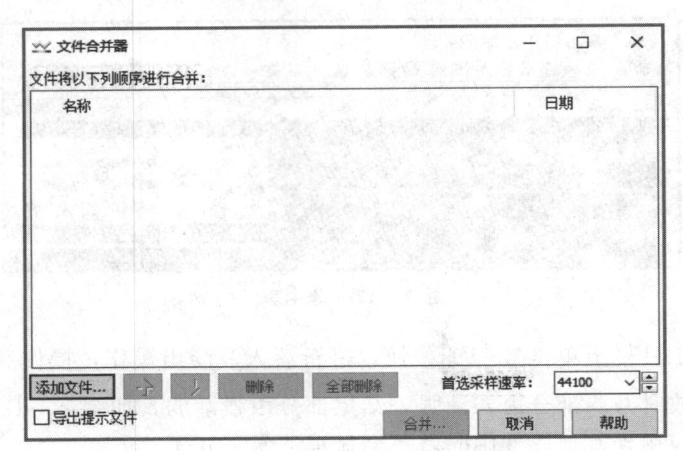

图 7-1-20 “文件合并器”对话框

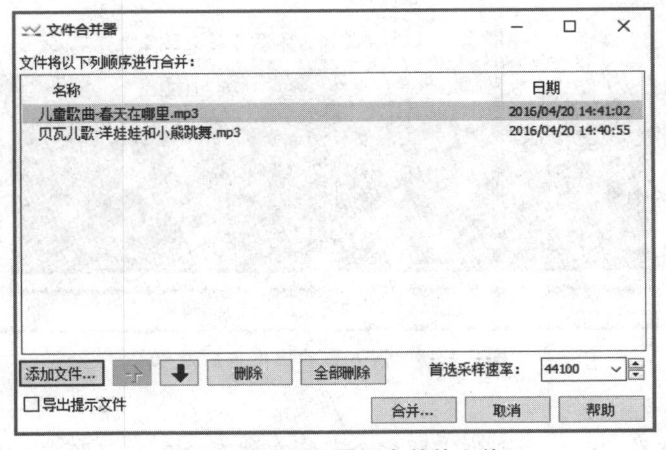

图 7-1-21 添加需要合并的文件

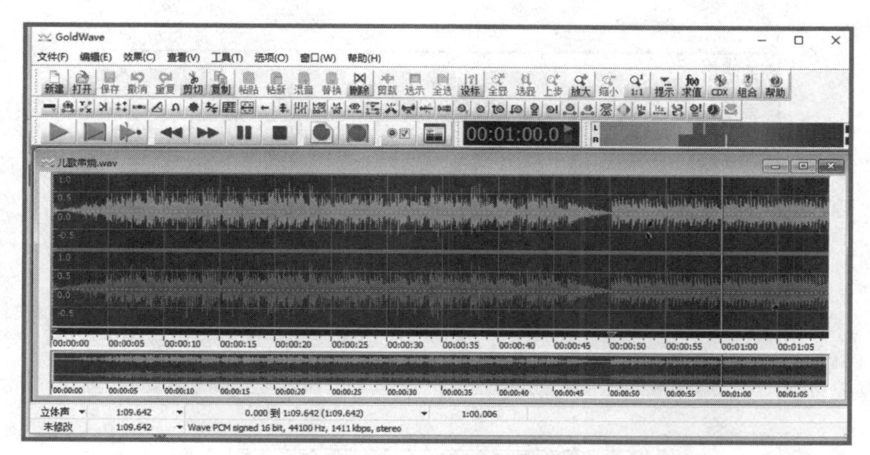

图 7-1-22 合并后效果

▶ 任务 1 制作配乐故事

1. 任务描述

将故事“开开心心过小桥”录制成音频文件，并添加背景音乐。

2. 操作步骤

(1) 打开 GoldWave 软件，新建空白音频文件。

(2) 单击录音键，录制故事音频，如图 7-1-23 所示。

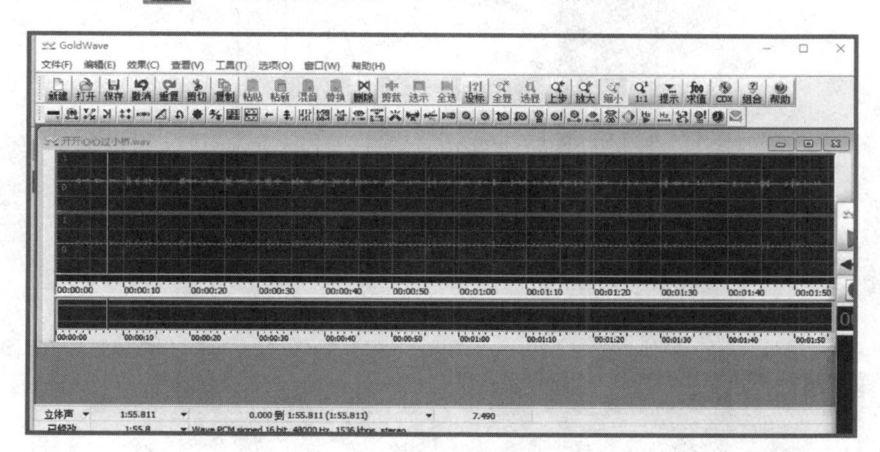

图 7-1-23 录制故事音频

(3) 调整故事音频的音量，如图 7-1-24 所示，为录音降噪，删除录制过程中的错误部分。

(4) 在 GoldWave 中打开背景音乐，右击鼠标，在弹出的对话框中选择“复制”命令，如图 7-1-25 所示。

(5) 选中“开开心心过小桥”音频文件，单击工具栏上的混音按钮，弹出“混音”对话框，如图 7-1-26 所示。

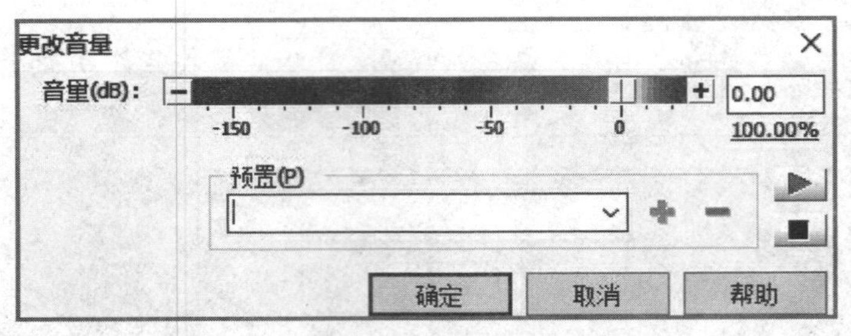

图 7-1-24　调整音量

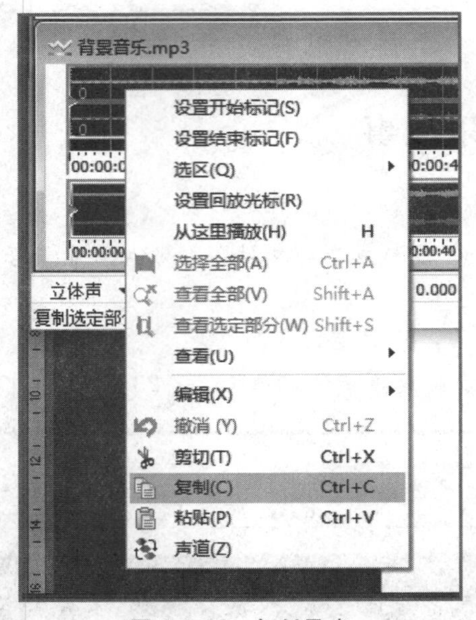

图 7-1-25　复制录音

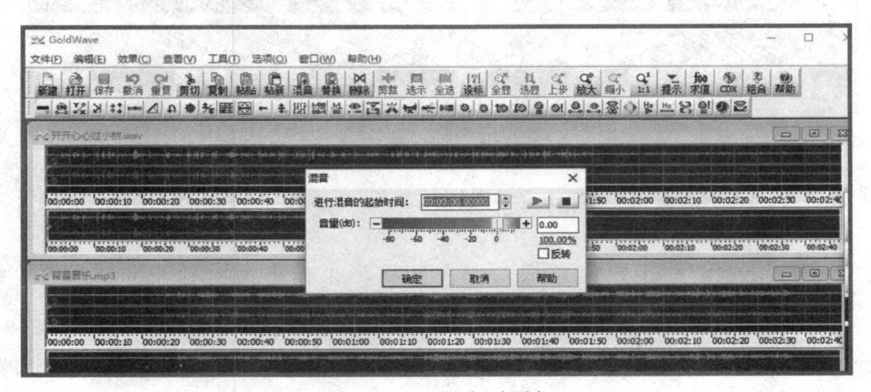

图 7-1-26　混音对话框

(6) 单击“混音”对话框中的播放按钮 ▶ 可以试听合并后效果，移动音量滑块可以调整背景音乐声音的大小。

(7) 将混音后的文件命名为“开开心心过小桥”，文件格式为 MP3 格式，如图 7-1-27 所示。

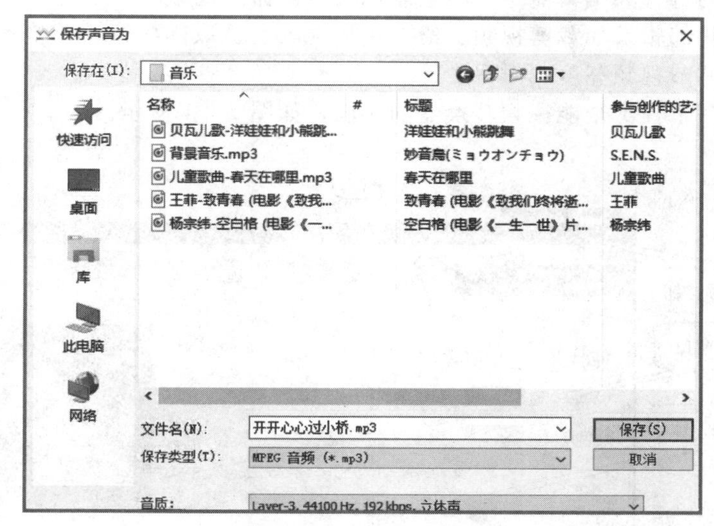

图 7-1-27 保存音频文件

注意：

(1) 在混音前先将背景音乐裁剪成符合故事长度的音频文件。

(2) 录制故事时，音量如果太小，可以重复步骤(3)的操作。

(3) 背景音乐声音切忌过大，影响故事声音。

(4) 文件一定要保存成常见格式，在其他软件中使用的时候比较方便。

7.2 狸窝全能视频转换器

色彩鲜艳、活灵活现的视频文件集图形图像、声音、动画、文本等要素于一体，有助于提高幼儿的观察力、欣赏力和想象力。但是无论从网络上直接获取的视频素材，还是通过录像设备录制的视频素材，一般都是原始素材，这些素材在内容的适宜性、完整性、流畅性等方面都远远达不到课件中使用的要求。这就需要对素材进行加工整理，如转换视频文件的格式，截取出视频文件中的某一段作为课件素材或者将几个视频文件合并到一起等。本节将介绍如何使用狸窝全能视频转换器完成对视频文件的简单加工。

狸窝全能视频转换器是一款多功能的多媒体格式转换软件，可以实现大多数视频、音频格式之间的相互转换，而且可以完成视频片段的截取、多个视频文件的合并等操作。

7.2.1 狸窝全能视频转换器简介

狸窝全能视频转换器是一款功能强大、界面友好的全能型音视频转换及编辑工具。它可以实现几乎所有流行的视频格式之间的任意相互转换，如 RM、RMVB、VOB、DAT、VCD、SVCD、ASF、MOV、QT、MPEG、WMV、FLV、MKV、MP4、3GP、DivX、XviD、AVI 等，编辑转换各种移动设备支持的音视频格式。

狸窝全能视频转换器不仅提供多种音视频格式之间的转换功能，它同时又是一款简单易用却功能强大的音视频编辑器。利用全能视频转换器的视频编辑功能，可以对输入的视频文件进行可视化编辑，如裁剪视频、给视频加 logo、截取部分视频、将不同视频合并成一个文件输出、调节视频亮度、对比度等。

首先来认识一下狸窝全能视频转换器的界面，如图 7-2-1 所示。

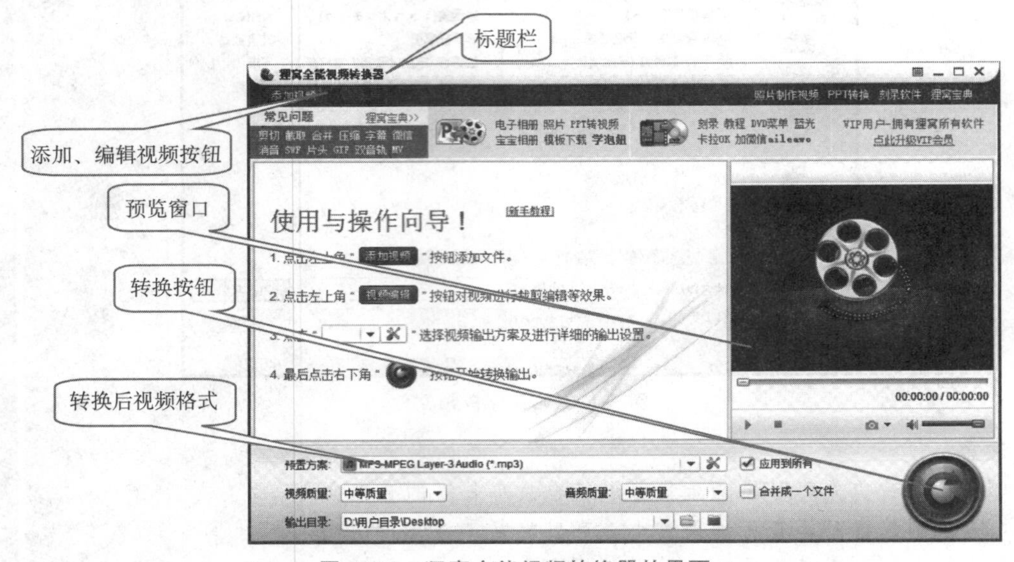

图 7-2-1 狸窝全能视频转换器的界面

单击左上角的“添加视频”，弹出“打开”对话框，如图 7-2-2 所示，在对话框中选择要加工的视频。

图 7-2-2 添加视频

选择后，在界面上就多了一个视频素材文件，如图 7-2-3 所示，单击页面上的“视频编辑”按钮，可以对选中的视频素材进行编辑，如图 7-2-4 所示。

图 7-2-3 添加视频后的窗口效果

图 7-2-4 视频编辑

▶ 7.2.2 狸窝全能视频转换器的基本操作

1. 转换视频文件格式

在狸窝全能视频转换器中添加视频文件，如图 7-2-5 所示。

在页面的下方调整预置方案，选择要输出的视频文件格式，如图 7-2-6 所示。

调整视频质量，如图 7-2-7 所示。

单击输出目录后的文件夹图标，在弹出的对话框右侧选择合适的存储位置，如图 7-2-8所示。

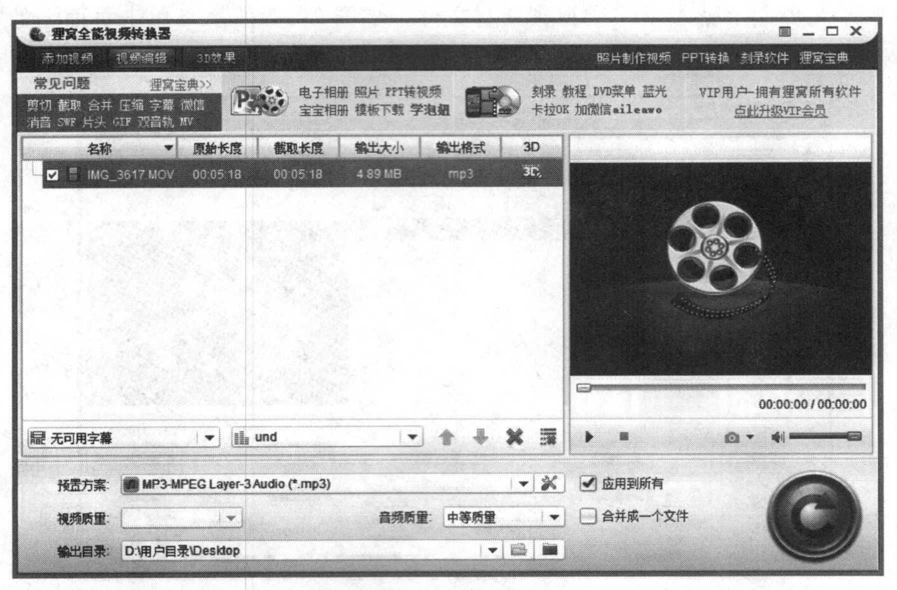

图 7-2-5　添加视频

图 7-2-6　选择输出的视频文件格式

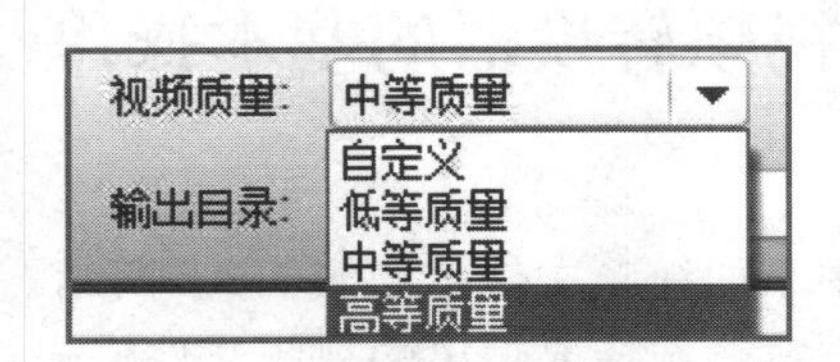

图 7-2-7　调整输出视频质量

输出格式、输出质量、输出位置设置完毕后，单击右下角转换按钮，弹出新窗

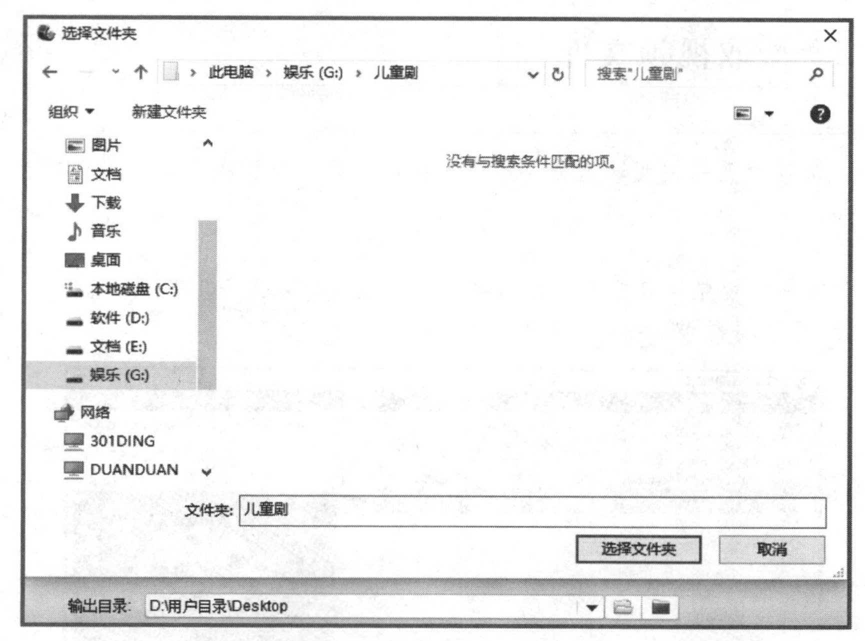

图 7-2-8 设置输出视频保存位置

口，如图 7-2-9 所示。转换完成后关闭程序，完成操作。

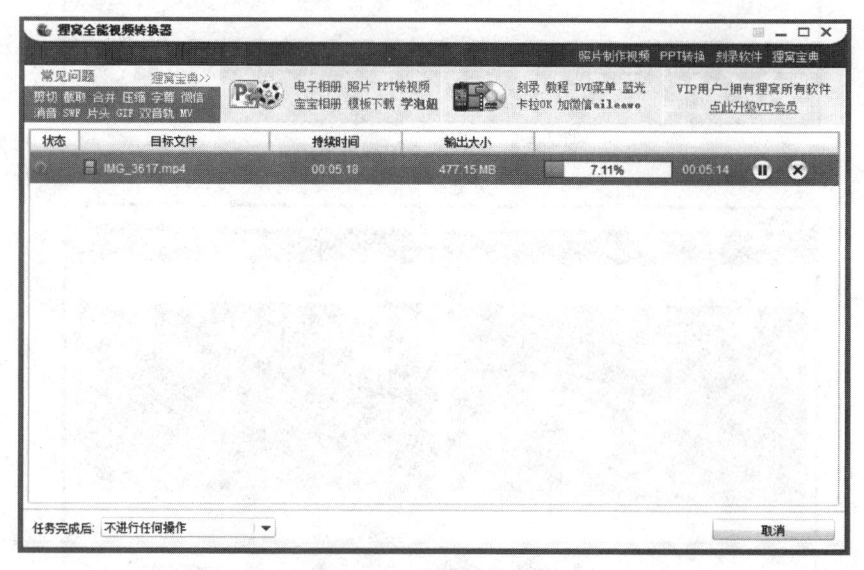

图 7-2-9 视频转换界面

2. 截取视频文件

网络下载的视频不一定全部满足需要，当需要网络下载视频中的一部分时，就需要用到截取功能。首先打开狸窝全能视频转换器，添加视频素材，打开编辑页面，在编辑页面中截取视频。

▶ 任务 2　截取视频文件

1. 任务描述

网络下载的动漫儿歌视频，只需要第一小段，将第一小段截取出来，保存为儿歌的名字、MP4 格式。

2. 操作步骤

(1) 在狸窝全能视频转换器中添加网络下载的视频，如图 7-2-10 所示。

(2) 打开“视频编辑”对话框，如图 7-2-11 所示。

图 7-2-10　添加视频

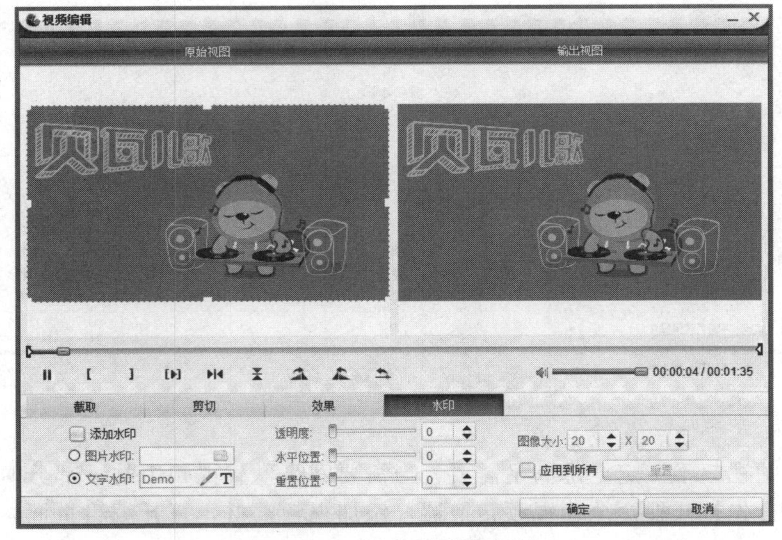

图 7-2-11　“视频编辑”对话框

(3) 选择“截取”选项卡，如图 7-2-12 所示。确定截取部分，可以使用工具“【”“】”或者记下开始和结束时间，手动录入时间，确定后单击右下方“确定”按钮。

图 7-2-12　截取视频

(4) 单击“确定”按钮后，视频编辑窗口关闭，在狸窝全能视频转换器中能看到即将截取视频的信息，需要注意原始长度和截取长度，如图 7-2-13 所示。

图 7-2-13　视频信息

(5) 调整视频格式、视频质量、输出目录后开始截取视频，如图 7-2-14 和图 7-2-15 所示。转换完成后关闭程序，完成操作。

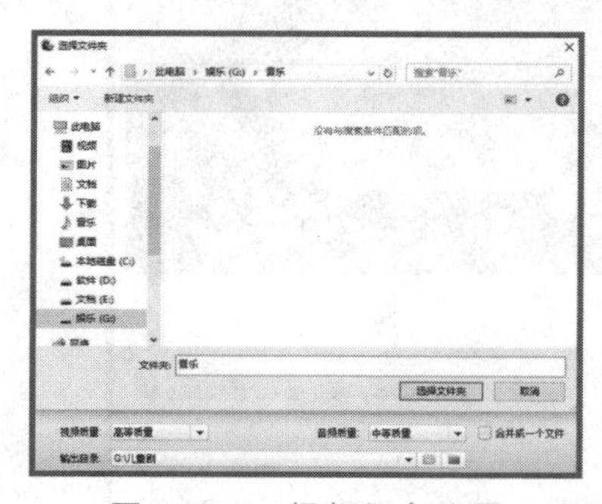

图 7-2-14　视频保存位置

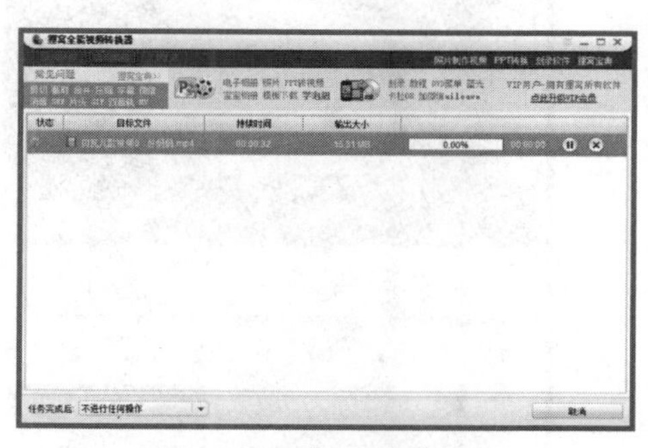

图 7-2-15　视频转换界面

3. 调整视频播放效果

录制的视频经常会因为光线、时间等原因造成视频效果不佳，此时可以使用狸窝全能视频转换器对视频进行亮度、对比度、饱和度、音量的调整。

▶ 任务 3　调整视频播放效果

1. 任务描述

调整儿童剧视频的亮度、对比度和音量。

2. 操作步骤

(1) 打开狸窝全能视频转换器，添加儿童剧视频，如图 7-2-16 所示。

图 7-2-16　添加儿童剧视频

(2) 单击“视频编辑”按钮，选择“效果”选项卡，如图 7-2-17 所示。

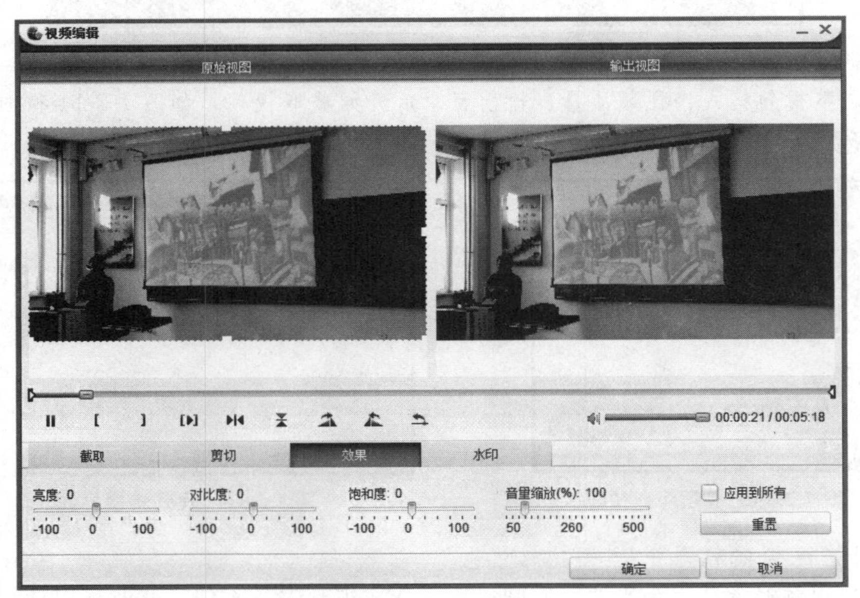

图 7-2-17　选择“效果”选项卡

(3) 调整亮度、对比度、饱和度和音量缩放的滑块，达到满意效果后，单击“确定”按钮，如图 7-2-18 所示。

(4) 在狸窝全能视频转换器初始窗口设置输出格式、视频质量、输出目录，单击右下角转换按钮开始转换，如图 7-2-19 和图 7-2-20 所示。转换完成后关闭程序，完成操作。

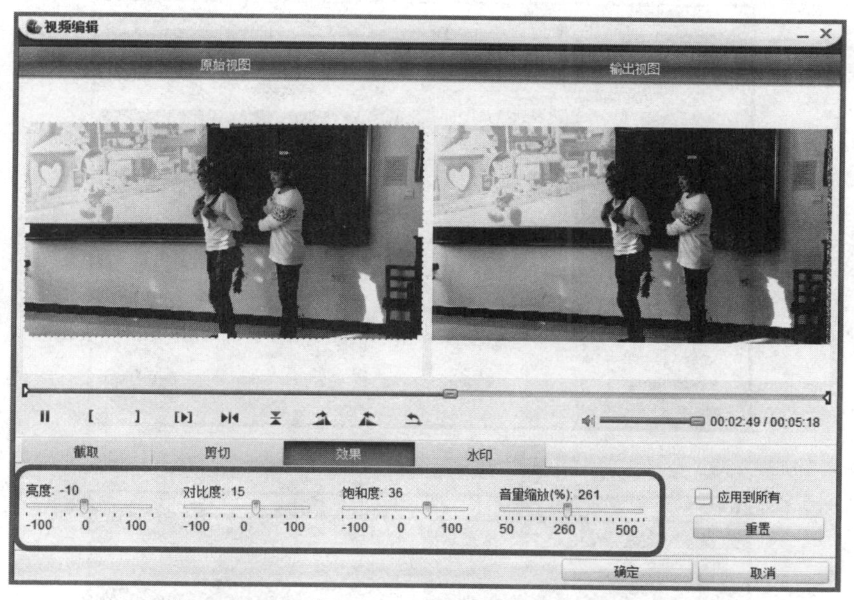

图 7-2-18 调整亮度、对比度、饱和度和音量缩放

图 7-2-19 调整后狸窝首页

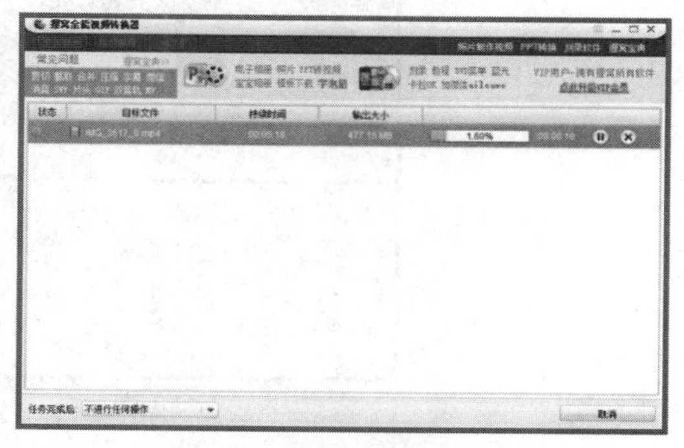

图 7-2-20 转换页面

4. 添加水印

录制的视频为了保证不被盗用，通常会在视频中加入水印。狸窝全能视频转换器可以为视频文件添加水印，以保证视频文件不轻易被盗用。

▶ 任务 4　为视频添加水印

1. 任务描述

录制的儿童剧要上传到视频网站中，为了保证安全性并不被盗用，可以为视频添加水印。

2. 操作步骤

(1) 打开狸窝全能视频转换器，添加儿童剧视频，如图 7-2-21 所示。

(2) 单击“视频编辑”按钮，选择“水印”选项卡，如图 7-2-22 所示。

(3) 在水印窗口设计水印，先单击“添加水印”，再对水印进行设计，如图 7-2-23 所示。

图 7-2-21　添加视频

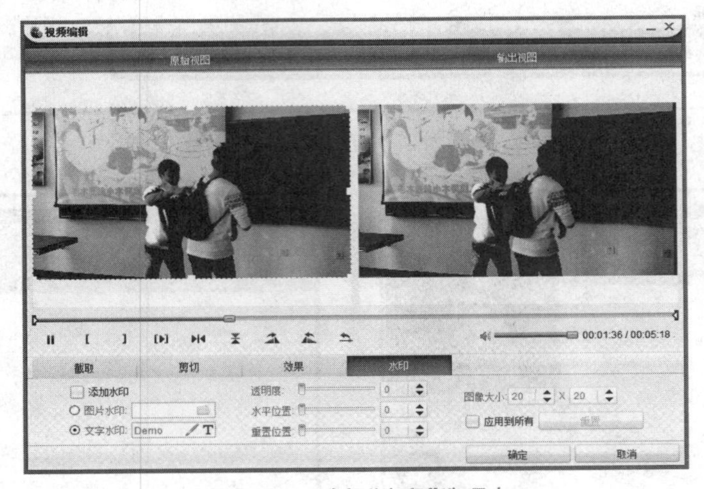

图 7-2-22　选择“水印”选项卡

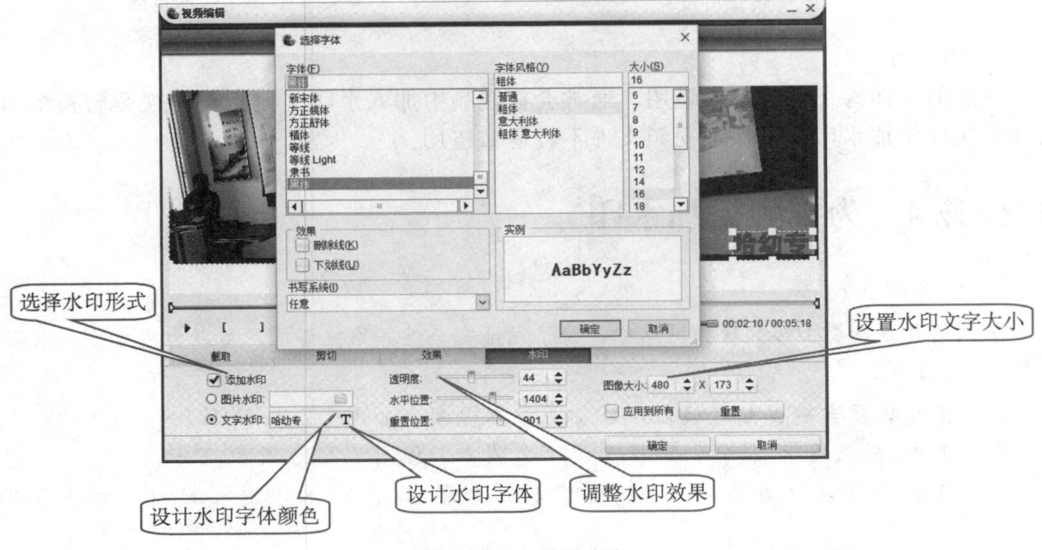

图 7-2-23　设置水印

(4) 可以在视频预览窗口里看到水印效果，满意后单击右下角“确定”按钮，如图 7-2-24所示。

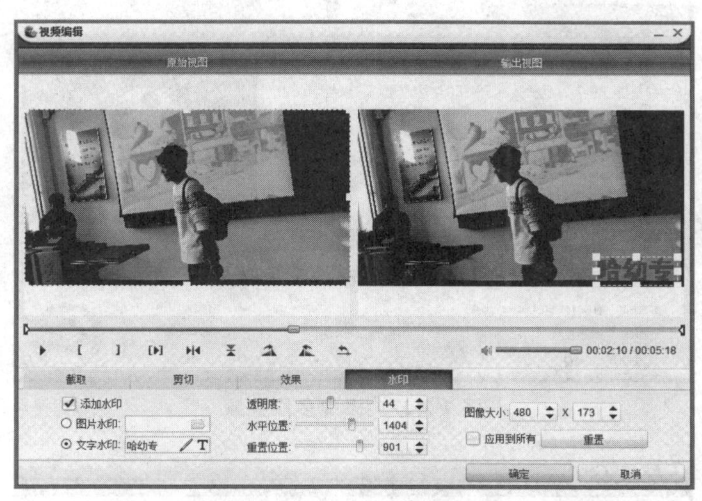

图 7-2-24　水印效果

(5) 在狸窝全能视频转换器初始窗口设置输出格式、视频质量、输出目录，单击右下角转换按钮开始转换，如图 7-2-25 和图 7-2-26 所示。转换完成后关闭程序，完成操作。

图 7-2-25　调整后狸窝首页

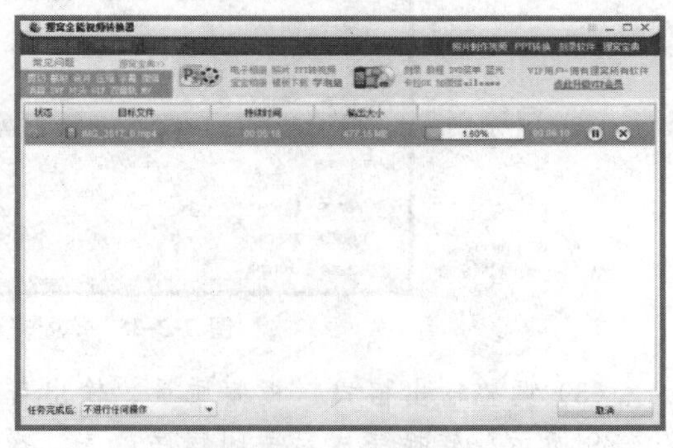

图 7-2-26　转换页面

5. 多段视频合并

在视频文件加工过程中，经常需要将多个视频文件合并在一起，形成一个视频文件，这项操作也可以通过狸窝全能视频转换器来完成。

▶ 任务 5　合并多段视频

1. 任务描述

班级以小组为单位表演了儿童剧，每组都录成了一段视频文件，现在需要将所有的视频文件合并为一个完整的视频文件。

2. 操作步骤

(1) 将全部要合并的视频文件都添加到狸窝全能视频转换器中，如图 7-2-27 所示。

(2) 勾选右下角“合并成一个文件”选项，如图 7-2-28 所示。

图 7-2-27　添加多段视频

图 7-2-28　勾选“合并成一个文件”选项

(3) 调整输出格式、视频质量、输出目录后，单击右下角转换按钮，开始转换，如图 7-2-29 所示。转换完成后关闭程序，完成操作。

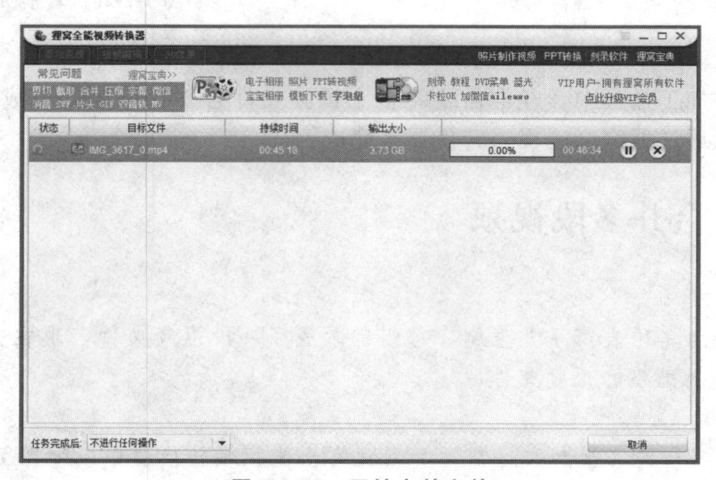

图 7-2-29　开始合并文件

6. 视频画面旋转

有些时候录制的视频文件在计算机中播放时方向是错误的，如何将视频调整为正常视频呢？可以使用狸窝全能视频转换器来进行操作。

▶ 任务6　旋转视频画面

1. 任务描述

学生课堂上录制的儿童剧视频是倒立的，需要将视频转换为正常角度。

2. 操作步骤

(1) 打开狸窝全能视频转换器，添加需要修改的视频，如图7-2-30所示。

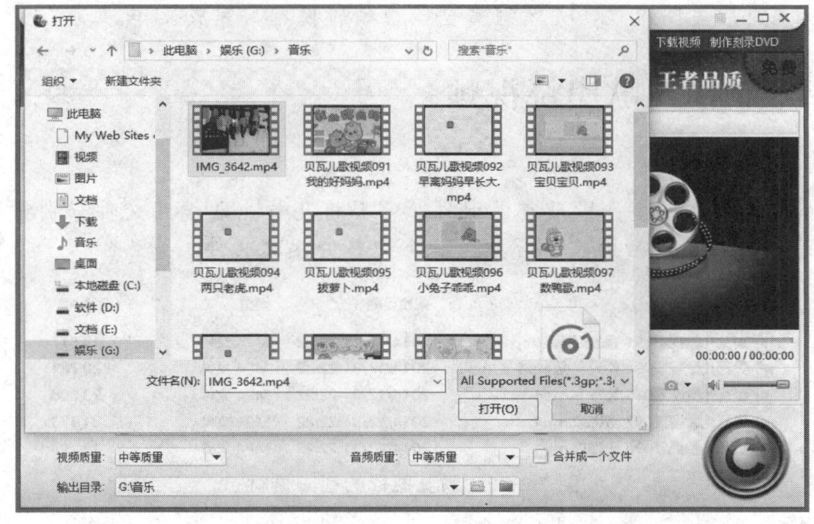

图 7-2-30　添加视频

(2) 单击"视频编辑"按钮，可以看到视频预览效果，在工具栏中选择旋转工具，将视频调整为正常角度，如图7-2-31和图7-2-32所示。

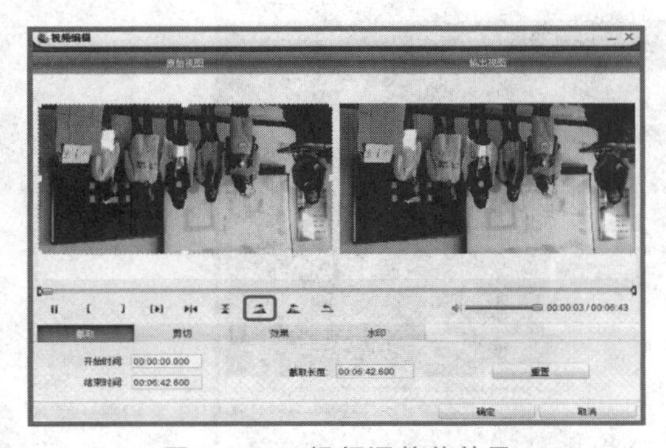

图 7-2-31　视频调整前效果

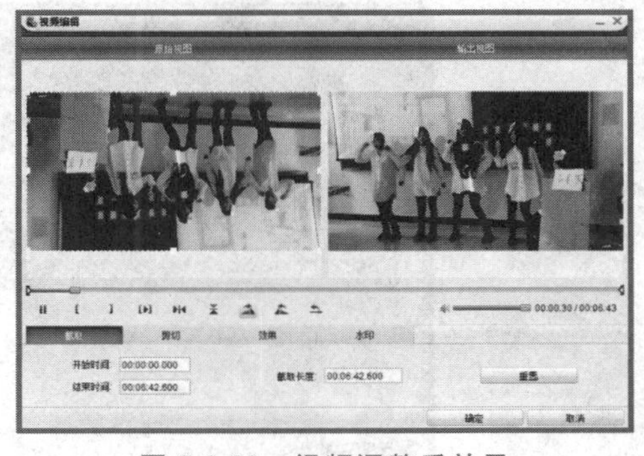

图 7-2-32　视频调整后效果

(3) 单击"确定"按钮，回到狸窝全能视频转换器页面，调整输出格式，视频质量和输出位置，如图7-2-33所示，设置完毕，单击右下角转换按钮，开始转换视频文件，如图7-2-34所示。

图 7-2-33　调整输出视频信息

图 7-2-34　开始转换视频

（4）转换完成后关闭窗口，关闭狸窝全能视频转换器，完成操作。

▶ 任务 7　制作儿歌串烧视频

1. 任务描述

幼儿园小班要制作一个儿歌欣赏课课件，需要将几首儿歌视频文件分别截取一段，如图 7-2-35 所示，再将截取后的文件合并为一个完整的视频文件。

名称	修改日期	类型	大小
贝瓦儿歌视频091 我的好妈妈.mp4	2014/12/31 22:22	MP4 文件	13,877
贝瓦儿歌视频094 两只老虎.mp4	2014/12/31 22:22	MP4 文件	20,781
贝瓦儿歌视频095 拔萝卜.mp4	2014/12/31 22:22	MP4 文件	23,006
贝瓦儿歌视频097 数鸭歌.mp4	2014/12/31 22:22	MP4 文件	21,173
贝瓦儿歌视频098 小喇号.mp4	2014/12/31 22:22	MP4 文件	13,797

图 7-2-35　需要截取的视频素材

2. 操作步骤

（1）打开狸窝全能视频转换器，将视频文件添加到狸窝全能视频转换器中，如图 7-2-36所示。

图 7-2-36　添加视频

（2）分别对5首儿歌进行截取视频文件操作。首先选中要截取的视频文件，如图7-2-37所示，选中后单击“视频编辑”按钮，确定需要截取的视频文件片断。之后，单击“确定”按钮回到狸窝全能视频转换器页面中，选中视频的截取长度会发生变化，如图7-2-38所示。

图7-2-37 选择需要截取的视频

图7-2-38 截取视频时间长度变化

（3）5首儿歌截取完成后需要设置输出格式、视频质量、输出目录，并勾选“合并成一个文件”选项，如图7-2-39所示。

图 7-2-39　合并成一个文件前

(4) 视频输出数据设置完成后，单击右下角转换按钮，弹出转换对话框，开始合并视频文件，如图 7-2-40 所示。

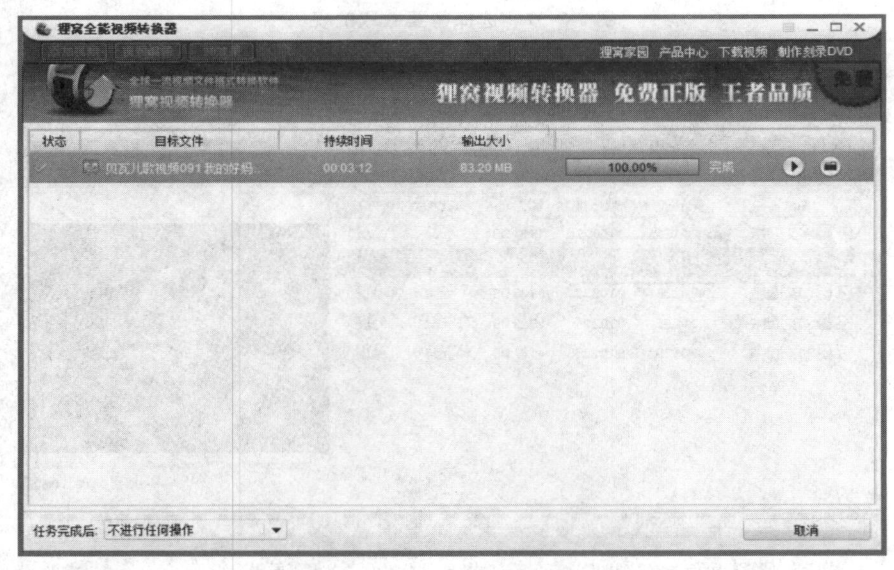

图 7-2-40　开始合并文件

(5) 视频文件转换完成后，单击转换文件最右侧文件夹按钮，打开转换后视频文件所在文件夹，转换后的文件如图 7-2-41 所示。将视频文件重命名为“儿歌串烧”。

(6) 视频文件转换完成，关闭狸窝全能视频转换器，完成操作。

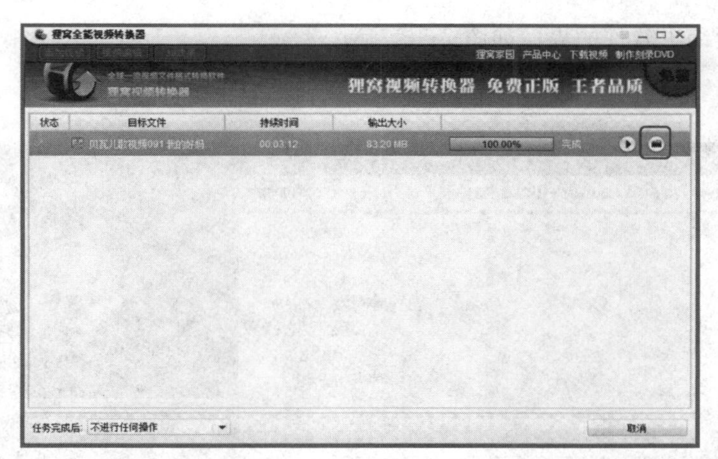

图 7-2-41 转换完成

7.3 爱剪辑视频编辑软件

生活中录制的视频素材一般都是段落性的视频文件，本节主要介绍通过爱剪辑视频编辑软件把这些视频文件组合，制作成为有开头、有结尾，包含一定说明性的文字和材料，并且添加背景音乐，使其完整、流畅播放。

▶ 7.3.1 爱剪辑视频编辑软件简介

爱剪辑是支持视频特效最多的视频剪辑软件。除了应用于多种场合的通用切换特效外，它还有大量炫目的高质量 3D 和其他专业的高级切换特效，而且这些精美的切换特效还在随着升级而不断增多。它几乎支持所有常见视频文件格式，可对不同格式的视频文件进行的解码极致优化，也令解码速度和画质都更胜其他软件。

打开爱剪辑视频编辑软件时，会弹出新建文件的对话框，如图 7-3-1 所示。在对话框中可以为视频文件编辑名字、输入制作人名称、调整视频大小、确定视频文件存放目录。

新建
片 名：
制 作 者：哈幼专
视频大小：720*404(480P 16:9) 720 × 404
临时目录：D:\ME20160422121259 浏览
注："临时目录"指程序运行所需的临时文件摆放位置。如果软件默认的临时目录所在的磁盘空间较少，请自行指定到更大的磁盘空间处。
为视频自动加入随机转场特效
确 定 取 消

图 7-3-1 新建文件

爱剪辑视频编辑软件的界面如图 7-3-2 所示。

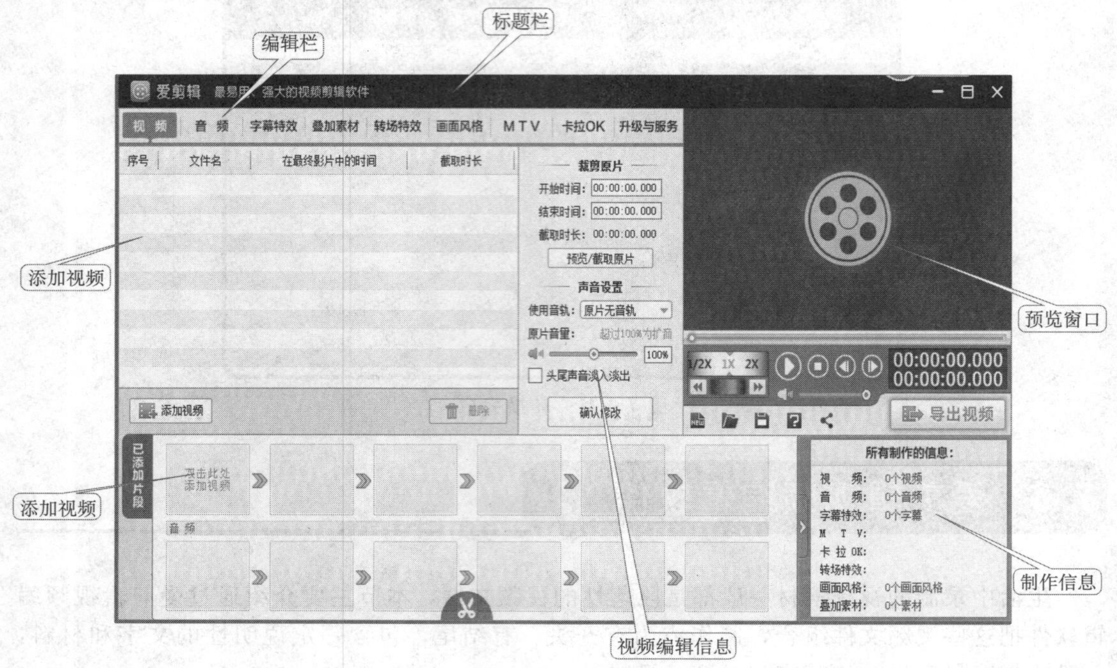

图 7-3-2 爱剪辑视频编辑软件界面

需要注意的是爱剪辑视频编辑软件有一些特殊效果需要在爱剪辑论坛中下载，下载方式如图 7-3-3 所示。

图 7-3-3 特效下载方式

▶ 7.3.2 爱剪辑视频编辑软件的基本操作

1. 截取视频

爱剪辑视频编辑软件中有两种视频截取办法。

（1）添加视频后弹出对话框，如图 7-3-4 所示。在该对话框中，可以手动输入截取时间或者单击时间后的“快速获取当前播放视频时间”按钮，确定要截取的视频片段。确定后，单击播放截取的片段按钮，可以观看截取的视频片段。

图 7-3-4　添加视频后弹出对话框

确定截取视频片段后，单击“确定”按钮。截取的视频就被添加到爱剪辑视频编辑软件中，可以继续对其进行修改加工，如图 7-3-5 所示。

图 7-3-5　添加视频

（2）在爱剪辑视频编辑软件主界面右上角预览框中，将时间进度条定位到需要分段剪辑的画面。选取需分段剪辑画面时，可以通过上下方向键逐帧选取，或者通过左右方向键 5 秒微调，然后单击主界面底部的剪刀图标，即可将视频分段剪辑，如图 7-3-6 所示。

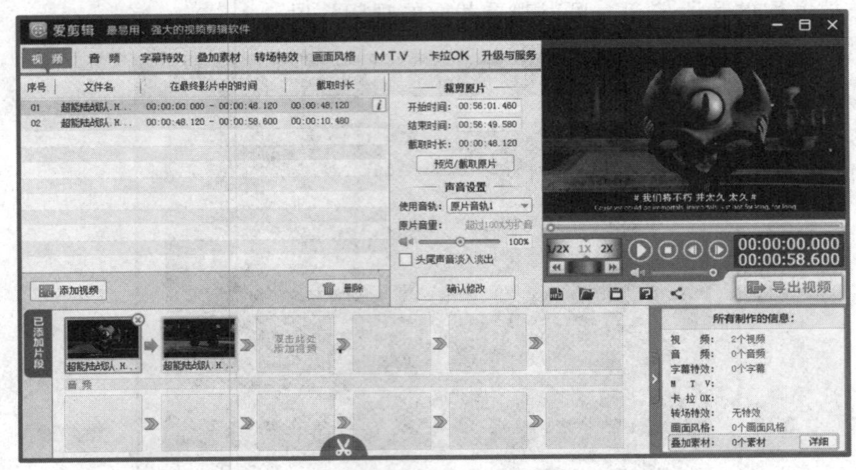

图 7-3-6　在主界面裁剪视频

确定需要剪辑的视频片段后，需要单击页面中间部分“确认修改”按钮确定剪辑。选中剪辑视频单击“播放”按钮，可以观看剪辑的视频文件。确定后点击“导出视频”按钮，弹出对话框，如图 7-3-7 所示，在对话框中可以对视频进行导出设置和视频参数设置，并修改保存位置。

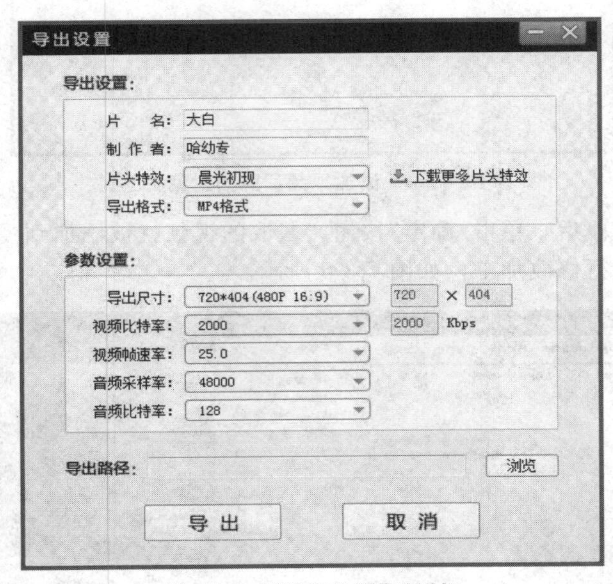

图 7-3-7　“导出设置”对话框

单击“导出”按钮，弹出对话框选择保存位置，如图 7-3-8 所示，确定保存位置后，单击“保存”即可完成操作。

2. 为视频添加音频

添加视频后，在“音频”面板单击“添加音频”按钮，如图 7-3-9 所示，在弹出的下拉列表框中根据需要选择“添加音效”或“添加背景音乐”，即可快速为要编辑的视频文件配上背景音乐或音效。

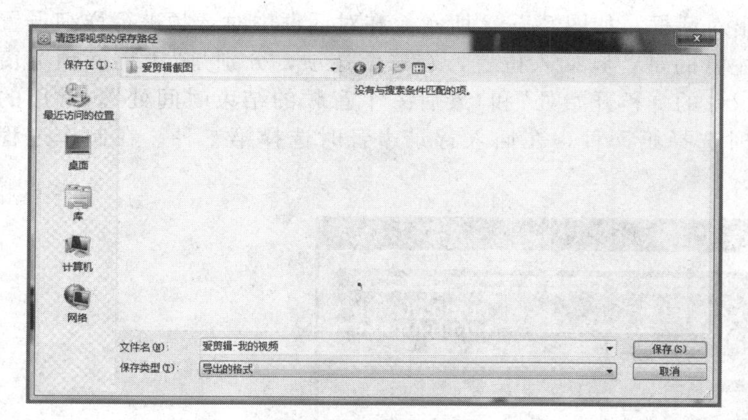

图 7-3-8 保存视频

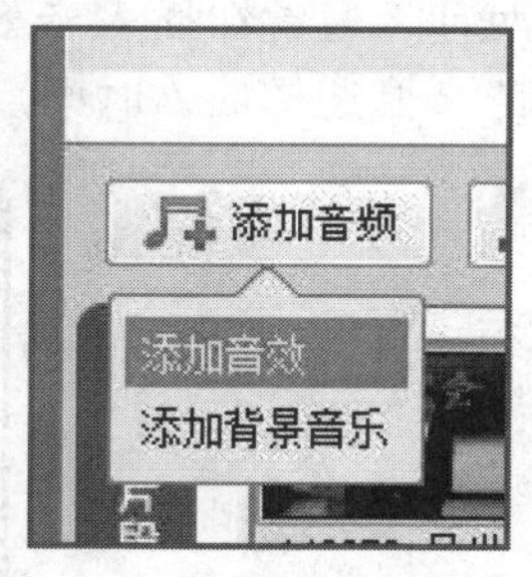

图 7-3-9 “添加音频”按钮

选择“添加音效”，会弹出对话框，如图 7-3-10 所示，爱剪辑视频编辑软件提供了很多特殊音效。选择“添加背景音乐”，也会弹出对话框，如图 7-3-11 所示，爱剪辑视频编辑软件提供了 4 首背景音乐，也可以自行选择音乐。

图 7-3-10 添加音效

图 7-3-11 添加背景音乐

选择插入音频时，需要先确定在视频文件中插入音频的时间，确定好插入点后，选择音频，单击打开按钮后，弹出对话框，如图 7-3-12 所示，在对话框中对音频进行详细设置后，单击“确定”按钮。需要注意的是音频插入位置，有三个选项，分别是“主界面预览窗口中正暂停的时间点”“最终影片的 0 秒开始处”和“最后一个音频的结束时间处”。常用的是前两种，通常在插入音效时选择第一种，在插入背景声音时选择第二种。在制作过程中，请谨慎选择插入时间点。

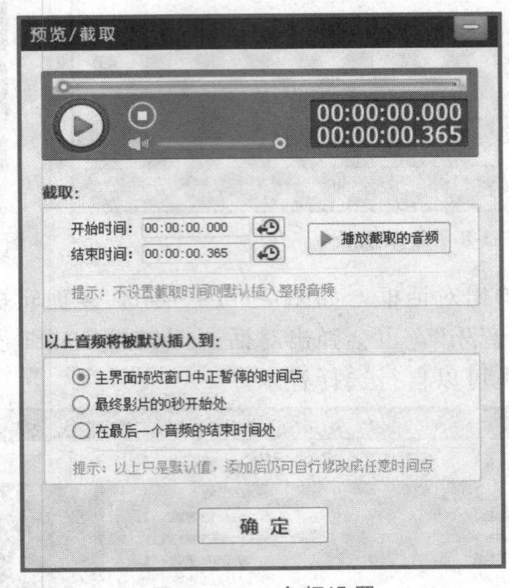

图 7-3-12　音频设置

单击“确定”按钮后，在音频选项卡中会看到插入的音频特效文件，如图 7-3-13 所示，确定添加完成后，单击“导出视频”按钮，完成操作。

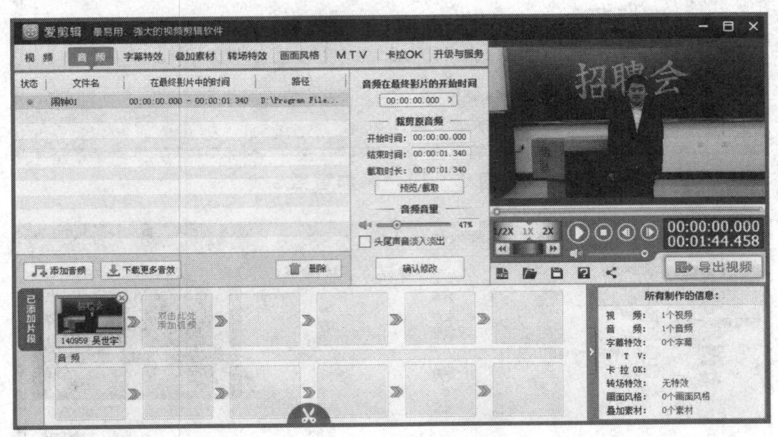

图 7-3-13　添加音频效果

选择插入背景音乐时，不需要选择时间点，直接单击添加背景音乐，会弹出背景音乐设置的对话框，如图 7-3-14 所示。

单击“确定”按钮后，在“音频”选项卡中会看到插入的音频特效文件，如图 7-3-15 所示。需要注意的是背景音乐最好将音量调低，不要超过视频本身声音，如果不需要视频本身声音，可以在“视频”选项卡中右击视频小窗口，选择消除原音，操作完成后单击“导出

图 7-3-14 添加背景音乐

视频"按钮，完成视频，可以播放观看效果，如图 7-3-16 所示。

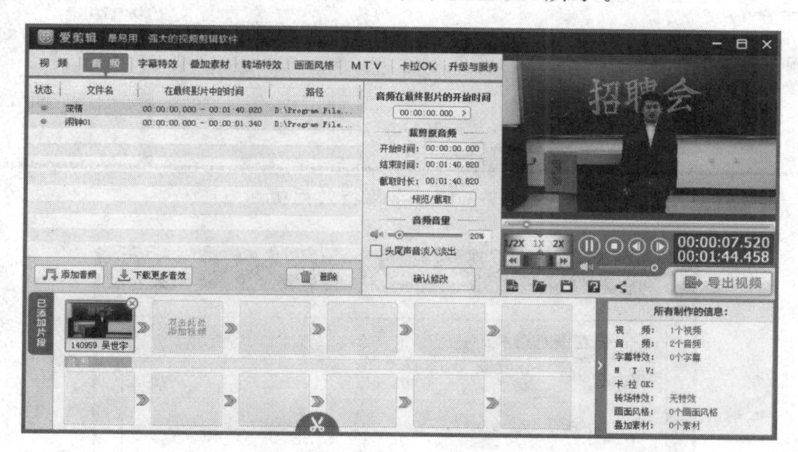

图 7-3-15 插入音乐后界面

图 7-3-16 视频播放效果

3. 制作字幕效果

加工视频文件时，可以为视频添加字幕。爱剪辑视频编辑软件除了提供常见的字幕特效外，还提供了大量独具特色的好莱坞高级特效效果，可以通过“特效参数”栏目的个性化设置，实现更多特色字幕特效，使创意不局限于技能和时间。

添加视频后，单击“字幕特效”面板，如图 7-3-17 所示，在面板右上角视频预览框中，将时间定位到要添加字幕的时间点，双击视频预览框，在弹出的对话框中输入字幕内容，如图 7-3-18 所示。在左侧的字幕特效列表中，应用适合的字幕特效即可。

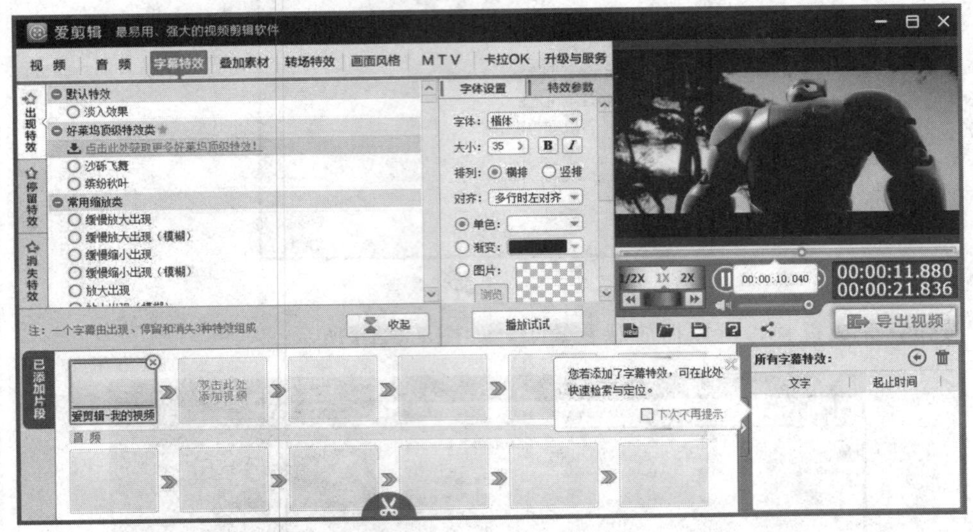

图 7-3-17 字幕特效面板

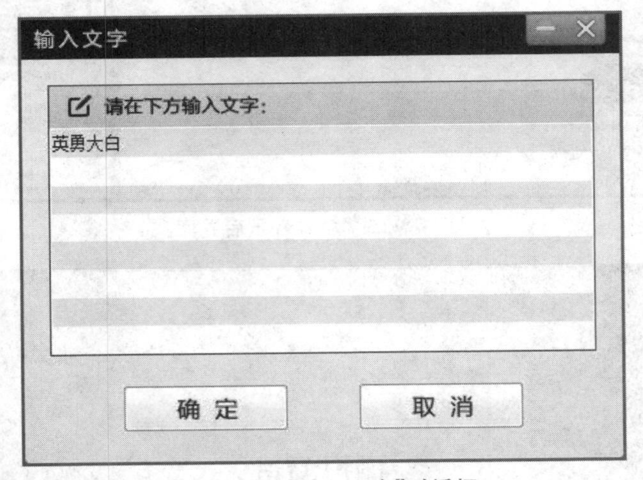

图 7-3-18 “输入文字”对话框

添加文字时，还可以对文字字体、大小、排列方式、颜色、阴影、描边，透明度等进行设置，如图 7-3-19 所示。还可以设置特效参数，如图 7-3-20 所示。

设计完成后，单击“导出视频”按钮，保存视频文件，完成操作。

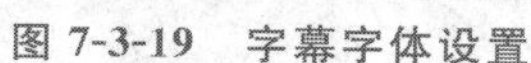
图 7-3-19　字幕字体设置

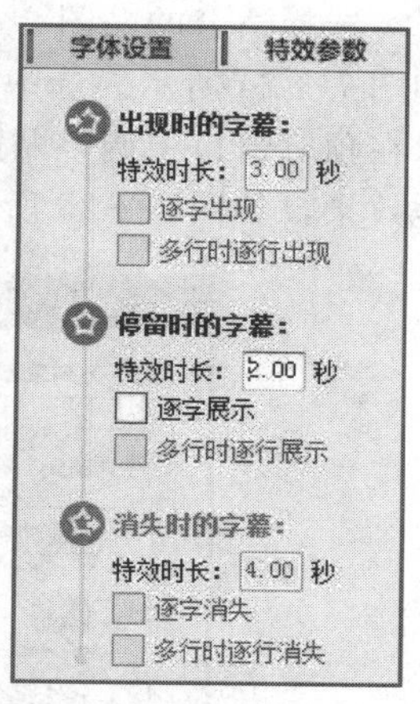

图 7-3-20　特效参数设置

4. 为视频叠加相框、贴图及去水印

爱剪辑视频编辑软件中的“叠加素材”功能分为三部分：“加贴图”“加相框”和“去水印”，如图 7-3-21 所示。

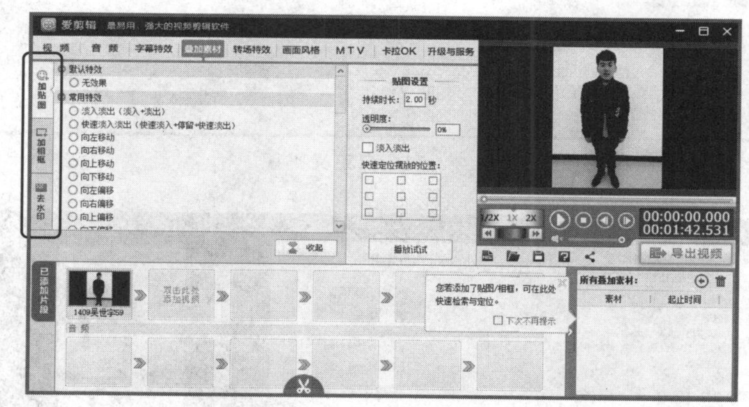

图 7-3-21　“叠加素材”功能

（1）添加、修改及删除贴图。

在右上角视频窗口双击鼠标，弹出对话框，如图 7-3-22 所示，在里面寻找合适的贴图，如果没有合适的贴图可以选择“添加贴图至列表”，会弹出相应对话框，如图 7-3-23 所示。

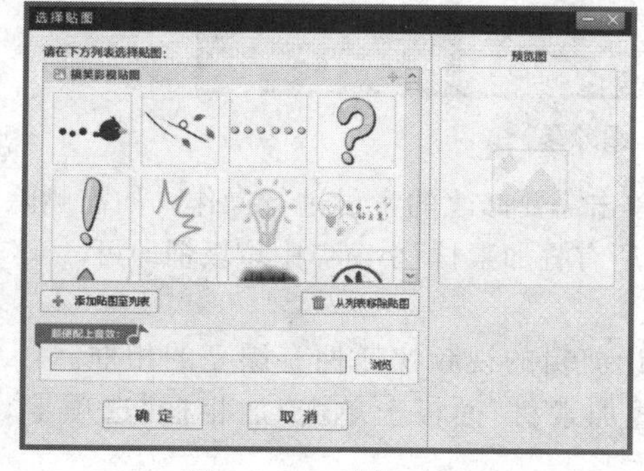

图 7-3-22　选择贴图

图 7-3-23　添加贴图

选择适合的贴图，单击“打开”按钮，自选贴图素材就被添加到“选择贴图”对话框中，如图 7-3-24 所示。选中需要添加的贴图，单击“确定”按钮，贴图会出现在预览窗口中，可以在预览窗口中调整贴图大小、位置。例如可将贴图设置在页面中间位置，再设置素材其他效果，如图 7-3-25 所示。

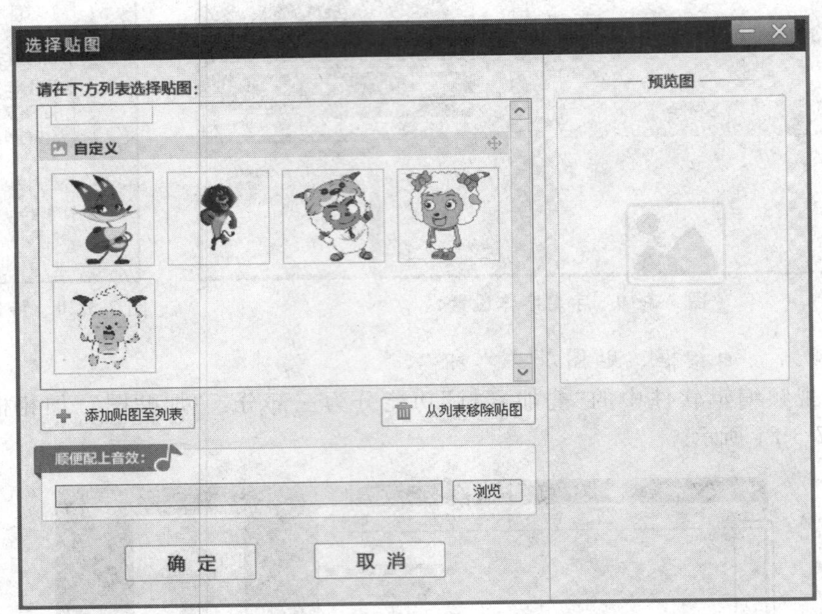

图 7-3-24　自定义贴图

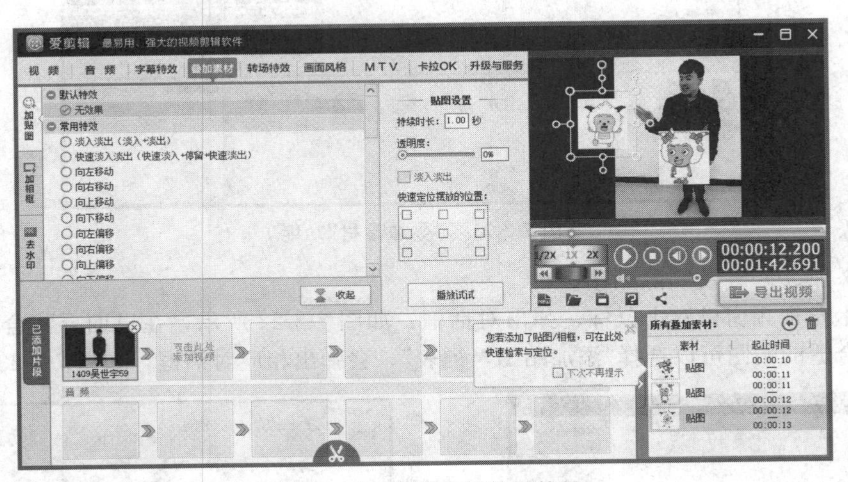

图 7-3-25　视频中的贴图效果

需要贴图修改时，可以在右下角所有叠加素材中单击需要修改的素材进行操作。如需删除某个贴图，则选中该贴图，单击键盘 Delete 键或单击“所有叠加素材”小窗口中垃圾桶即可。

(2) 添加相框。

爱剪辑视频编辑软件自带了大量精美相框，能让剪辑的视频快速拥有漂亮的相框。

首先在爱剪辑视频编辑软件中添加视频，在“叠加素材”面板上单击“加相框”选项卡，如图 7-3-26 所示，选择要应用的相框。

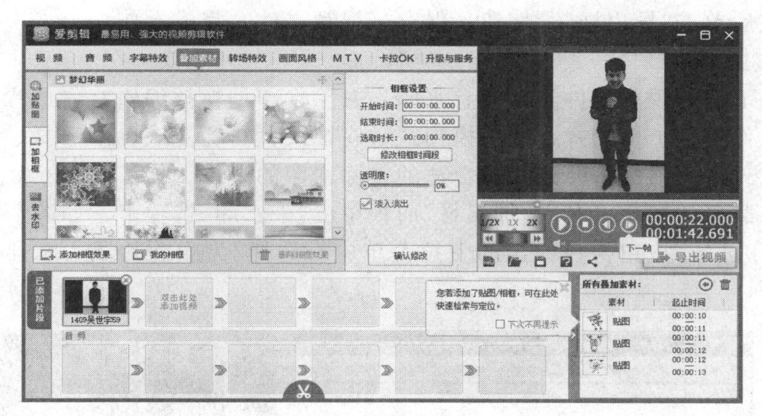

图 7-3-26　添加相框窗口

在相框列表底部，单击“添加相框效果”按钮，在弹出下拉列表框中，选择“为当前片段添加相框”即可，此时选中的相框会显示为“已应用”，如图 7-3-27 所示。

图 7-3-27　选择相框

对于已添加的相框可以进行详细的设置，如图 7-3-28 所示，包括开始时间、结束时间、透明度、淡入淡出等参数。

制作完成后，可以在预览窗口内看到添加后的效果，如图 7-3-29 所示。

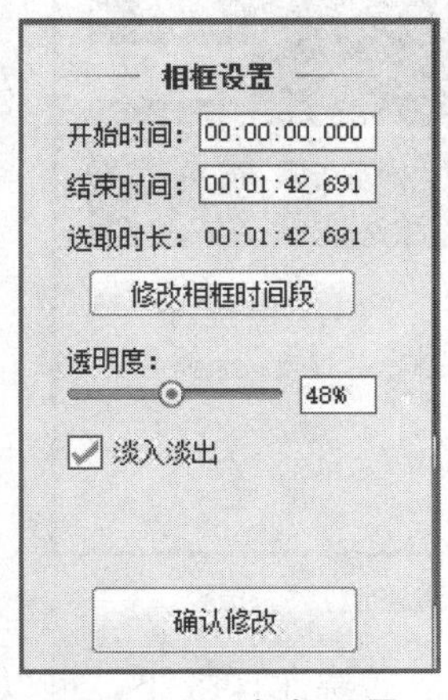

图 7-3-28　相框设置

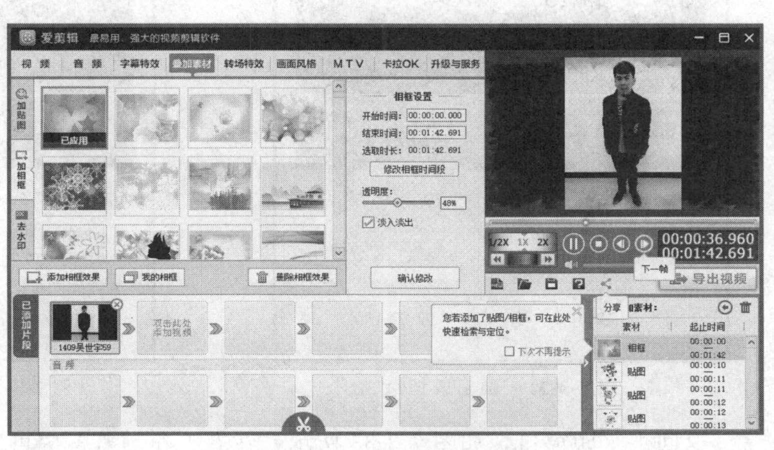

图 7-3-29　添加相框效果

制作完成后单击“导出视频”按钮，保存好视频文件，完成操作。

(3) 去视频水印。

通过网络下载的视频文件经常会有水印，去除水印是视频编辑必做的操作之一。爱剪辑视频编辑软件提供了模糊式、动感模糊式、腐蚀式、马赛克式、磨砂式、网格式等多种去除水印的方式，可根据需要选择最合适的去除水印的方式。

先添加下载好的视频，在“叠加素材”面板单击“去水印”选项卡，如图 7-3-30 所示，单击“添加去水印区域”按钮，在弹出的下拉菜单中，选择“为当前片段去水印”或“指定时间段去水印”。

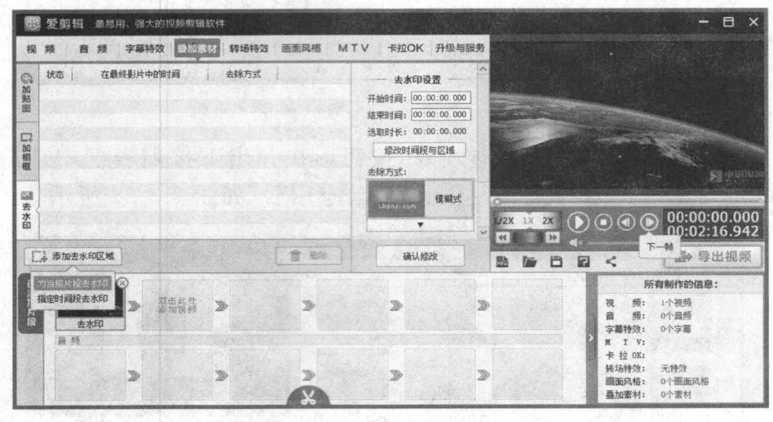

图 7-3-30　去水印窗口

选择“为当前片段去水印”后弹出遮挡框，如图 7-3-31 所示，在预览框中可以调整遮挡框的位置和大小，如图 7-3-32 所示，单击“确定”按钮。

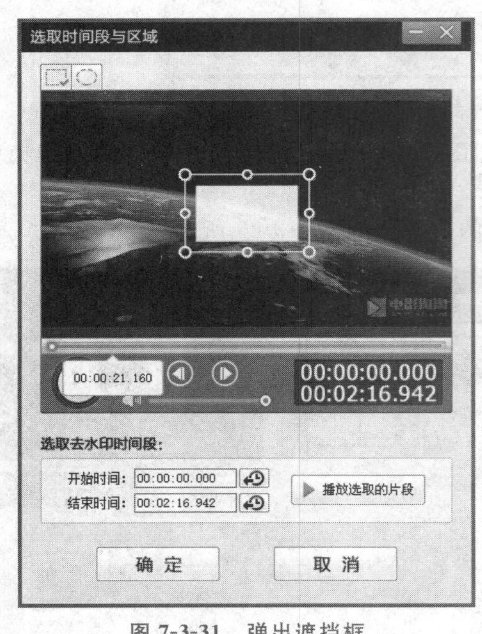

图 7-3-31　弹出遮挡框

图 7-3-32　调整遮挡框位置

返回去水印窗口，如图 7-3-33 所示，在右上角预览框中可以看到去除水印效果，可以在“去水印设置”窗口中调整去除水印效果。

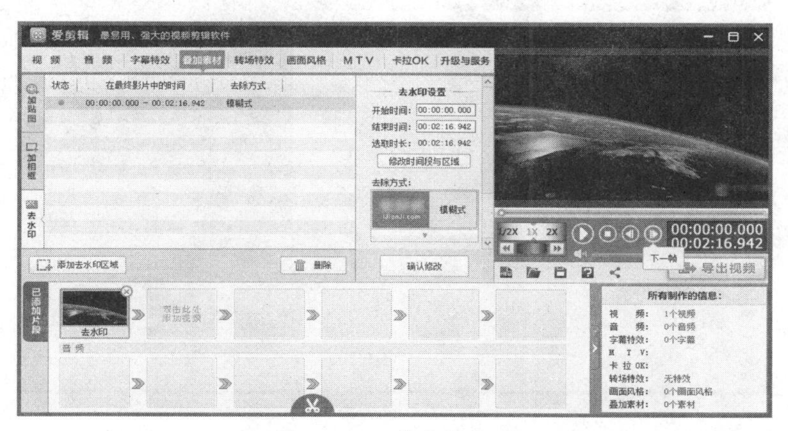

图 7-3-33 去水印窗口

设置完成后单击“确认修改”按钮，制作完成后单击“导出视频”按钮，保存好视频文件，完成操作。

5. 为视频添加转场特效

恰到好处的转场特效可以使不同场景之间的视频片段过渡更加自然，并能实现一些特殊的视觉效果。

在添加视频片段列表中，选中要应用转场特效的视频文件，在“转场特效”选项卡中的特效列表中，选择要应用的转场特效，然后单击“应用/修改”按钮即可，如图 7-3-34 所示。

图 7-3-34 添加转场特效

爱剪辑视频编辑软件提供了数百种转场特效，让视频加工更加便捷，可一键实现一些常见的视频剪辑效果。

6. 设置视频画面风格

画面风格包括四个选项：“画面”“美化”“滤镜”和“动景”。通过设置画面风格，可以使视频文件更具美感、个性化。

(1)“画面”选项卡如图 7-3-35 所示，在列表中选择需要应用的画面风格，单击“添加风格效果”按钮即可为当前片段添加画面风格。在页面中间部分可以对选择的画面风格进行设置，设置完成后单击下方“确认修改”按钮。效果对比如图 7-3-36 和图 7-3-37 所示。

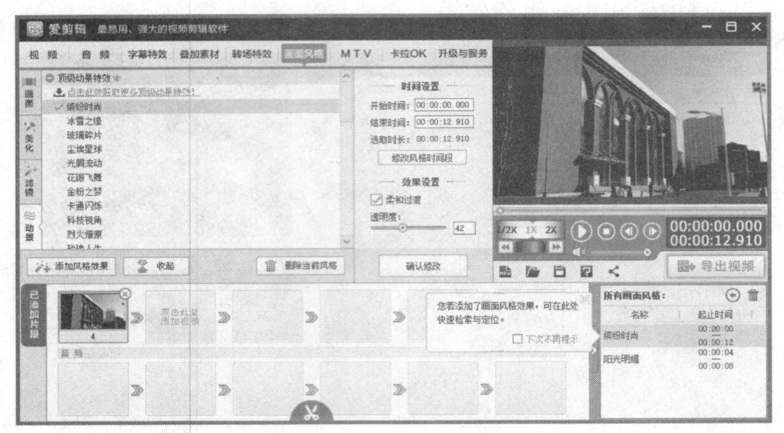

图 7-3-35 “画面”选项卡

图 7-3-36 画面风格调整前

图 7-3-37 画面风格调整后

(2)“美化”选项卡如图 7-3-38 所示，在列表中选择需要应用的美化风格，如可以利用“美颜”和“人像调色”制作出美颜效果。效果对比如图 7-3-39 和图 7-3-40 所示。

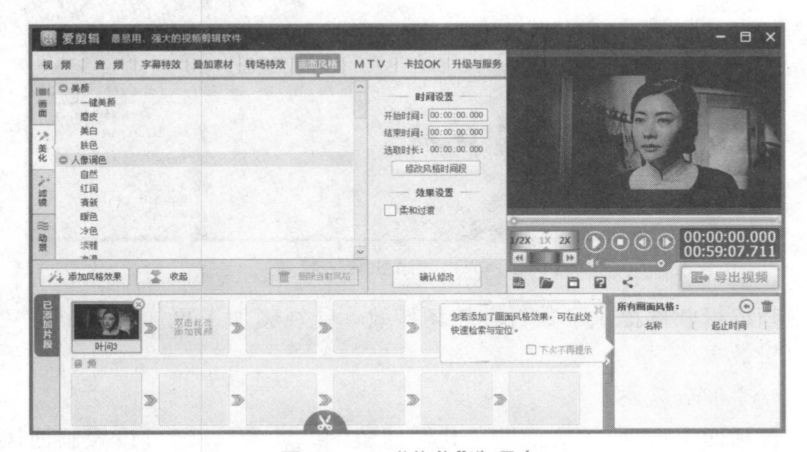

图 7-3-38 “美化”选项卡

(3)“滤镜”选项卡如图 7-3-41 所示，在列表中选择需要应用的滤镜风格，主要包含一些特殊效果装饰视频文件。效果对比如图 7-3-42 和图 7-3-43 所示。

图 7-3-39 视频美化前

图 7-3-40 视频美化后

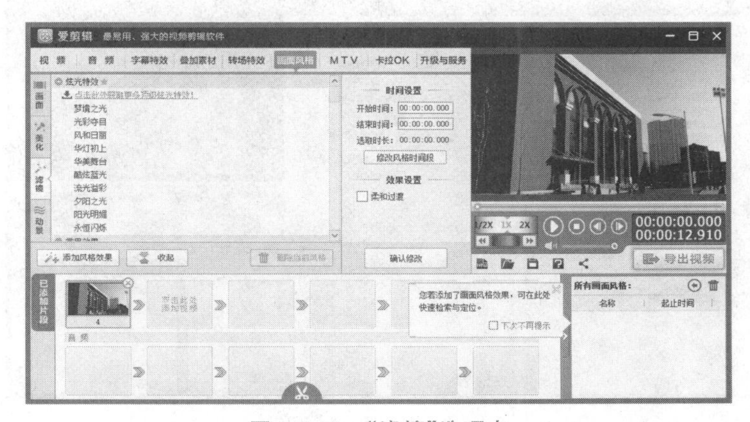

图 7-3-41 “滤镜”选项卡

图 7-3-42　添加滤镜前

图 7-3-43　添加滤镜后

（4）“动景”选项卡如图 7-3-44 所示，在列表中选择需要应用的动景风格，主要是以视频为背景，增加浮动的特殊效果。效果对比如图 7-3-45 和图 7-3-46 所示。

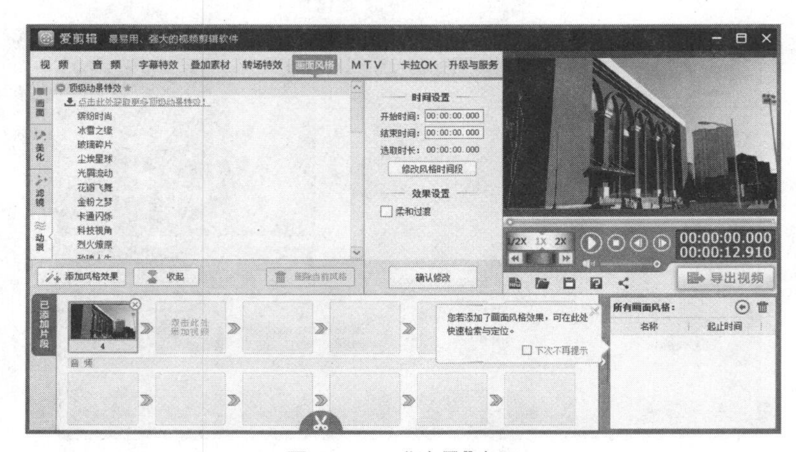

图 7-3-44　“动景”窗口

图 7-3-45 添加动景前

图 7-3-46 添加动景后

7. 导出视频

视频文件加工完毕后，单击视频预览框右下角的“导出视频”按钮，弹出“导出设置”对话框，如图 7-3-47 所示。

导出视频时需注意，如果原视频清晰度很高，要选择导出 720P 或 1080P 的 MP4 格式，设置适合的比特率，一般 720P 的 MP4 设置到 35000Kbps 以上最佳，不要因为不恰当的设置影响加工后的视频效果。单击“导出视频”按钮后，会弹出“进度”对话框，如图 7-3-48所示，等待进度条读取完毕，视频文件全部导出。导出后的文件即可在其他视频播放器中播放。

图 7-3-47 “导出设置”对话框

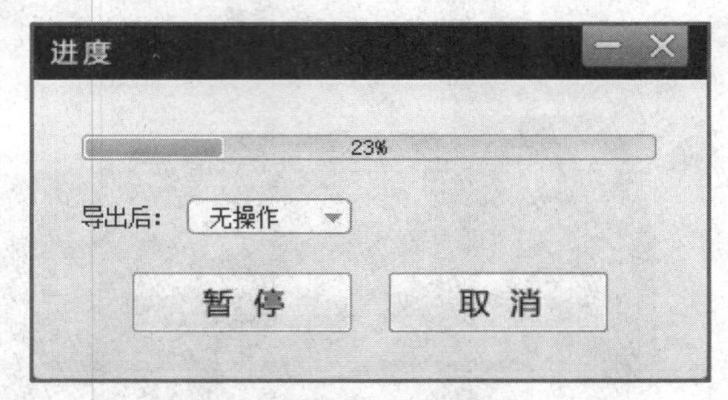

图 7-3-48 导出进度条

▶ 任务 8 制作“校园纪念册”视频

1. 任务描述

哈尔滨幼儿师范高等专科学校举行“校园纪念册”视频制作大赛。

2. 操作步骤

(1) 录制多个有关校园生活的短视频。

(2) 打开爱剪辑视频编辑软件，在“新建”窗口中将片名设为“校园纪念册”，视频大小改为 1280＊720(720P)，设置完成单击“确定”按钮，如图 7-3-49 所示。

将录制的素材添加到爱剪辑视频编辑软件中，如图 7-3-50 所示。

(3) 右击视频文件，选择“消除原片声音”，去除所有视频声音，如图 7-3-51 所示。

选择音频面板，单击“添加音频”按钮，如图 7-3-52 所示。

在弹出的对话框中选择“校歌”作为背景音乐，如图 7-3-53 所示。因为音频时间过长，将原音频进行裁剪，只保留副歌部分即可。由于已经消除背景声音，如果不需要添加其他

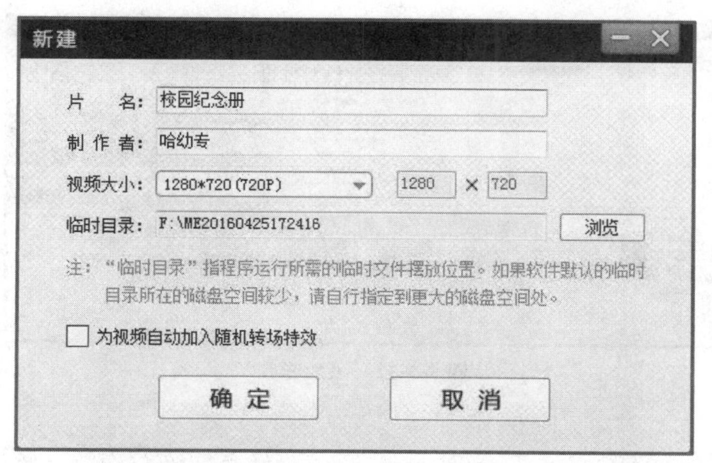

图 7-3-49　新建视频文件

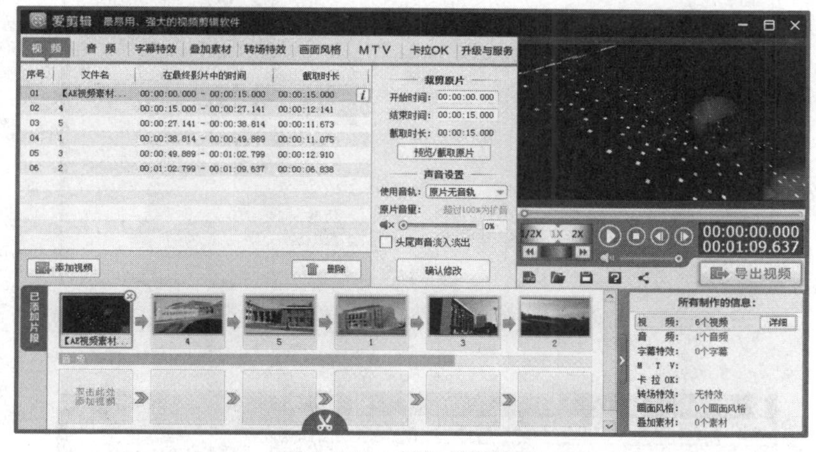

图 7-3-50　添加视频素材

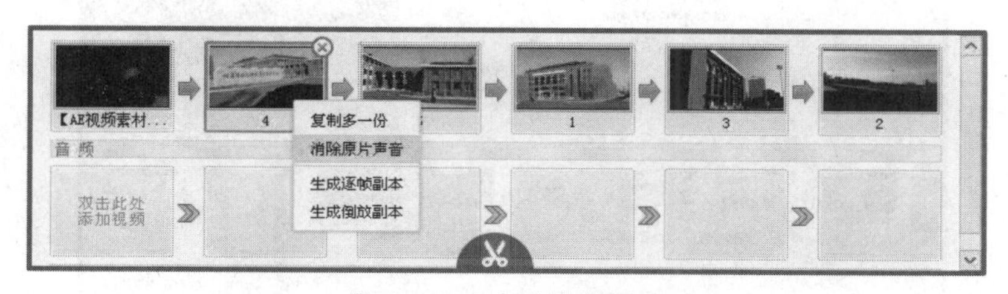

图 7-3-51　去除视频原声

音频素材，音频音量可以不降低，如图 7-3-54 所示。

如果需要添加其他音效，再次单击“添加音频”按钮，选择“添加音效”。

(4) 添加字幕。选中片头视频，在右上角预览框中双击，如图 7-3-55 所示。在弹出的对话框中输入“哈尔滨幼儿师范高等专科学校”以及校训“为学为师，至真至美”，如图 7-3-56所示。注意合理安排文字位置。

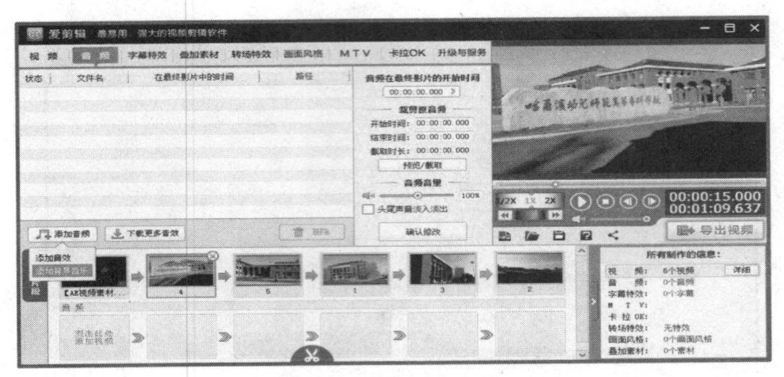

图 7-3-52　添加音频

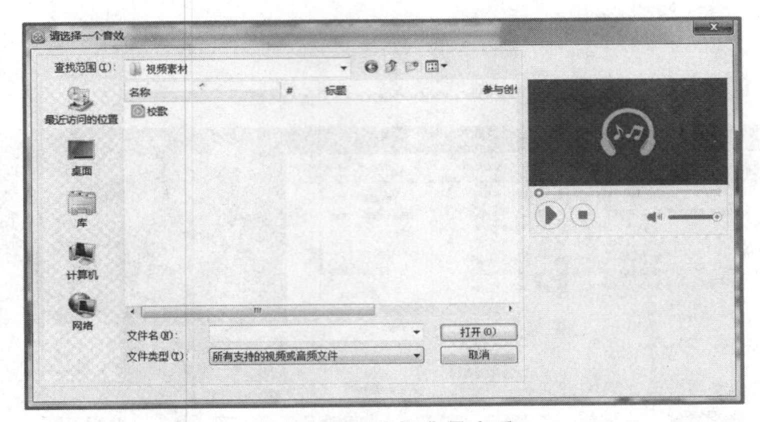

图 7-3-53　选择背景音乐

图 7-3-54　调整背景音乐

文字插入以后，需要对文字进行编辑。“哈尔滨幼儿师范高等专科学校”字体“微软雅黑”，大小“85”，填充内容为“图片、花纹”，阴影“11，颜色浅紫”，描边“2，浅黄”。“为学为师，至真至美”字体“黑体”，大小“72”，填充内容为“渐变，黄色”，字体特效自行设置，如图 7-3-57 所示。

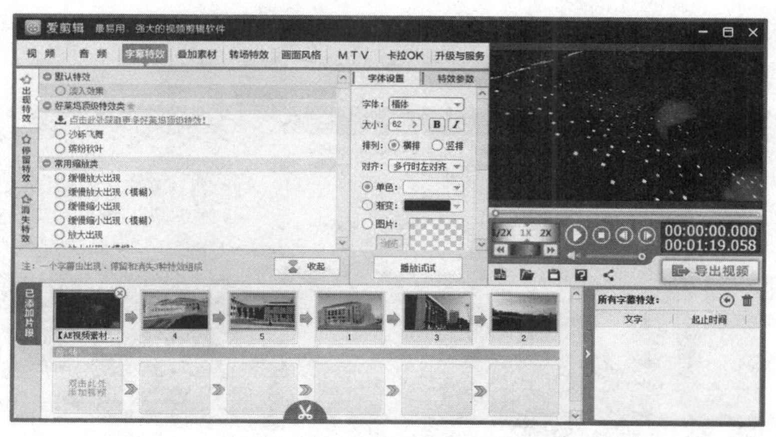

图 7-3-55 添加字幕界面

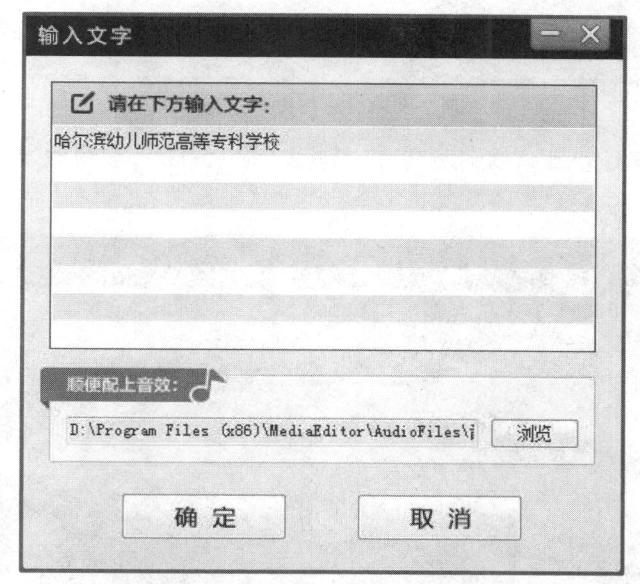

图 7-3-56 录入字幕文字

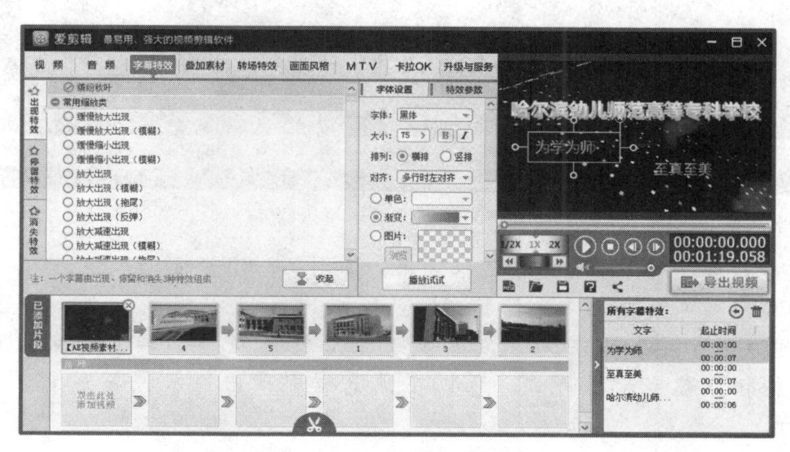

图 7-3-57 设置字幕效果

(5) 添加边框。除了片头部分，其他几段视频分别添加不同的边框效果。首先在“叠加素材”面板选择视频片段，再选择“加相框”选项卡，如图 7-3-58 所示。

图 7-3-58　添加视频边框

选择合适的边框后，可以通过预览窗口单击“播放”按钮看到边框效果，如图 7-3-59 所示。

图 7-3-59　添加边框效果

分别为每段视频文件添加合适的边框效果，如图 7-3-60 所示。

(6) 添加转场效果。选择“转场特效”窗口中选择下方视频文件，如图 7-3-61 所示，选中视频文件后再选择合适的转场效果为每段视频添加转场特效，选中后单击“应用/修改”按钮，确定转场特效。可以在预览框中单击播放按钮观看转场效果，如图 7-3-66 所示。

图 7-3-60 分别为每段视频添加边框

图 7-3-61 选择转场特效

图 7-3-62 添加转场后效果

(7) 调整画面风格。

在“画面风格”面板选择下方视频文件，选中视频文件后，选择“画面”选项卡“画面调整”中的“自动曝光”，单击“添加风格效果”按钮后单击“确认”修改按钮，如图 7-3-63 所示。

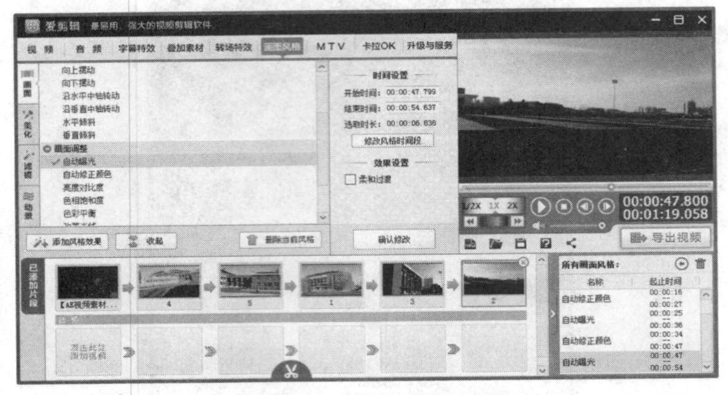

图 7-3-63　设置画面效果

选中需要设置的视频，单击“滤镜”选项卡，选择效果后单击“添加风格效果”按钮，添加后，可以在预览窗口播放视频，观看滤镜效果，如图 7-3-64 所示。

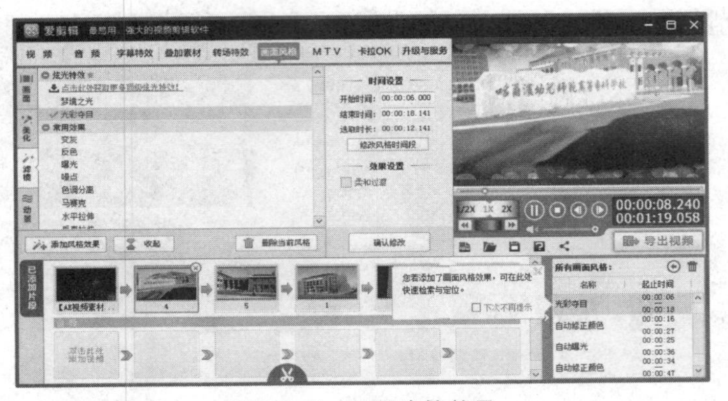

图 7-3-64　设置滤镜效果

选中要修改的视频，单击“动景”选项卡，选择效果后，单击“添加风格效果”按钮，添加后，可以在预览窗口播放视频，观看滤镜效果，如图 7-3-65 所示。

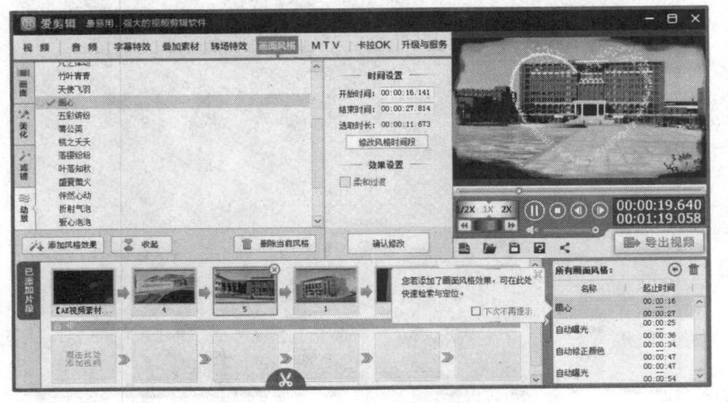

图 7-3-65　添加动景效果

操作完成后，单击“导出视频”按钮，弹出“导出设置”对话框，如图 7-3-66 所示。参数设置完毕后单击“导出”按钮，弹出“进度”对话框，如图 7-3-67 所示。稍等一下就可以得到制作完成的视频了。

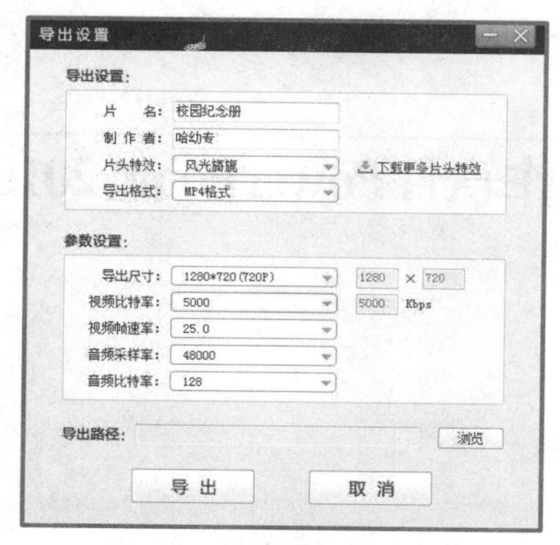

图 7-3-66　导出设置对话框

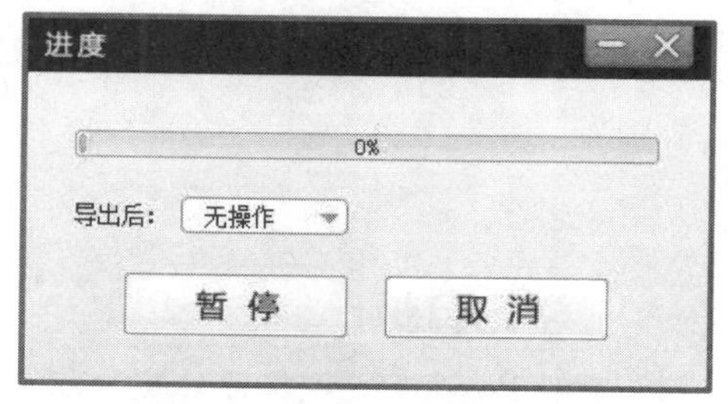

图 7-3-67　导出进度条

导出完成后，可以在其他视频播放器中观看播放效果，如图 7-3-68～图 7-3-71 所示。

图 7-3-68　视频播放效果(一)

图 7-3-69　视频播放效果(二)

图 7-3-70　视频播放效果(三)

图 7-3-71　视频播放效果(四)

8 项目8

Chapter 8 演示文稿制作软件PowerPoint 2010

>>> 学习目标

1. 了解 PowerPoint 软件的窗口组成。
2. 熟练掌握 PowerPoint 的基本操作，如新建幻灯片、插入幻灯片、删除幻灯片等。
3. 能够在 PowerPoint 中添加各类素材，如图形图像、音频、视频等。
4. 能够在 PowerPoint 中设置动画效果、自定义动画效果和页面切换效果。
5. 能够在 PowerPoint 中插入超链接，并且将文字或图片链接到演示文稿内部或其他文件中。

8.1 PowerPoint 2010 概述

Microsoft Office PowerPoint 是微软公司的演示文稿制作软件。该软件制作出来的文件称为演示文稿，也称为 PPT，其格式后缀为 .ppt 或 .pptx；或者也可以保存为 .pdf 等格式，PowerPoint 2010 及以上版本中可保存为视频格式。演示文稿中的每一页称为幻灯片，每张幻灯片都是演示文稿中既相互独立又相互联系的内容。

一套完整的 PPT 文件一般包含片头、动画、封面、前言、目录、过渡页、图表页、图片页、文字页、封底、片尾动画等；所采用的素材有文字、图片、图表、动画、声音、影片等。PPT 正成为人们工作生活的重要组成部分，在工作汇报、企业宣传、产品推介、婚礼庆典、项目竞标、管理咨询、教育培训等领域占有举足轻重的地位。

在学前教育课件的使用方面，利用 PowerPoint 软件，插入文字、图片、图形、艺术字、音频文件和视频文件等，组合并添加动画效果，可以制作出既符合学前儿童课堂，又能足够吸引学前儿童注意的学前教育课件。

▶ 8.1.1 PowerPoint 2010 的启动与退出

1. 启动

单击“开始”→“所有程序”→Microsoft Office→Microsoft Office PowerPoint 2010，可

启动 PowerPoint 2010，如图 8-1-1 所示。

2. 退出

PowerPoint 2010 软件有三种退出方式。

(1) 单击 PowerPoint 2010 窗口标题栏最右端的“关闭”按钮，如图 8-1-2 所示。

(2) 在“文件”菜单中选择“退出”命令，如图 8-1-3 所示。

(3) 使用快捷键 Alt+F4 也可退出 PowerPoint 2010。

图 8-1-1 PowerPoint 2010 的启动

图 8-1-2 “关闭”按钮

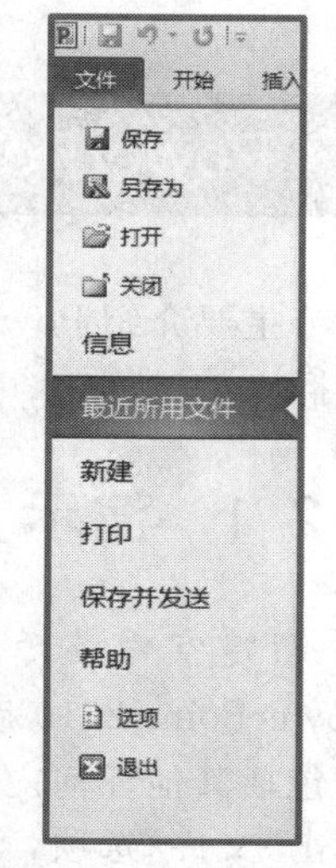

图 8-1-3 “退出”命令

▶ 8.1.2 PowerPoint 2010 的工作界面

打开 PowerPoint 2010 后，显示窗口称为演示文稿的工作界面，如图 8-1-4 所示，主要由标题栏、快速访问工具栏、菜单栏、工具栏、大纲/幻灯片窗格、主工作区、备注栏和状态栏等组成。

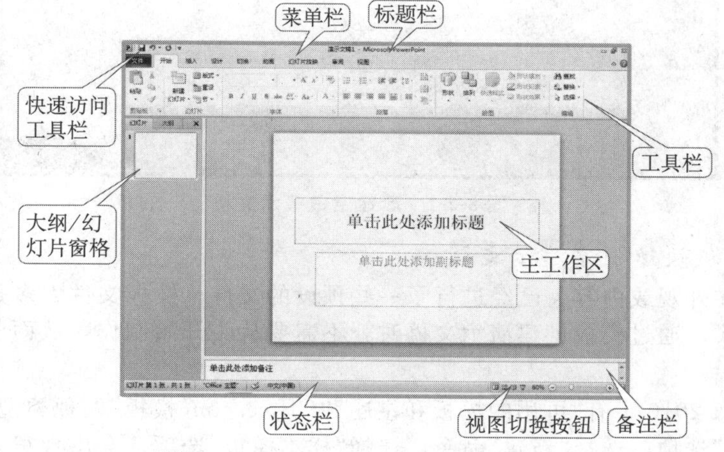

图 8-1-4 PowerPoint 2010 的工作界面

在此主要介绍和 Microsoft Office 其他软件窗口的不同之处。

1. 工作区

工作区是制作幻灯片的区域，主要由大纲/幻灯片窗格、幻灯片主工作区及备注栏窗格组成，不同视图模式下显示效果有一定区别。

2. 视图切换按钮

视图切换按钮有 4 个，分别可以切换为普通视图、幻灯片视图、阅读视图和幻灯片放映视图。

8.2 PowerPoint 2010 的基本操作

本节主要介绍 PowerPoint 2010 的一些基本操作，如建立文稿、保存文稿、删除文稿、为文稿插入素材等。

8.2.1 演示文稿的创建与保存

1. 新建空白演示文稿

PowerPoint 2010 启动后默认会新建一个空白的演示文稿，其中只有一张空白的幻灯片，不包括其他任何内容，以方便创作。

单击“文件”选项，选择“新建”命令，在新建命令中选择“空白演示文稿”选项，再单击“创建”按钮可手动创建空白演示文稿，如图 8-2-1 所示。

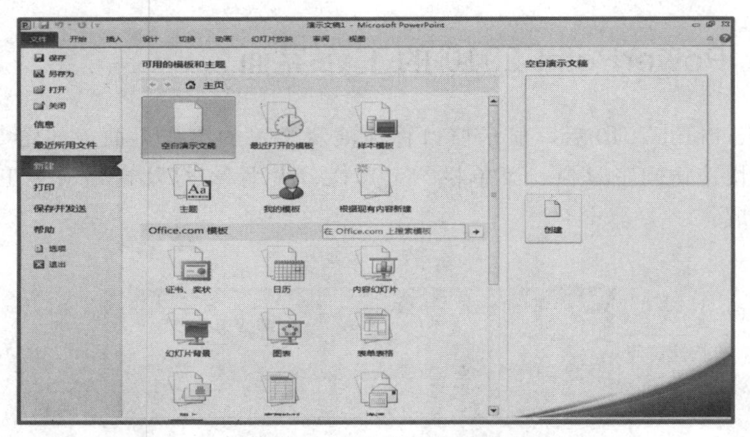

图 8-2-1 新建空白演示文稿

2. 利用模板快速创建演示文稿

模板，指在外观或内容上已经进行了一些预设的文件。模板文件大多是经常使用的类型或专业的样式，通过模板创建演示文稿时就不需要从头开始制作，从而节省时间，提高工作效率。

PowerPoint 2010 中有“可用的模板和主题”“Office. com 模板”两种类型，如图 8-2-2 所示。单击“文件”选项，选择“新建”命令，选择“样本模板”选项，会出现很多可选的模板效果，如图 8-2-3 所示。选择好后单击“创建”按钮。

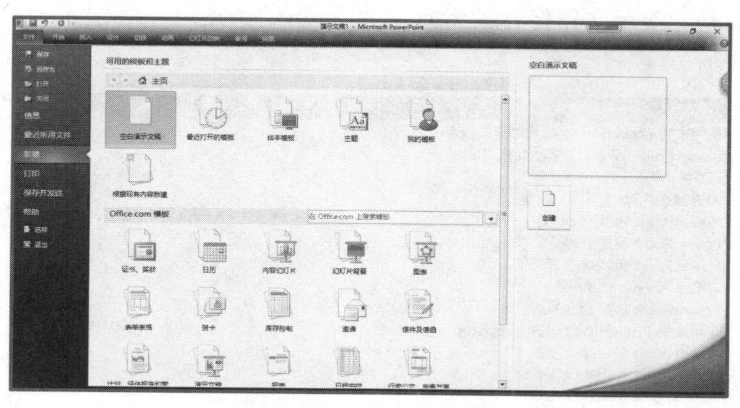

图 8-2-2 新建“模板”

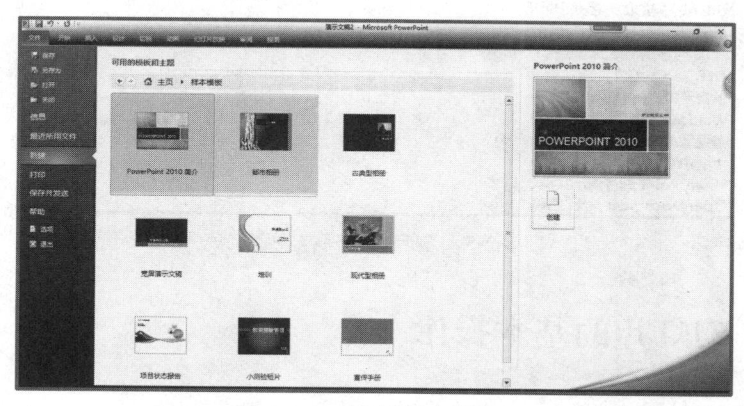

图 8-2-3 新建“样本模板”

3. 保存演示文稿

单击“文件”选项，在弹出的菜单中选择“保存”命令，弹出“另存为”对话框，如图 8-2-4所示。输入文件名后，单击“保存”按钮，即可保存当前演示文稿。

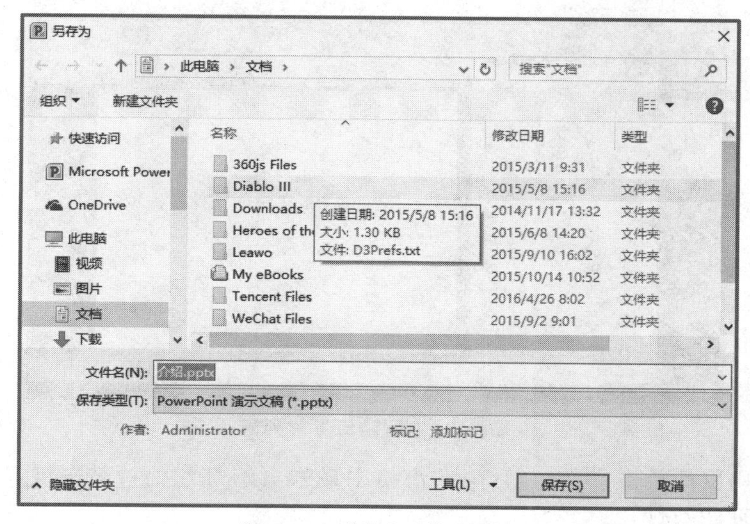

图 8-2-4 “另存为”对话框

需要注意的是，演示文稿保存类型默认为“.pptx”，还可以将演示文稿保存为其他形式，如图 8-2-5 所示。

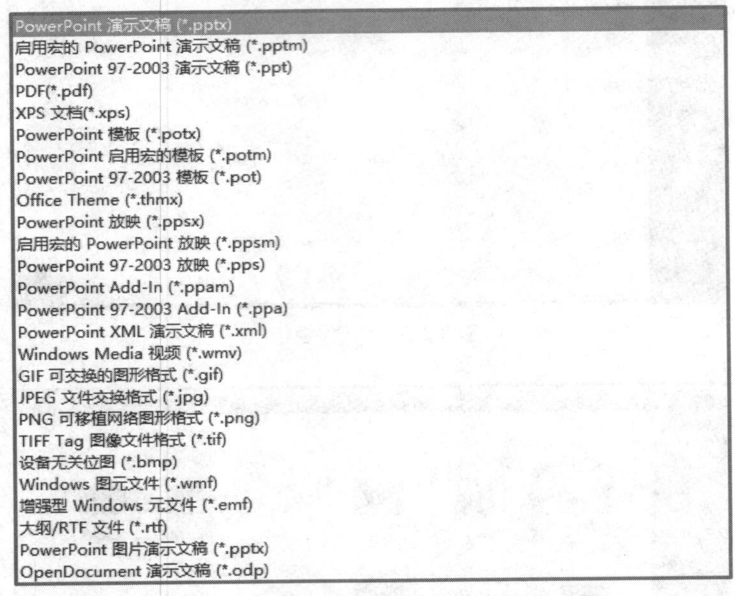

图 8-2-5　演示文稿保存类型列表

▶ 8.2.2　幻灯片的基本操作

1. 插入幻灯片

在制作幻灯片时，经常需要在新建好的演示文稿中插入新的幻灯片，单击“开始”选项卡中的“新建幻灯片”按钮，如图 8-2-6 所示。在下拉列表中单击需要的幻灯片类型，可在左侧“大纲/幻灯片”窗格中看到新插入的幻灯片，如图 8-2-7 所示。

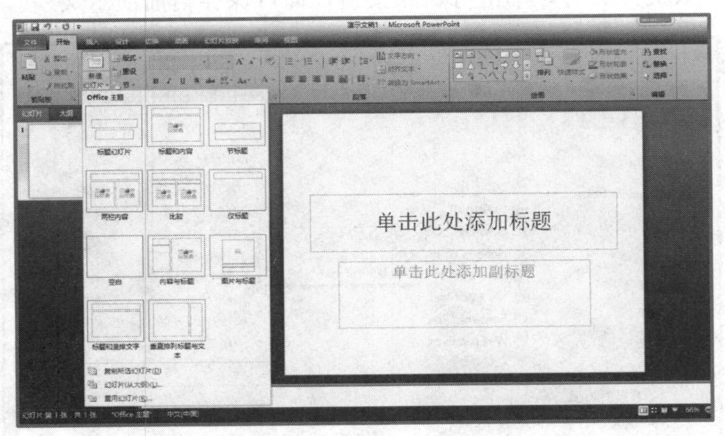

图 8-2-6　新建幻灯片列表

或者直接用鼠标单击“大纲/幻灯片”窗格中最末页幻灯片处，敲击键盘回车键，也可以直接插入一页新幻灯片。

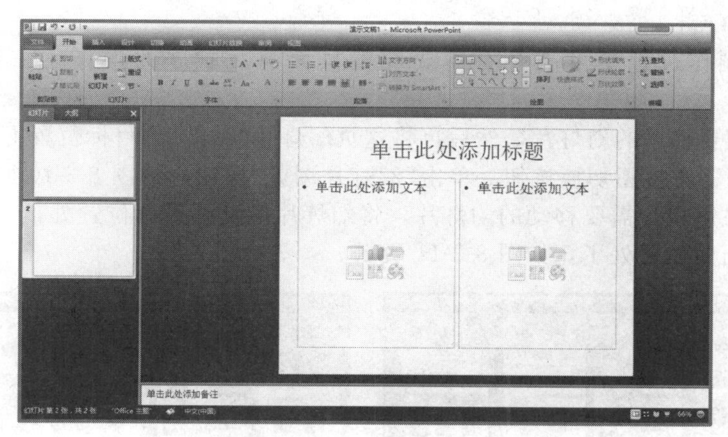

图 8-2-7 插入新幻灯片

2. 复制幻灯片

如果需要复制已经制作好的幻灯片，在窗口左侧的“大纲/幻灯片”窗格中选中需要复制的幻灯片，右击鼠标，在弹出的对话框中选择“复制”命令，如图 8-2-8 所示。

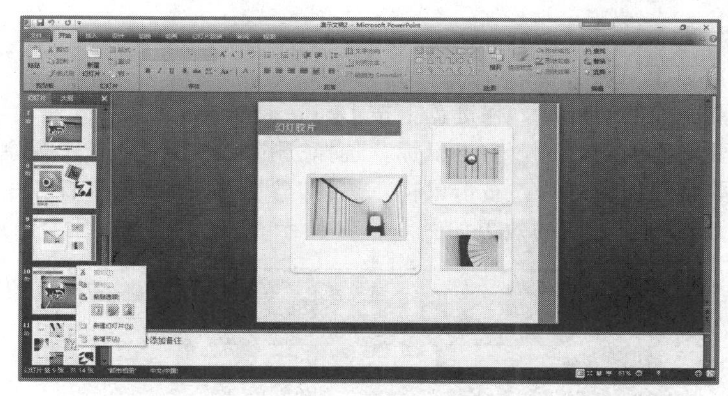

图 8-2-8 复制幻灯片

在目标位置单击鼠标右键，在弹出的对话框中选择“粘贴”命令，即可实现幻灯片的复制操作，如图 8-2-9 所示。

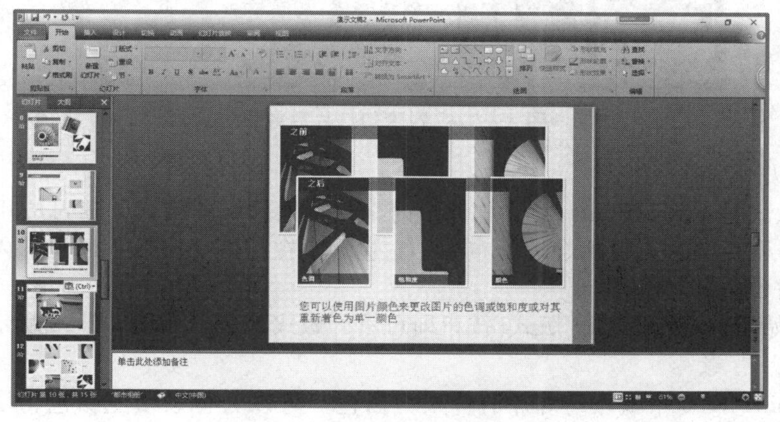

图 8-2-9 复制幻灯片后效果

3. 移动幻灯片

幻灯片在制作过程中可能会有需要调整页面前后顺序的操作，一般有两种操作方法。

(1)“剪切”要移动的幻灯片，然后再将这页幻灯片“粘贴”到目标位置上。

(2) 在页面下方视图切换按钮处单击“幻灯片浏览”按钮，如图 8-2-10 所示。在新的窗口中，用鼠标左键单击需要移动的幻灯片，将幻灯片拖曳到目标位置处，释放鼠标，幻灯片就被移动到当前位置处了，如图 8-2-11 所示。

图 8-2-10 幻灯片浏览界面

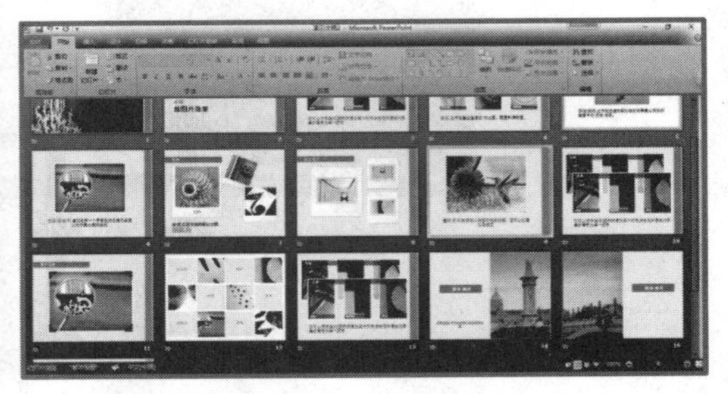

图 8-2-11 移动幻灯片后效果

4. 删除幻灯片

删除幻灯片有以下三种方法。

(1) 选中需要删除的幻灯片，在键盘上按 Delete 键，删除幻灯片。

(2) 选中需要删除的幻灯片，右击鼠标，选择“删除幻灯片”命令，删除幻灯片。

(3) 选中需要删除的幻灯片，右击鼠标，选择“剪切”命令，删除幻灯片。

删除幻灯片后浏览视图下的效果如图 8-2-12 所示。

图 8-2-12 删除幻灯片后效果

5. 幻灯片版式

幻灯片版式是 PowerPoint 2010 软件中的一种常规排版的格式，通过应用幻灯片版式可以对文字、图片等进行更加合理的布局。它包含要在幻灯片上显示的全部内容的格式设置、位置和占位符。

单击“开始”选项卡，单击“版式”按钮即可看到版式列表，如图 8-2-13 所示。

6. 幻灯片背景

PowerPoint 2010 中默认幻灯片的背景为白色，可以为背景填充颜色、填充图案、填充渐变效果和填充图片。

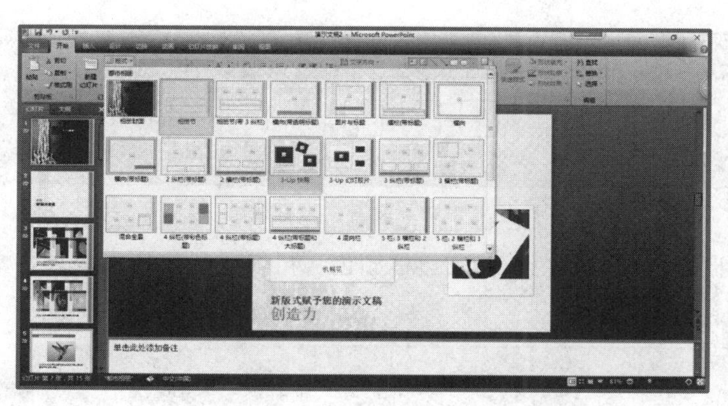

图 8-2-13 幻灯片版式列表

在背景上右击鼠标，弹出菜单，如图 8-2-14 所示。选择“设置背景格式”命令，弹出“设置背景格式”对话框，如图 8-2-15 所示。

选择不同的填充方式即可改变填充效果，四种不同的填充方式填充后效果如图 8-2-16 所示。

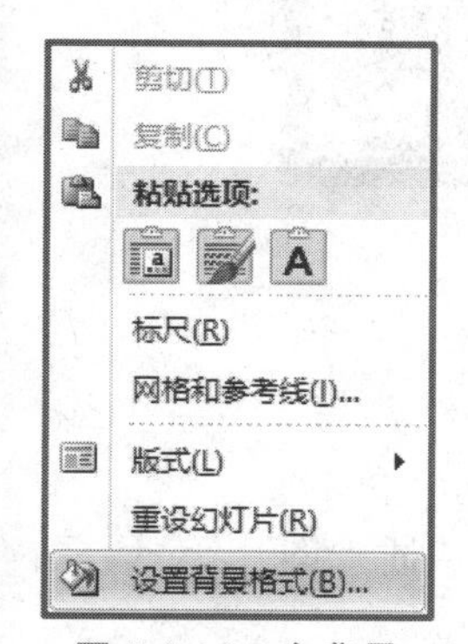

图 8-2-14 在背景上右击弹出菜单

图 8-2-15 “设置背景格式”对话框

图 8-2-16 填充背景后效果

▶ 8.2.3 插入文本框

在“插入”选项卡功能区单击“文本框”按钮，在下拉列表中选择“横排文本框”或“竖排文本框”，如图 8-2-17 所示。

图 8-2-17 插入文本框

文本框内文字设置和页面中文字设置方式一致，可以在“绘图工具格式”选项卡内设置边框，如图 8-2-18 所示。

图 8-2-18　设置文本框边框

文本框可以设置填充背景色，修改边框颜色、粗细或制作特殊效果，文本框设置效果如图 8-2-19 所示。

图 8-2-19　文本框设置效果

▶ 8.2.4　插入图片

在“插入”选项卡功能区单击“图片”按钮，如图 8-2-20 所示。弹出“插入图片”对话框，如图 8-2-21 所示。

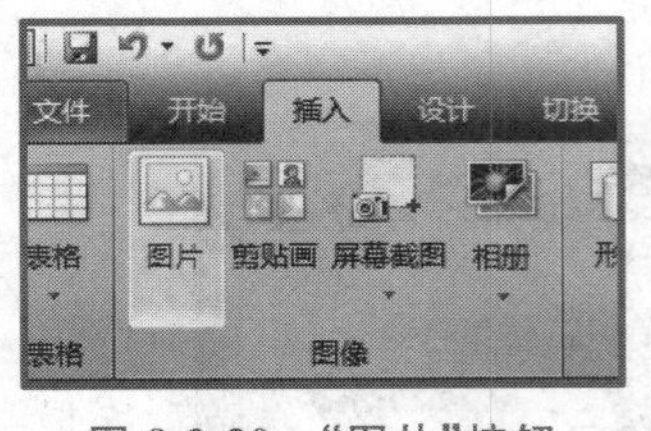

图 8-2-20　“图片”按钮

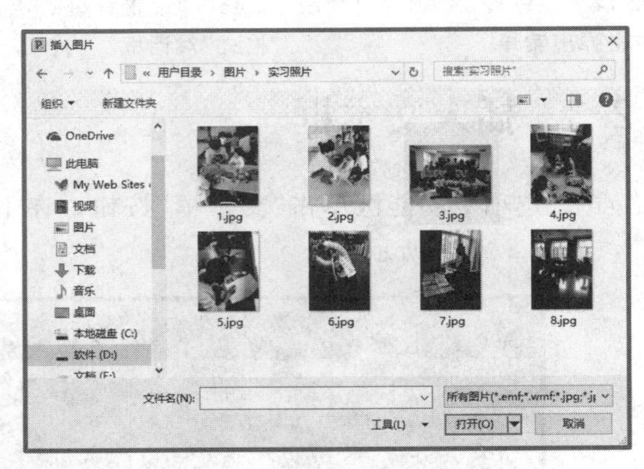

图 8-2-21　“插入图片”对话框

选择需要插入的图片，单击“打开”按钮，图片即被插入演示文稿中，如图 8-2-22 所示。

插入图片后，根据需要进行调整图片大小、位置、角度，更改色调等操作，如图 8-2-23所示。

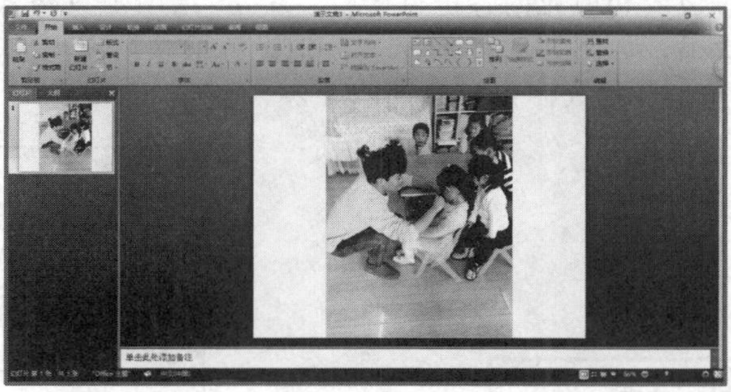

图 8-2-22 插入图片

图 8-2-23 插入图片效果

▶ 8.2.5 插入形状

在“插入”选项卡功能区单击“形状”按钮，如图 8-2-24 所示。弹出下拉列表，如图 8-2-25所示。

图 8-2-24 “形状”按钮

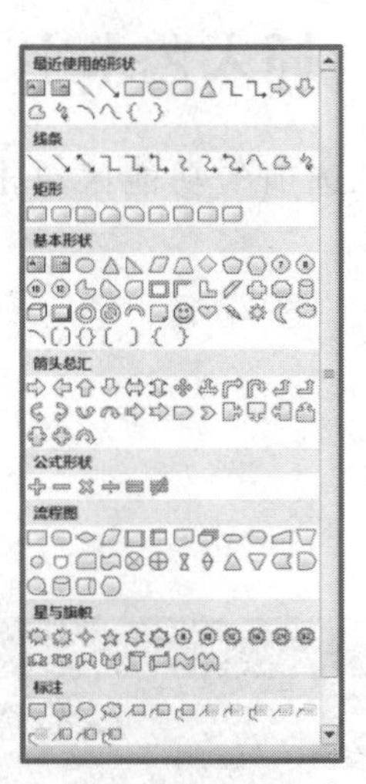

图 8-2-25 形状列表

插入的图形可以对边线和填充内容进行修改。单击“绘图工具格式”选项卡，在功能区中设置插入图形显示效果，如图 8-2-26 所示。分别设置形状填充内容和形状轮廓边线，如图 8-2-27 和图 8-2-28 所示。插入图形效果如图 8-2-29 所示。

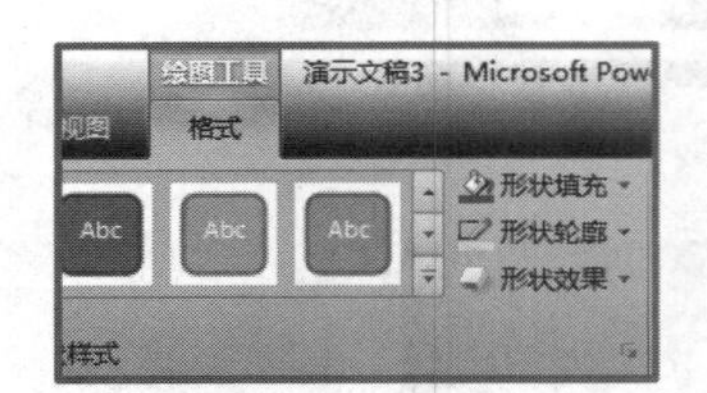

图 8-2-26　图形显示效果

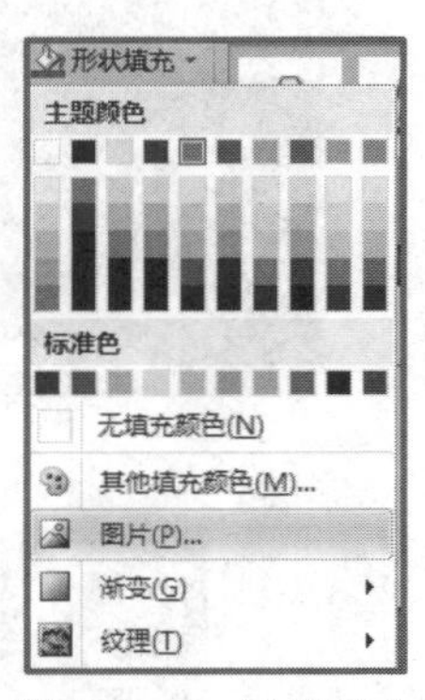

图 8-2-27　形状填充

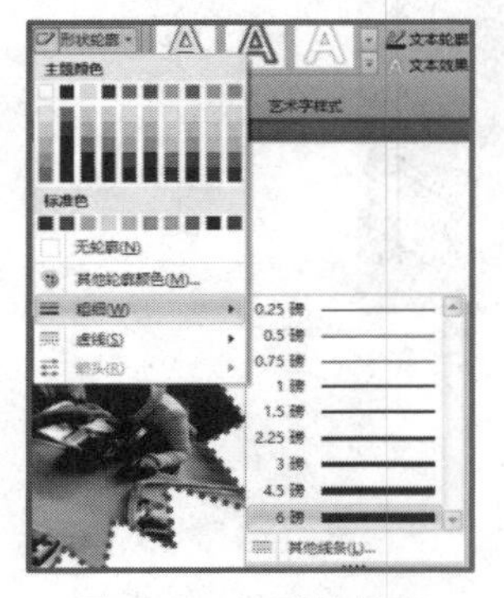

图 8-2-28　形状轮廓

图 8-2-29　插入图形效果

▶ 8.2.6　插入艺术字

在“插入”选项卡功能区单击“艺术字”按钮，如图 8-2-30 所示。弹出下拉列表，如图 8-2-31所示。

图 8-2-30　“艺术字”按钮

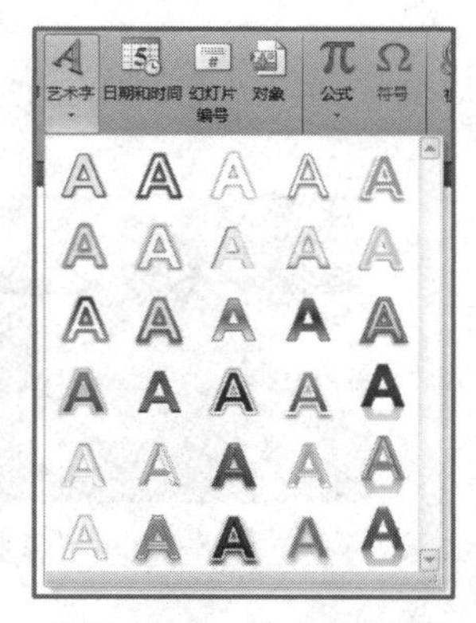

图 8-2-31　艺术字列表

在下拉列表中单击合适的艺术字效果，会自动在幻灯片中出现一个文本框，如图 8-2-32所示。直接在文本框中录入文字即可，录入文字自动生成所选择的艺术字效果，如图 8-2-33 所示。

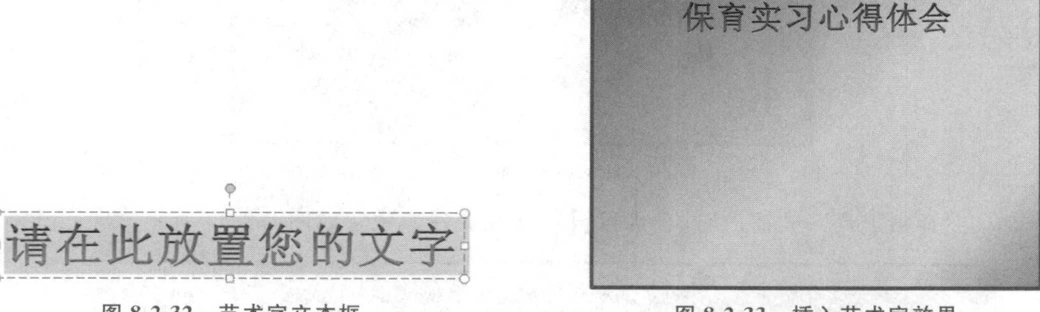

图 8-2-32　艺术字文本框　　　　图 8-2-33　插入艺术字效果

▶ 8.2.7　插入音频和视频

1. 插入音频

在“插入”选项卡功能区单击“音频”按钮，如图 8-2-34 所示。弹出“插入音频”对话框，如图 8-2-35 所示。在对话框中选择音乐文件，单击“插入”按钮。

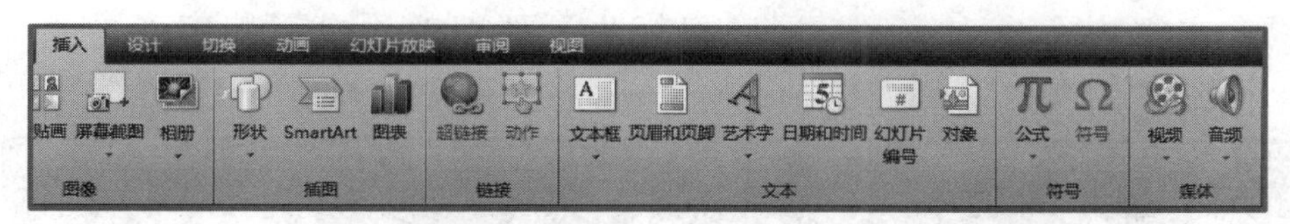

图 8-2-34　“音频”按钮

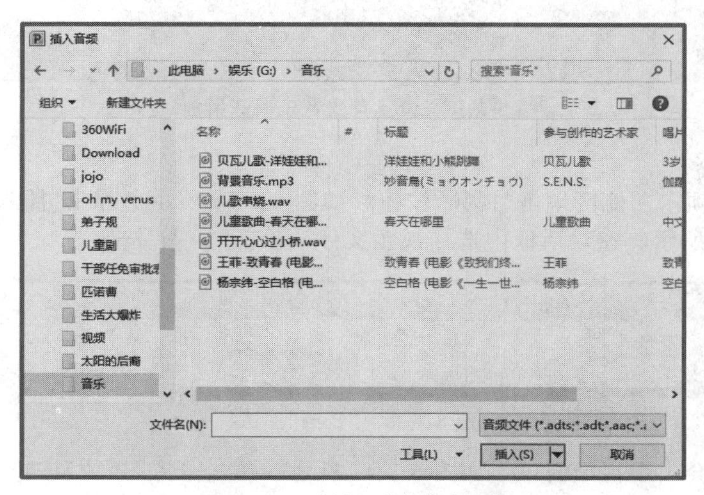

图 8-2-35　“插入音频”对话框

此时会在幻灯片上出现一个喇叭图案，如图 8-2-36 所示。单击喇叭下方的播放按钮，可以听到插入的音频文件。

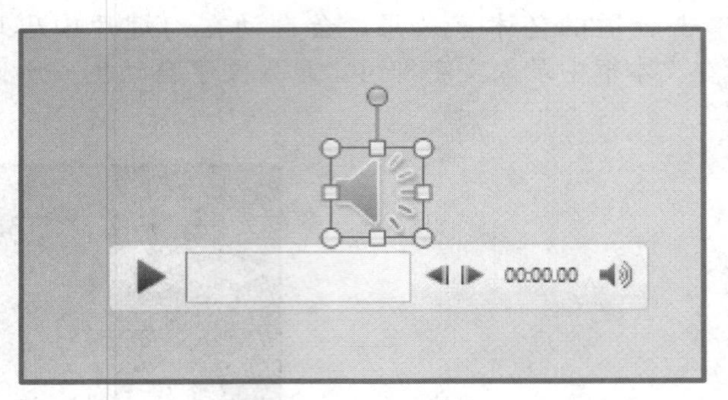

图 8-2-36 喇叭图案

单击“音频工具”→“播放”选项卡可设置音频文件参数，如图 8-2-37 所示。

图 8-2-37 “播放”选项卡

需要注意，如果任何操作都不做，幻灯片在切换到下一页的时候声音就自动停止了，如果希望插入一段背景音乐的话，可以勾选“播放”选项卡中“循环播放，直到停止”选项，方框内会出现“√”，这时幻灯片页面切换不会影响声音的播放，如图 8-2-38所示。

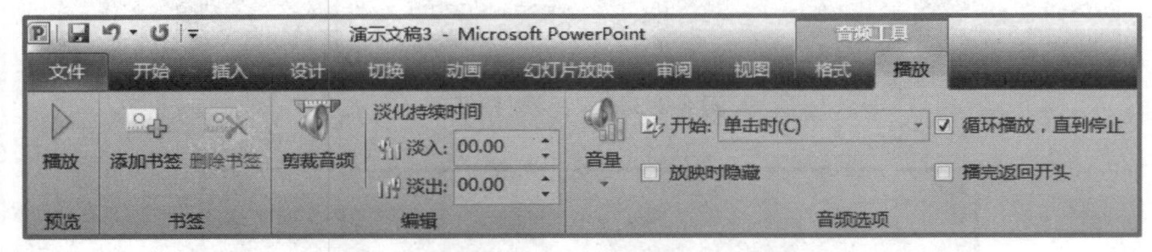

图 8-2-38 设置背景音乐循环播放

2. 插入视频

在“插入”选项卡功能区单击“视频”按钮，如图 8-2-39 所示。弹出“插入视频文件”对话框，如图 8-2-40 所示。在对话框中选择视频文件，单击“插入”按钮。

图 8-2-39 “视频”按钮

此时页面上会出现视频窗口，如图 8-2-41 所示，单击下方“播放”按钮，可以观看插入的视频。

需要注意，“视频工具”→“播放”选项卡中有“全屏播放”和“未播放时隐藏”两项设置，如图 8-2-42 所示。当需要用到这项设置时，勾选相应选项即可执行。

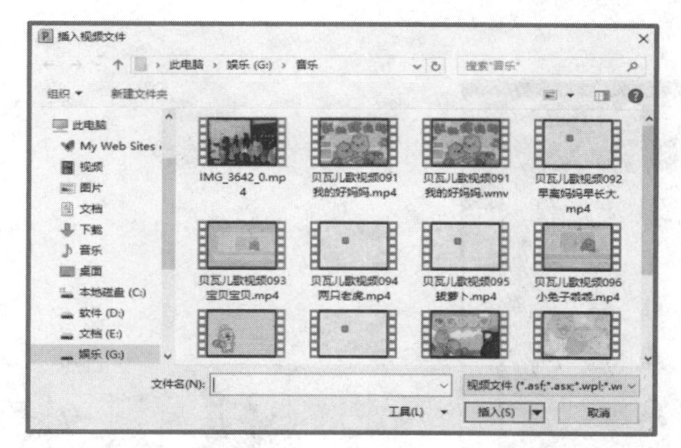

图 8-2-40　"插入视频文件"对话框

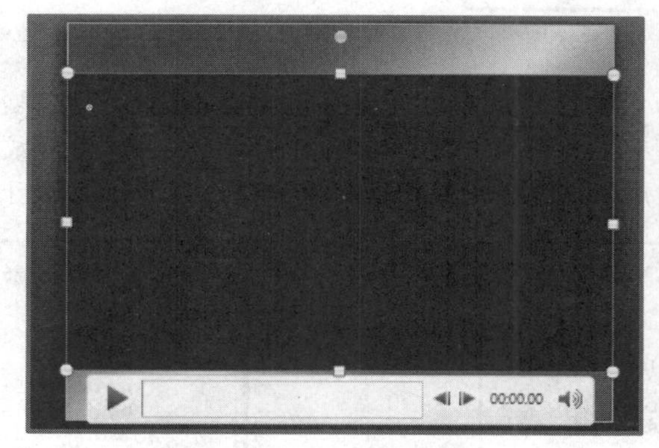

图 8-2-41　插入视频

图 8-2-42　"播放"选项卡

▶ 任务 1　制作"认识水果"课件

1. 任务描述

请为幼儿园宝宝班制作一个认识水果的课件。

幼儿园老师说：我这节课需要为宝宝班的小朋友们介绍 5 种常见的水果，分别是苹果、梨、香蕉、橘子和番茄。请你先帮我将 5 种水果的图片、视频、音频插入课件中。

2. 操作步骤

(1) 打开 PowerPoint 2010。

(2) 在幻灯片第一页插入艺术字"认识水果"。单击"插入"选项卡中的"艺术字"按钮，如图 8-2-43 所示。选择一种艺术字，输入文字"认识水果"，如图 8-2-51 所示。自行调整艺术字显示效果。

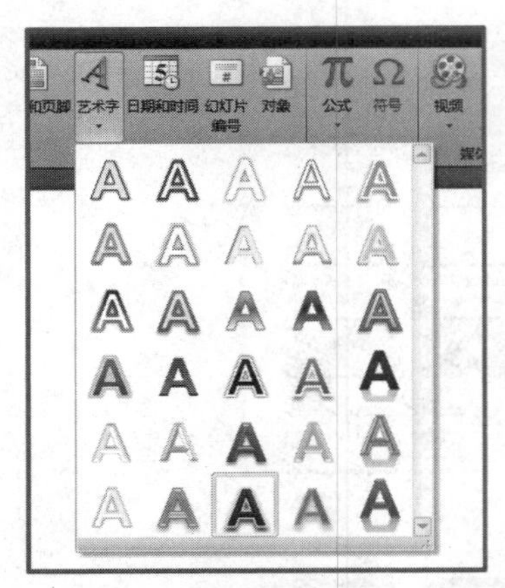

图 8-2-43 选择"艺术字"

图 8-2-44 输入文字"认识水果"

(3) 将背景设置为水果图片。在幻灯片页面上右击鼠标，在弹出的菜单中选择"设置背景格式"命令，如图 8-2-45 所示。在弹出的对话框中选择"图片或纹理填充"，单击"关闭"按钮，如图 8-2-46 所示。在弹出的对话框中选择水果图片，如图 8-2-47 所示。

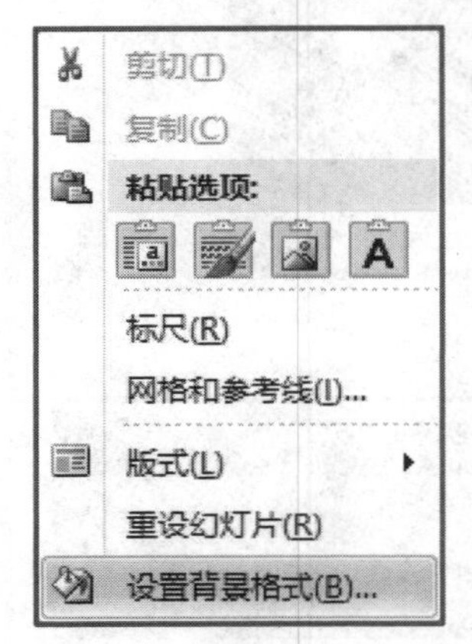

图 8-2-45 "设置背景格式"命令

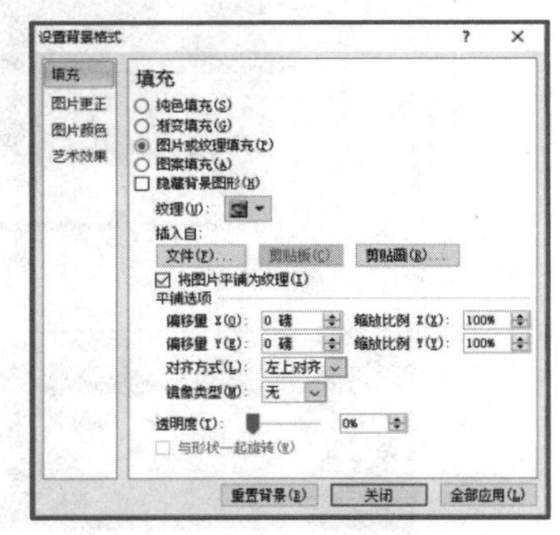

图 8-2-46 "设置背景格式"对话框

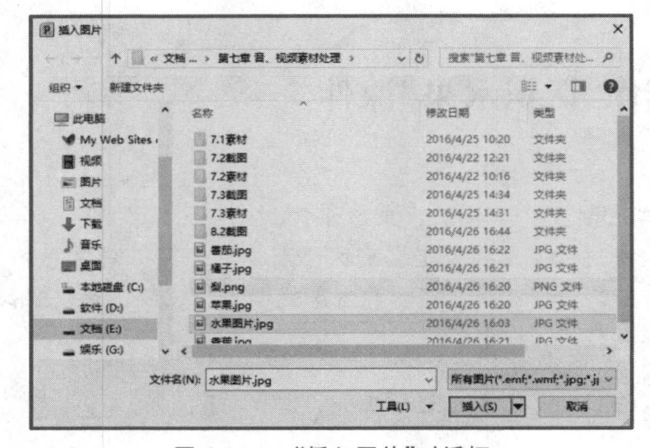

图 8-2-47 "插入图片"对话框

单击“插入”按钮，将背景图片插入演示文稿中，如图 8-2-48 所示。

图 8-2-48 插入背景图片效果

(4) 选择“设计”选项卡，为课件选择一个模板，如图 8-2-49 所示。选择后，对首页的标题进行简单的修改，让页面更美观，如图 8-2-50 所示。

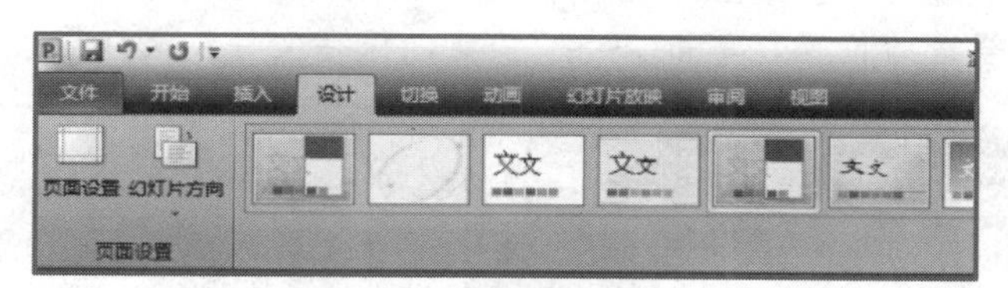

图 8-2-49 选择模板

图 8-2-50 添加“模板”后效果

(5) 每页插入一种水果图片，在图片上方文本框中标明水果的名字，先写出水果的中文名称，在括号内写上水果英文的名字，如图 8-2-51 所示。

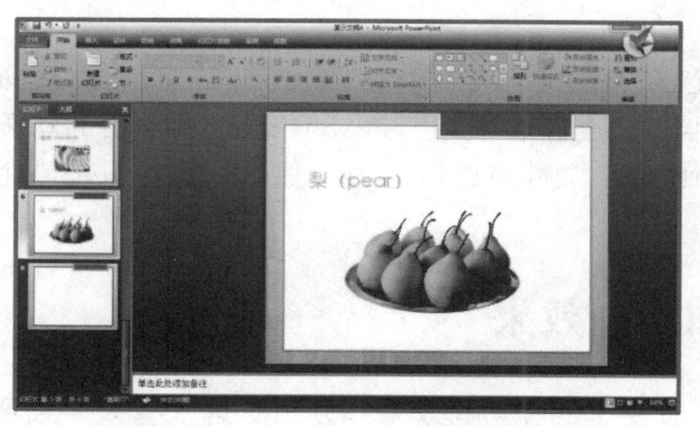

图 8-2-51 插入图片并标明水果名称

(6) 最后一页插入幼儿舞蹈“小苹果”视频。在幻灯片页面中间部分单击“视频”按钮，如图 8-2-52 所示。在弹出的对话框中选择需要插入的视频文件，如图 8-2-53 所示。单击“插入”按钮，视频即被插入演示文稿中，如图 8-2-54 所示。

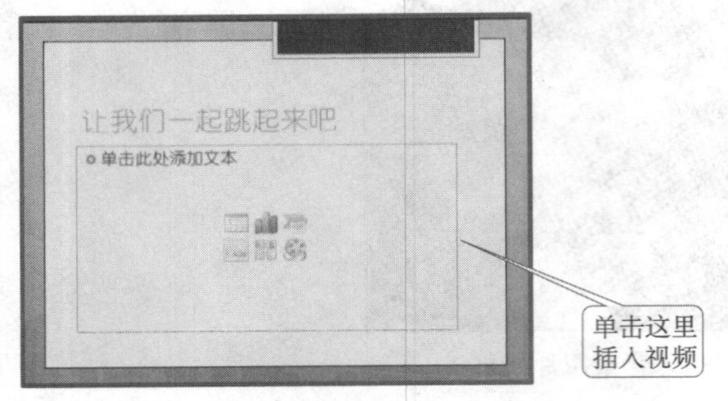

图 8-2-52　插入视频按钮

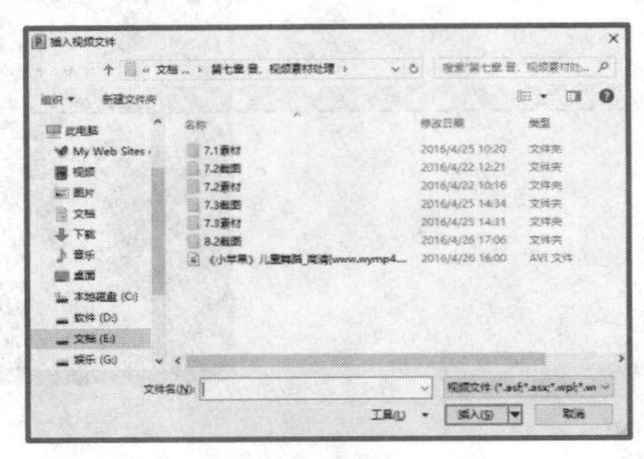

图 8-2-53　插入视频文件对话框

(7) 单击“文件”选项，在弹出的菜单中选择“保存”命令，弹出“另存为”对话框，如图 8-2-55 所示。选择合适的位置，单击“保存”按钮，保存文件，文件格式选择 .pptx 即可。

图 8-2-54　视频插入后效果

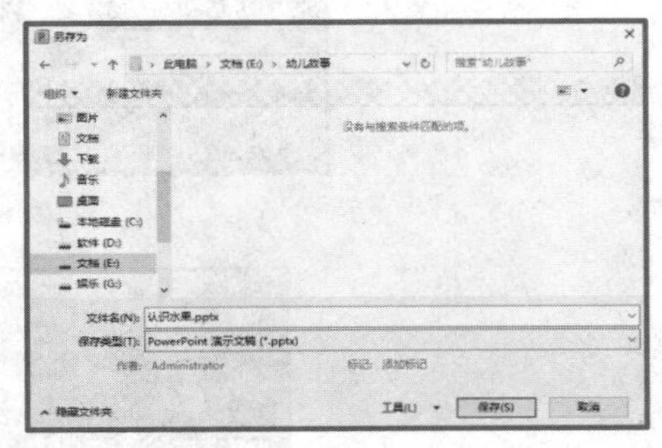

图 8-2-55　“另存为”对话框

8.3　幻灯片动画设置

通过 PowerPoint 2010 软件，可以把采集而来的图形图像类素材、音频素材、视频素材等插入课件中，让课件内容丰富精彩。除此之外，PowerPoint 2010 的“动画”选项卡提供了很多动画效果，可以让课件中的静态素材活动起来，让课件更加活泼生动、引人入胜。

动画效果最好在已经确定所有素材都已添加完毕，而且位置确定后，再添加动画效果，否则修改演示文档就会变得很烦琐。PowerPoint 2010 中的动画加载是实现多媒体效果的重要操作，也是使 PPT 文件吸引注意力的重要方法，但是滥用动画效果也会影响课件的整体性。

8.3.1　添加动画效果

PowerPoint 2010 提供了四种动画效果，分别是进入效果、强调效果、退出效果和自定义路径。

当需要为素材添加动画效果时，在页面上方选择“动画”选项卡，出现动画效果选择区，如图 8-3-1 所示。如果列表中的动画效果无法满足要求，可以单击列表最下方的“更多进入效果”“更多强调效果”“更多退出效果”和“其他动作路径”选项。

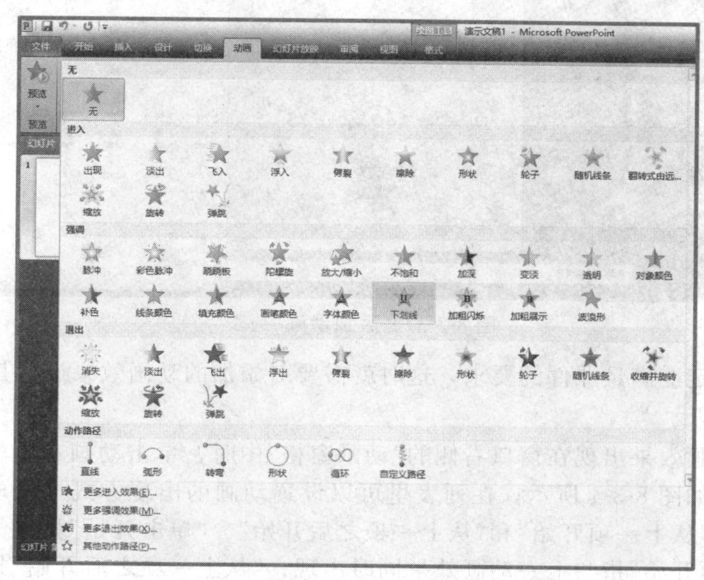

图 8-3-1　动画效果列表

选中动画效果后，在“动画”功能区单击“动画窗格”，PowerPoint 2010 窗口右侧会出现“动画窗格”，可以看到当前幻灯片的全部动画效果，如图 8-3-2 所示。

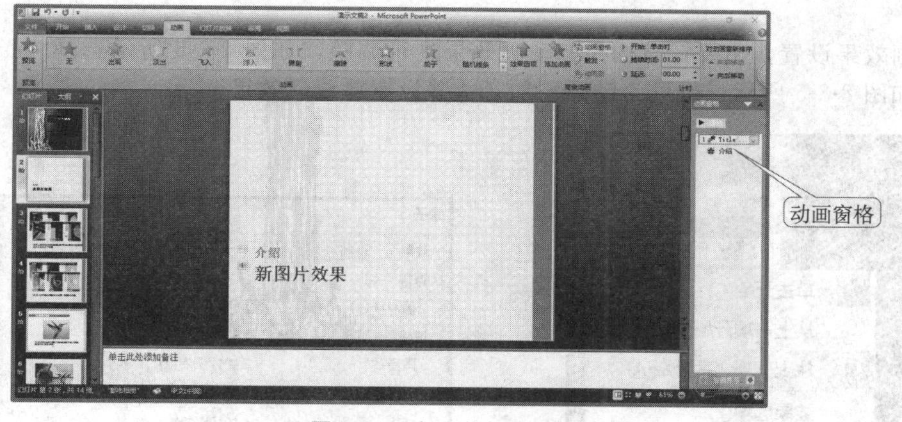

图 8-3-2　打开“动画窗格”

选中插入的素材后，在“动画”功能区选中任意动画都会为素材添加相应动画效果，如果要为当前选中素材多次添加动画效果，需要在功能区单击“添加动画”按钮，重复添加动画操作，如图 8-3-3 所示。

▶ 8.3.2　动画效果设置

在 PowerPoint 2010 中为素材添加动画效果，是为了让课件更生动活泼，但是直接插

图 8-3-3 “添加动画”列表

入动画效果不一定能满足课件的要求，这时就需要对添加的动画效果进行其他的设置。

1. 动画出现方式

当添加的动画效果出现在窗口右侧的“动画窗格”中时，单击动画右侧的向下箭头，会弹出下拉列表，如图 8-3-4 所示，在列表里可以设置动画的出现方式。出现方式一共有三种：“单击开始”“从上一项开始”和“从上一项之后开始”。“单击开始”指点击鼠标出现动画效果；“从上一项开始”指与上一动画效果同时出现；“从上一项之后开始”指上一动画结束后直接出现此时正在设置的动画效果。

2. 效果选项

单击下拉菜单中的“效果”选项，会弹出对话框，在对话框中还可以对动画进行更详细的设置。

动画效果设置，主要针对选择的动画效果进行调整，如图 8-3-5 所示选择“轮子”动画效果，如图 8-3-5 所示，也可为动画添加音效并设置播放后效果。

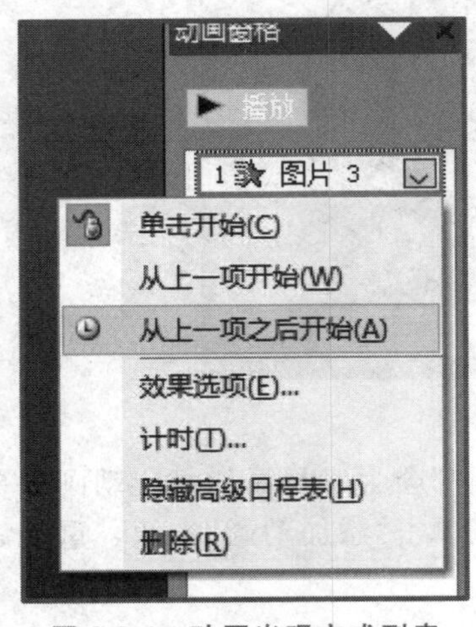

图 8-3-4 动画出现方式列表

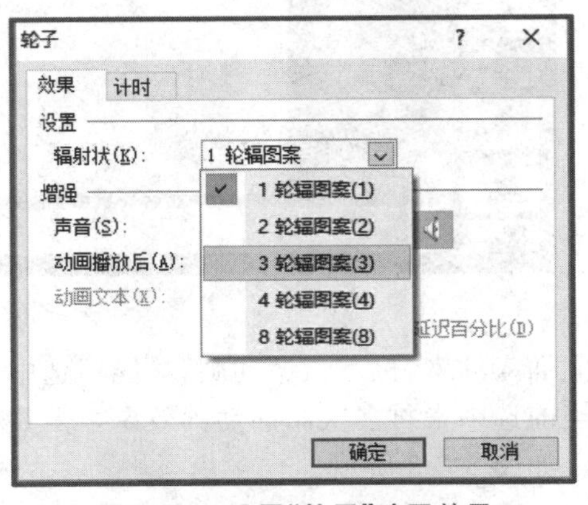

图 8-3-5 设置“轮子”动画效果

计时设置，可以选择下拉菜单中系统自带的时间，如图 8-3-6 所示，也可以在“动画窗格”中用鼠标拖曳动画效果右侧的时间条，调整动画播放时间，如图 8-3-7 所示。

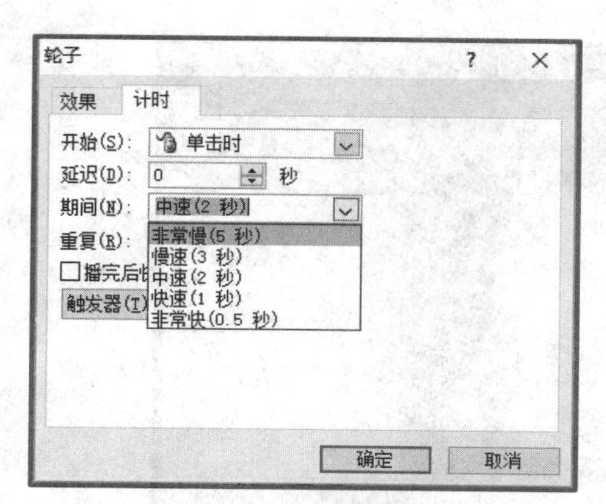

图 8-3-6 设置动画时间

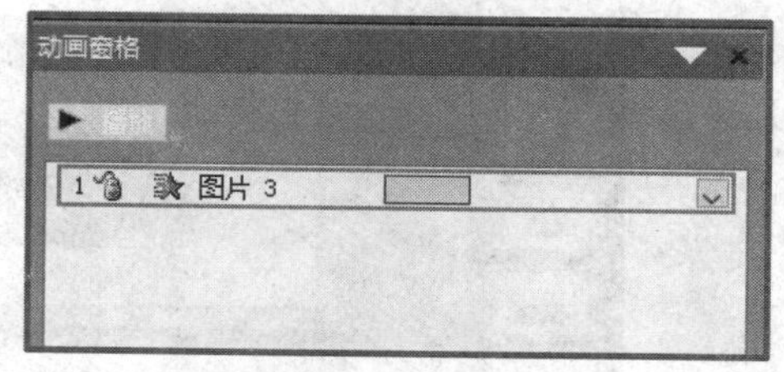

图 8-3-7 手动调整动画时间

当有多个素材添加动画效果后，页面上素材左上角会出现数字，表示动画顺序，如果需要调整动画播放顺序，可以在窗口右侧的“动画窗格”中选中要调整次序的动画效果，鼠标左键拖曳上下移动来调整顺序，如图 8-3-8 所示。

图 8-3-8 动画播放顺序

▶ 任务 2 为课件添加动画效果

1. 任务描述

我们已经将素材添加到了“认识水果”课件中，现在我们来为课件添加一些动画效果。

2. 操作步骤

(1) 打开之前制作的“认识水果”课件。

(2) 首页不需要做动画效果。在水果页面选中水果图片，单击“动画”选项卡，在动画选择区选择“淡出”效果，如图 8-3-9 所示，设置出现方式为“从上一项之后开始”。

选中文字文本框，单击“动画”选项卡，在动画选择区选择“出现”效果，如图 8-3-10 所示，设置出现方式为“单击开始”。

(3) 其他水果页面也进行第(2)步操作。

(4) 单击“文件”菜单，在弹出窗口左侧单击“保存”按钮，保存演示文稿。

图 8-3-9 “淡出”效果

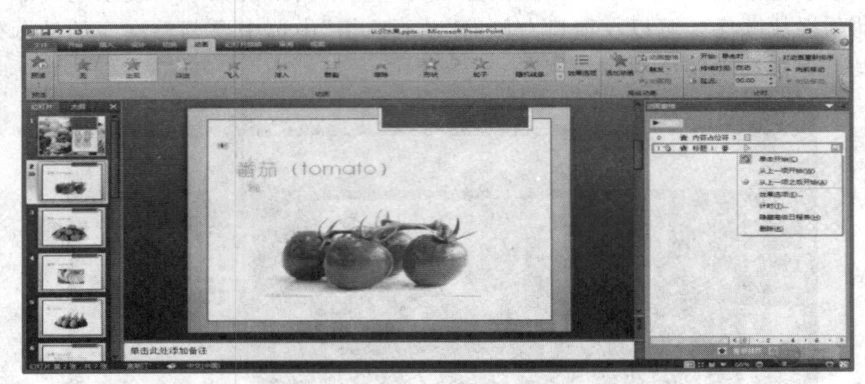

图 8-3-10 “出现”效果

▶ 8.3.3 动作路径设置

PowerPoint 2010 中提供了“动作路径”动画效果，通过“动作路径”我们可以自行设计插入素材的运动轨迹。尤其是对于幼儿故事课件制作来说，经常有小动物运动效果的设置，为了让小动物的运动轨迹和背景图片更好的结合，“动作路径”是最好的选择。

设置动作路径首先要确定素材的运动轨迹、运动时间。选中素材后，在“动画”选项卡中单击“选择动画”小窗口右下方的下箭头，在弹出的下拉列表中选择“其他动作路径”，如图 8-3-11 所示。

单击后会出现“更改动作路径”对话框，如图 8-3-12 所示。在该对话框中可以选择很多特殊的动作路径。

如果认为所有的路径都不能满足需要的时候，可以选择“自定义路径”按钮，如图 8-3-13所示。选择“自定义路径”之后，在窗口中单击鼠标会变为铅笔的样子，可以自己绘制素材的运动轨迹。

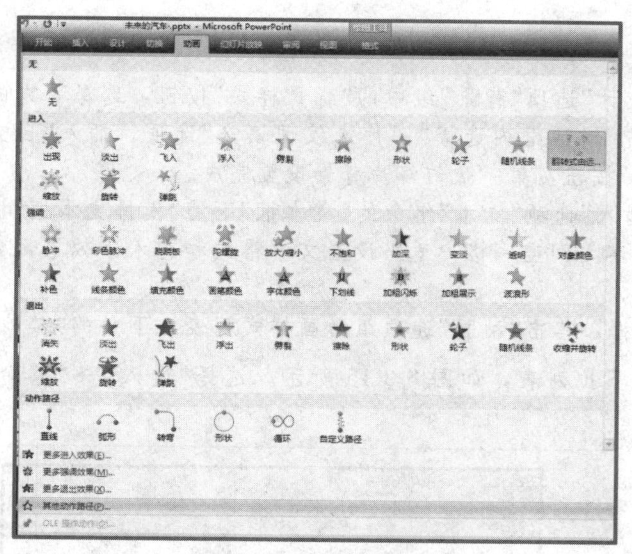

图 8-3-11 其他动作路径

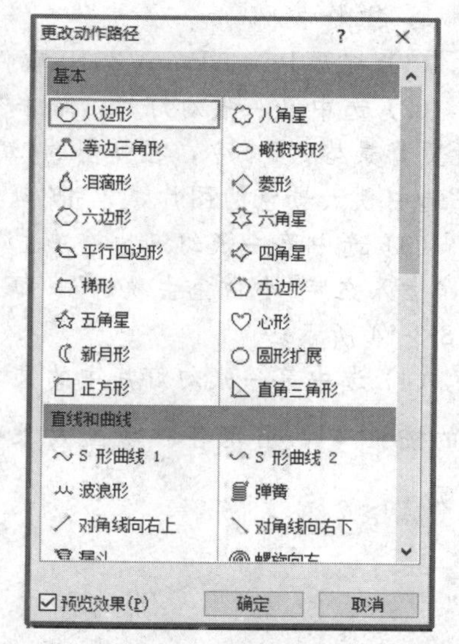

图 8-3-12 更改“动作路径”对话框

图 8-3-13 “自定义路径”按钮

动作路径也可以进行我们介绍过的动画设置的操作，这里就不再重复介绍了。

▶ 任务 3 制作“小白兔去秋游”课件

1. 任务描述

根据《小白兔去秋游》故事内容制作一个符合幼儿审美并且能吸引幼儿注意力的课件。

小白兔去秋游

秋天来了，山上的枫叶慢慢由绿变红了，远远看去绿的、黄的、橙的、红的，非常漂亮，一阵风吹过，一片枫叶落了下来。

小白兔看到外面阳光明媚、秋高气爽的，决定走出自己的南瓜屋，去欣赏一下美丽的秋景。它来到树林中，松鼠正在准备过冬的食物，没时间和它做游戏。它向前走，穿过了树林，来到了一片麦田，金色的麦子随风摆动，就像一片金色的麦浪。它又向前走，穿过麦田，来到了一片果园中，黄澄澄的梨，红红的苹果，紫莹莹的葡萄，火红的石榴咧着嘴冲它笑呢。

多美的秋天呀！这也是一个丰收的秋天，小白兔高高兴兴地跑回家，也去准备过冬的食物啦。

2. 操作步骤

(1) 打开 PowerPoint 2010 软件。

(2) 选中第一张幻灯片，单击“设计”选项“背景”组中的“背景样式”按钮，选择下方的“设置背景格式”命令，在弹出的“填充”对话框内选择“图片或纹理填充”选项，插入“自文件”选中秋天景色的图片，单击“确定”按钮，第一张幻灯片背景设置完成。

(3) 选中第一张幻灯片，单击“插入”选项“文本”组中的“文本框”下的“横排文本框”按钮，插入文字“小白兔去秋游”，每个字之间空一格，适当设置文本格式和艺术字效果，如图 8-3-14 所示。

(4) 选中第一张幻灯片中的文本框，单击“动画”选项组动画样式列表右下角的“其他”中的按钮 ，出现各种动画效果的下拉列表，如图 8-3-15 所示。选择“进入”→“擦除”选项。

图 8-3-14　设置背景和标题

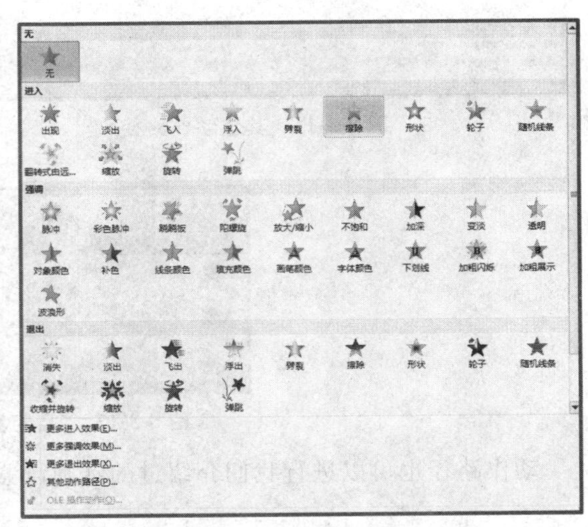

图 8-3-15　选择动画效果

(5) 选中第一张幻灯片中的文本框，单击“动画”选项组中“高级动画”下的“动画窗格”按钮，在“动画窗格”对话框内选择第一个动画效果右侧的其他按钮。在弹出的“擦除”对话框内选择“效果”按钮下的“自左侧”方向设置，“计时”按钮下选择“期间非常慢 5 秒”，因为毛笔字的书写一般都是自左向右进行，如图 8-3-16 和图 8-3-17 所示。

图 8-3-16　选中动画效果

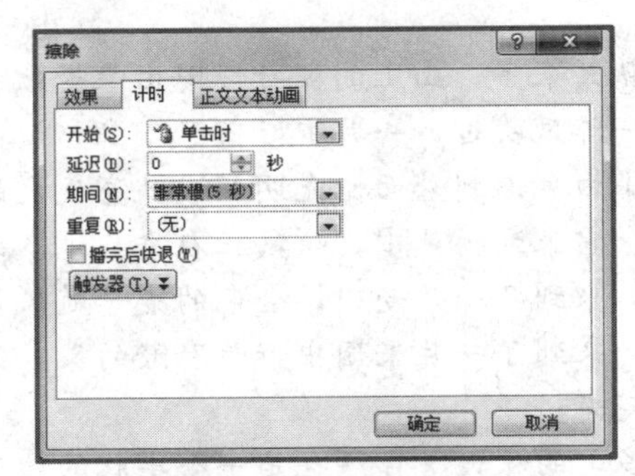

图 8-3-17　设置选中动画

(6) 选中第一张幻灯片，单击“插入”选项“图像”组中的“图片”按钮，选中毛笔字的图片，删除背景，这部分知识前面已讲，不再重复，适当调整毛笔的大小和位置，如图8-3-18所示。

图 8-3-18　调整毛笔后效果

(7) 选中毛笔图片，单击“动画”选项组中“高级动画”下的“添加动画”选项，选择“动作路径”→“自定义路径”，沿着“小白兔去秋游”的写字方向书写路径，双击鼠标书写结束。书写结束后选中路径，路径以绿色三角开始，红色三角结束，此时可以调整路径的大小、方向和位置，如图 8-3-19 所示。

图 8-3-19　自定义路径

(8) 在“动画窗格”内选择“路径动画”选项，在弹出的“路径动画”对话框内选择“计时”按钮下的“开始与上一动画同时”和“期间非常慢 5 秒”，如图 8-3-20 所示，这样文字和毛笔图片就可以同时出现同时结束，第一张幻灯片的动画效果制作完成。

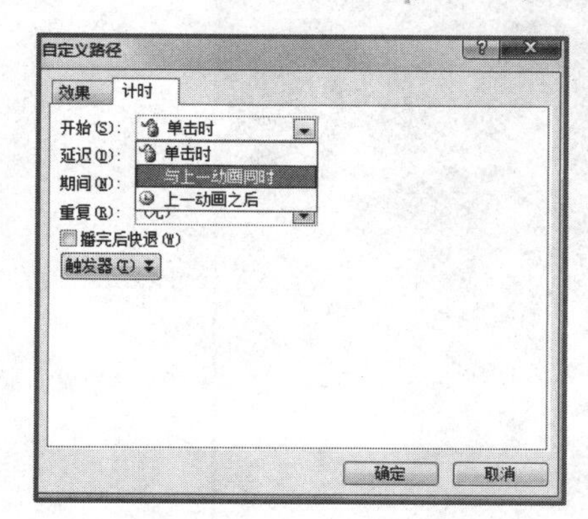

图 8-3-20　设置毛笔路径

图 8-3-21　设置后播放效果

(9) 选中第一张幻灯片，按 Shift＋F5 组合键，播放观看动画效果，如图 8-3-21 所示。

(10) 单击“开始”选项“幻灯片”组的“新建幻灯片”按钮，选择新建一张空白幻灯片。

(11) 选中第二张幻灯片，单击“设计”选项“背景”组中的“背景样式”按钮，选择下方的“设置背景格式”命令，在弹出的“填充”对话框内选择“图片或纹理填充”选项，插入“自文件”选中落叶景色的图片，单击“确定”按钮，第二张幻灯片背景设置完成。

(12) 选中第二张幻灯片，单击“插入”选项“图像”组中的“图片”按钮，选中一张单独枫叶的图片，删除背景，适当调整枫叶的大小和位置，使它和背景融为一体，如图 8-3-22 所示。

图 8-3-22　调整枫叶大小和位置

(13) 为了制作枫叶一边飘落一边旋转的动画效果，我们需要将三个动画效果同时出现。选中枫叶图片，单击“动画”选项组动画样式列表右下角的“其他”中的按钮，选择“进入”→“旋转”选项。

(14) 选中枫叶图片，单击“动画”选项组中“高级动画”下的“添加动画”选项，选择“强调”→“陀螺旋”选项。

(15) 选中枫叶图片，单击“动画”选项组中“高级动画”下的“添加动画”选项，选择“动作路径”→“自定义路径”，画出枫叶下落路径，如图 8-3-23 所示。

图 8-3-23　枫叶路径及设置

(16) 三组动画设置完成后，进入“陀螺旋”和“路径动画”的计时按钮，均选择“开始与上一动画同时”和“期间非常慢 5 秒”，同时也将“旋转动画的”时间改为“期间非常慢 5 秒”，这样三个动画同时播放同时结束，枫叶就可以一边飘落一边旋转，如图 8-3-24 和图 8-3-25 所示。

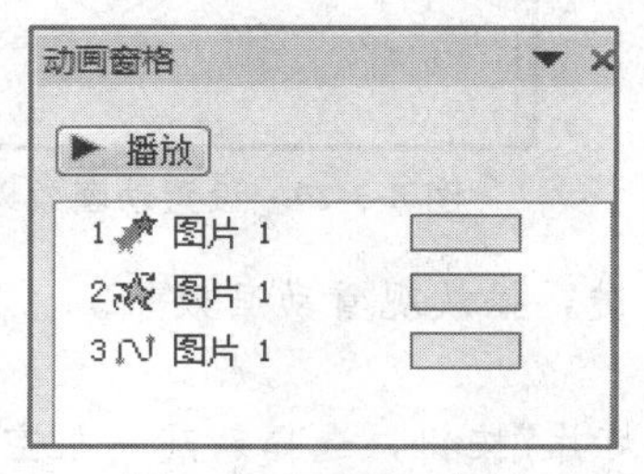

图 8-3-24 添加动画

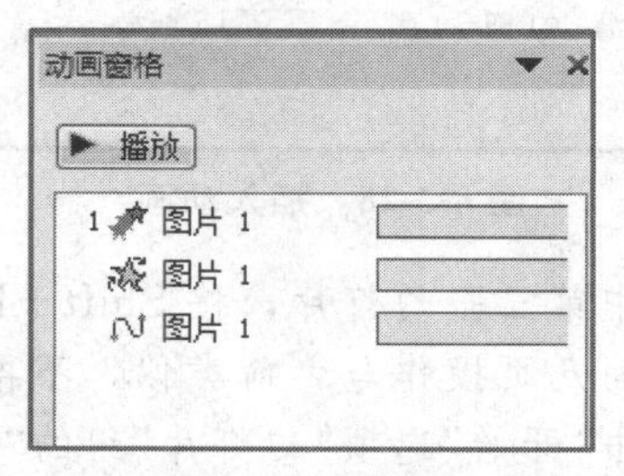

图 8-3-25 调整动画时间

(17) 选中第二张幻灯片，按 Shift＋F5 组合键，播放观看动画效果。

(18) 单击“开始”选项“幻灯片”组的“新建幻灯片”按钮，选择新建一张空白幻灯片。

(19) 选中第三张幻灯片，单击“设计”选项“背景”组中的“背景样式”按钮，选择下方的“设置背景格式”命令，在弹出的“填充”对话框内选择“图片或纹理填充”选项，插入“自文件”选中小白兔南瓜屋的图片，单击“确定”按钮，第三张幻灯片背景设置完成。

(20) 选中第三张幻灯片，单击“插入”选项“图像”组中的“图片”按钮，选中一张单独小白兔的图片，删除背景，适当调整小白兔的大小和位置，使它出现在南瓜屋的门口，如图 8-3-26 所示。

(21) 为了制作小白兔先出现，再沿着小路行走的动画效果，我们需要将三个动画效果依次出现。选中小白兔图片，单击“动画”选项组动画样式列表右下角的“其他”中的按钮，选择“进入”→“出现”选项。

(22) 选中小白兔图片，单击“动画”选项组中“高级动画”下的“添加动画”选项，选择“强调”→“跷跷板”选项。

(23) 选中小白兔图片，单击“动画”选项组中“高级动画”下的“添加动画”选项，选择“动作路径”→“自定义路径”选项，画出小白兔沿着小路行走的路径，如图 8-3-27 所示。

图 8-3-26 调整白兔的大小和位置

图 8-3-27 小白兔行走路径

(24) 三组动画设置完成后，进入“跷跷板”和“路径动画”的计时按钮，均选择“开始与上一动画之后”，三个动画的时间长短根据动画情节需要自行设定，这样三个动画就可以按照动画情节依次播放，如图 8-3-28 和图 8-3-29 所示。

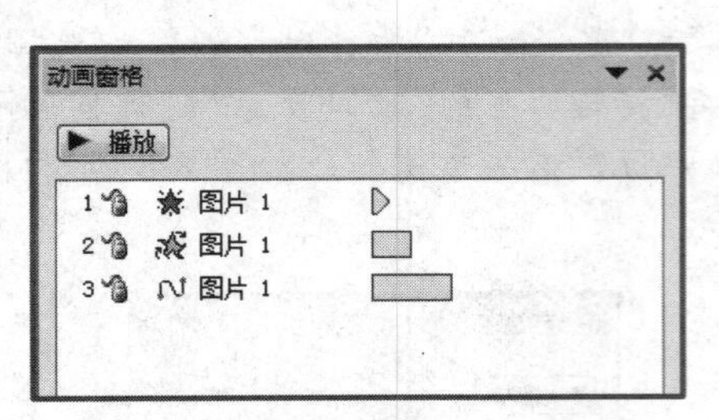

图 8-3-28　插入动画

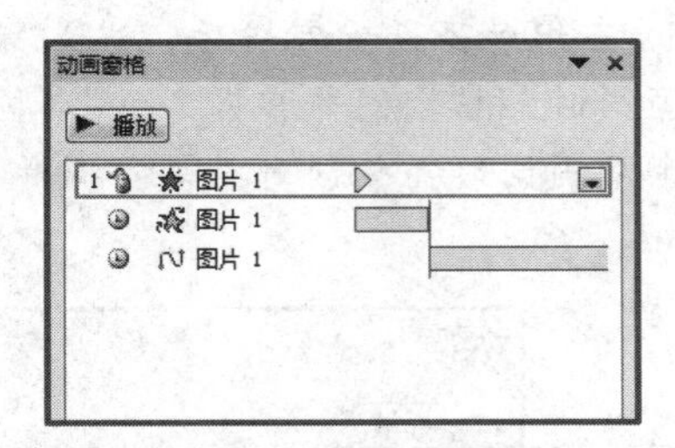

图 8-3-29　设置动画效果

(25) 选中第三张幻灯片，按 Shift＋F5 组合键，播放观看动画效果。

(26) 后面几页操作与之前类似，不再赘述。

(27) 单击"开始"选项"幻灯片"组的"新建幻灯片"按钮，选择新建一张空白幻灯片。

(28) 选中幻灯片，单击"设计"选项"背景"组中的"背景样式"按钮，选择下方的"设置背景格式"命令，在弹出的"填充"对话框内选择"图案填充"选项，设置图案填充格式、前景色和背景色，使其更符合秋天的主题关闭确定，第四张幻灯片背景设置完成。

(29) 选中幻灯片，单击"插入"选项"文本"组中的"文本框"下的"横排文本框"按钮，插入文字"谢谢欣赏"，适当设置文本格式，不设置艺术字效果，如图 8-3-30 所示。

(30) 选中"谢谢观赏"文字文本框，单击"格式"选项"形状样式组"中的"形状效果"按钮，选择"外部阴影"中的任意一种。

(31) 选中"谢谢观赏"文字文本框，单击"动画"选项组动画样式列表右下角的"其他"中的按钮，出现各种动画效果的下拉列表，选择"更多进入效果"里的"下拉"选项，如图 8-3-31所示。

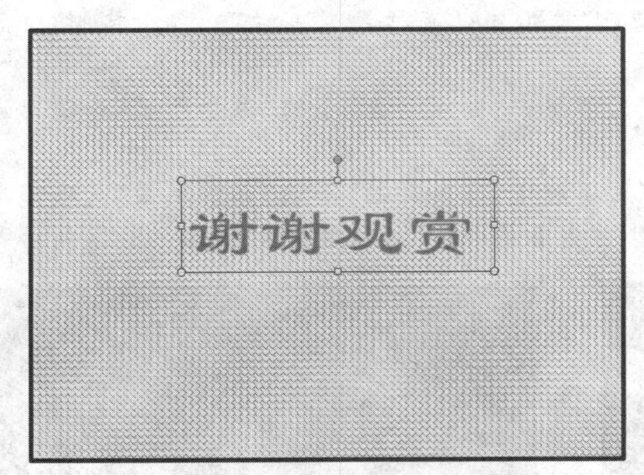

图 8-3-30　插入艺术字

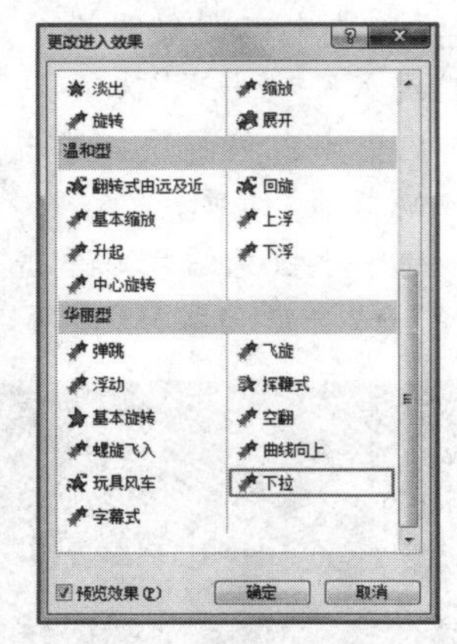

图 8-3-31　艺术字效果列表

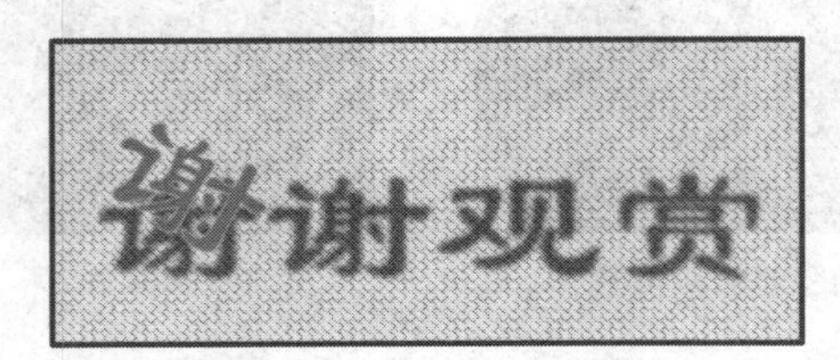

图 8-3-32　艺术字播放效果

(32) 选中第四张幻灯片，按 Shift＋F5 组合键，播放观看动画效果，如图 8-3-32

所示。

(33) 单击“文件”菜单，将文件保存为“小白兔去秋游.pptx”，如图 8-3-33 所示。

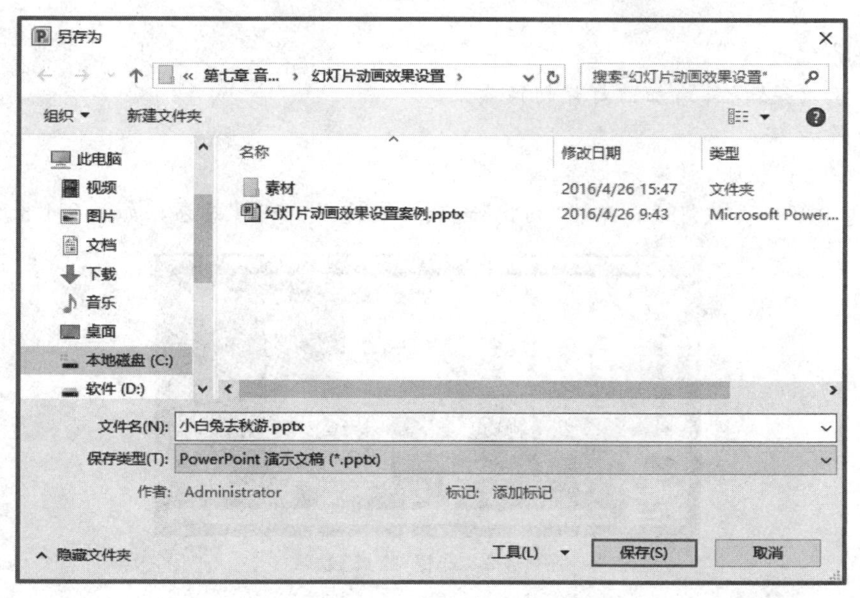

图 8-3-33 保存演示文稿

8.4 幻灯片切换

演示文稿制作完成后，在放映过程中，每一页都有设计的动画效果，还可以设置一张幻灯片过渡到另一张幻灯片的切换效果，让幻灯片的放映精彩纷呈。

选中要设置切换效果的幻灯片，单击“切换”选项卡，在功能区中间部分列出了常用的切换效果，选择所需的效果即可，如图 8-4-1 所示。

图 8-4-1 页面切换选项卡

还可以在“切换”选项卡右侧设置幻灯片切换的音效、幻灯片切换的时间、幻灯片的切换方式，如图 8-4-2 所示。

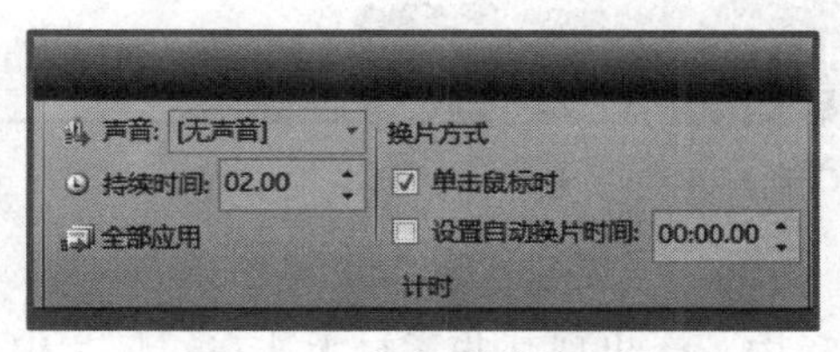

图 8-4-2 切换时音效设置

▶ 任务 4　设置幻灯片切换效果

1. 任务描述

为“认识水果”课件增加幻灯片切换效果。

2. 操作步骤

(1) 打开“认识水果”演示文稿。

(2) 选中第一页幻灯片，单击“切换”选项卡，选择“蜂巢”效果，如图 8-4-3 所示。

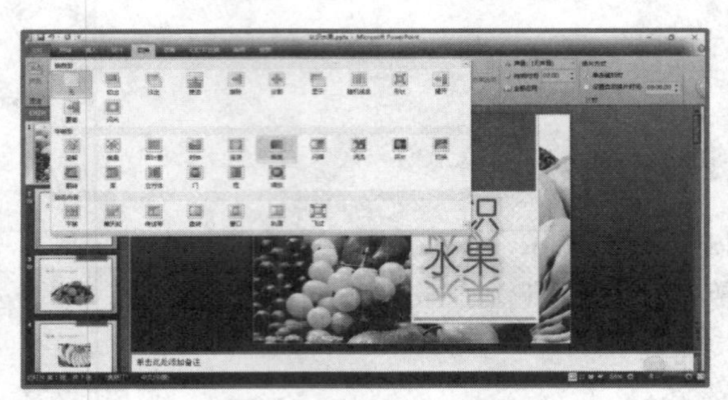

图 8-4-3　选择“蜂巢”效果

(3) 在“切换”选项卡中设置声音效果为“风声”，如图 8-4-4 所示。

(4) 在“切换”选项卡中设置持续时间为“2.5 秒”，如图 8-4-5 所示。换片方式为“单击鼠标时”。

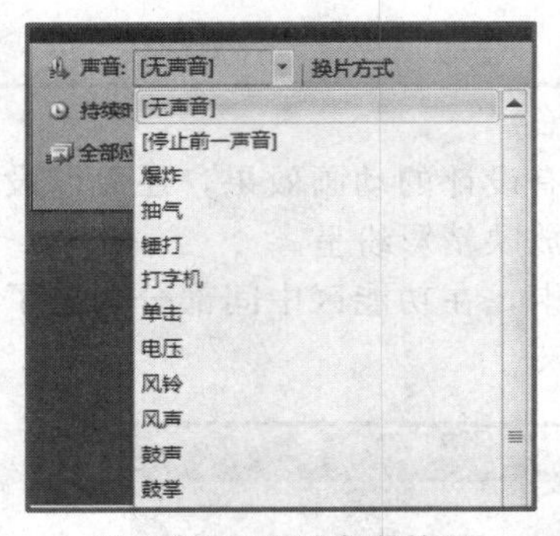

图 8-4-4　设置声音效果

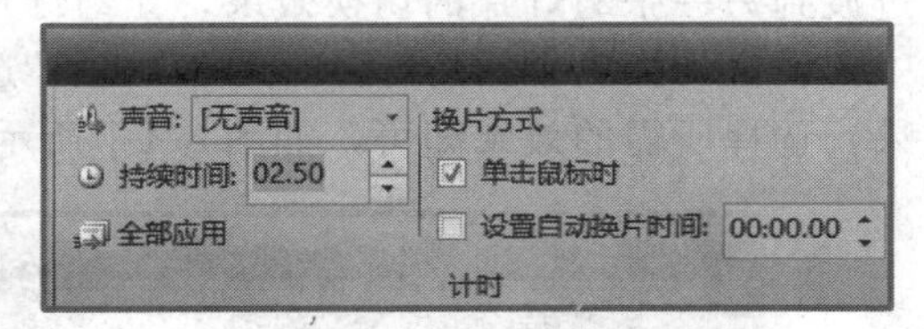

图 8-4-5　切换时间设置

(5) 为其他幻灯片添加切换效果，在此不重复描述。

(6) 保存演示文稿。

8.5　超链接与动作设置

▶ 8.5.1　超链接

在制作演示文稿的过程中，会出现某些素材无法在幻灯片中添加的情况，这时可以利用 PowerPoint 2010 软件提供的超链接功能，将演示文稿内的素材链接到其他文件中。也可以通过超链接功能在演示文稿内部进行幻灯片间的跨越播放。

创建超链接过程如下。

（1）选中作为链接的素材，可以是文本，也可以是图片。

（2）在“插入”选项卡中，单击“超链接”按钮，如图 8-5-1 所示。

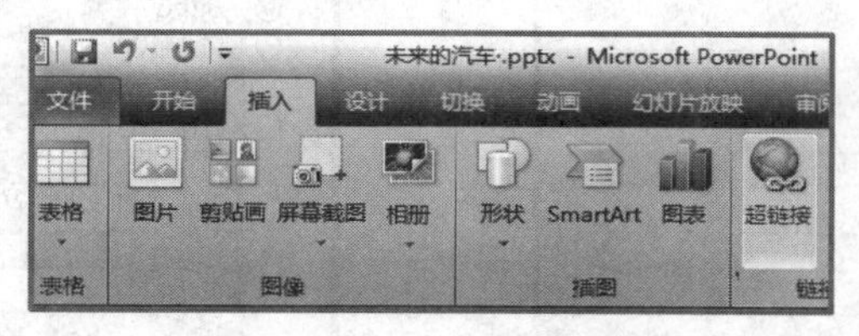

图 8-5-1 “超链接”按钮

（3）在弹出的对话框左侧“链接到”选择区可以选择链接指向的类型：“现有文件或网页”“本文档中的位置”“新建文档”“电子邮件地址”。对话框右侧部分显示与选择的链接指向类型相应的选择项目等。课件中常用的超链接为“现有文件或网页”和“本文档中的位置”。

选择“现有文件或网页”链接类型，在设置指向的文件时，可以在中间选择区找到需要指向的文件，单击“打开”按钮即可。

选择“本文档中的位置”，可链接到本演示文稿指定的幻灯片，如图 8-5-2 所示。

如果要编辑或删除已建立的超链接，可以在幻灯片视图中，右击用作超链接的素材，在弹出的快捷菜单中选择“编辑超链接”命令或“删除超链接”命令，如图 8-5-3 所示。

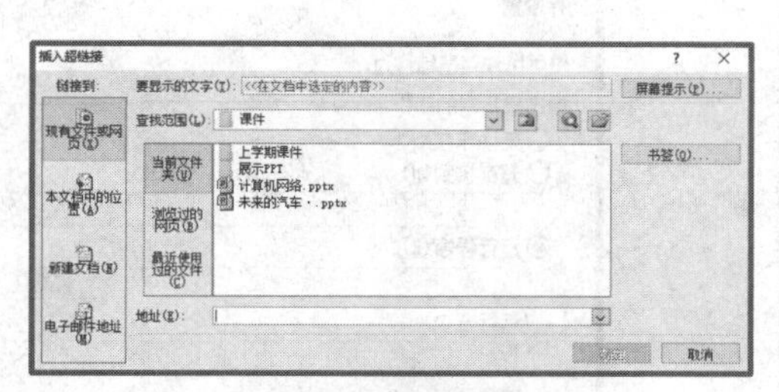

图 8-5-2 “插入超链接”对话框

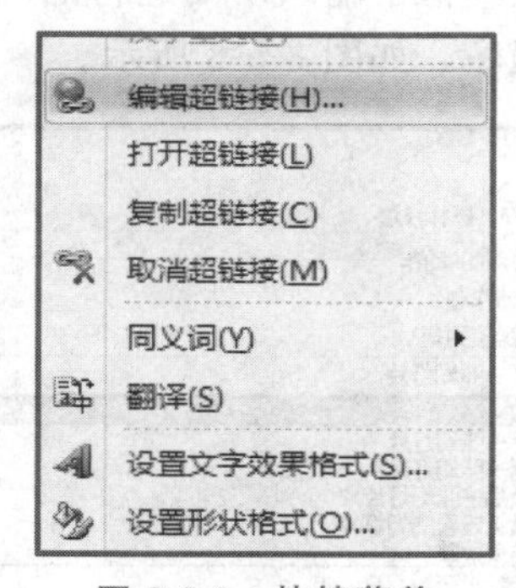

图 8-5-3 快捷菜单

▶8.5.2 动作设置

演示文稿放映时，可由播放者操作幻灯片上的对象去完成下一步工作。

（1）选定要设置动作的素材，单击“插入”选项卡中的“动作”按钮，如图 8-5-4 所示。

图 8-5-4 “动作”按钮

（2）弹出“动作设置”对话框，如图 8-5-5 和图 8-5-6 所示。

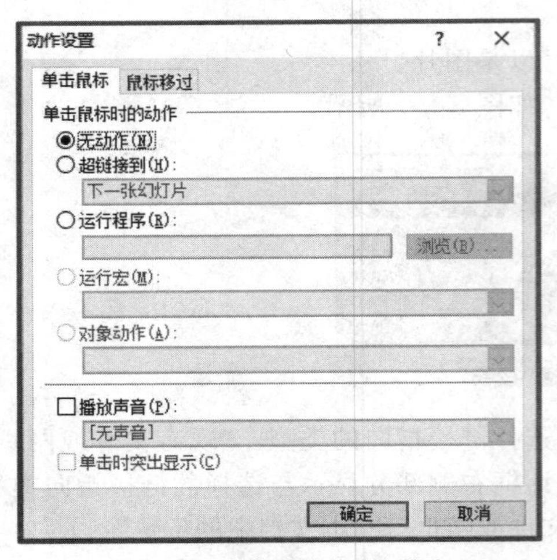

图 8-5-5　“单击鼠标”选项卡

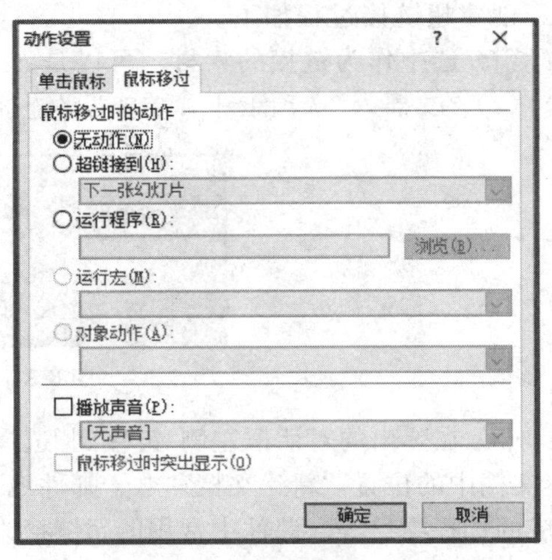

图 8-5-6　“鼠标移过”选项卡

（3）在“单击鼠标”选项卡中选择“超链接到”单选按钮，单击下拉按钮，展开超链接列表，从中选择超链接的对象，如图 8-5-7 所示。

（4）选择“运行程序”单选按钮，表示放映时单击对象会自动运行所选的应用程序，用户可在文本框中输入所要运行的应用程序及其路径，也可以单击“浏览”按钮选择所要运行的应用程序，如图 8-5-8 所示。

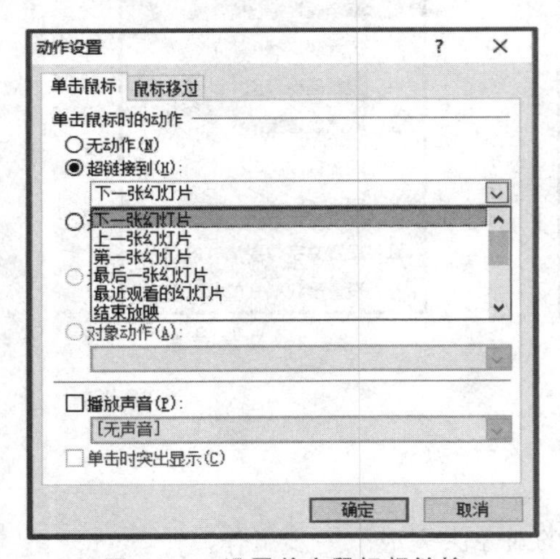

图 8-5-7　设置单击鼠标超链接

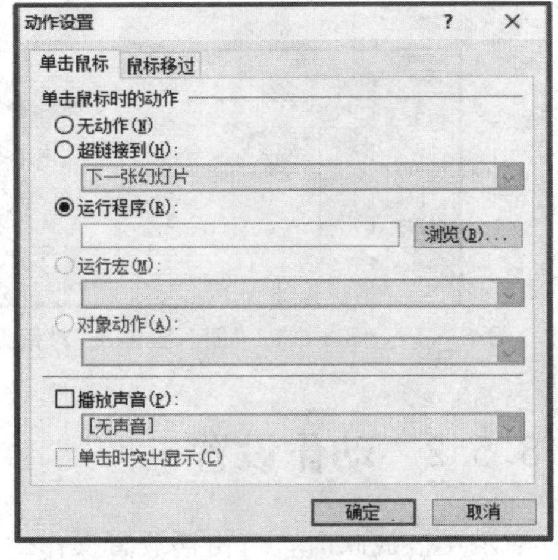

图 8-5-8　设置超链接到运行程序

（5）“鼠标移过”选项卡表示放映时当鼠标指针移过对象时发生的动作，其动作设置的内容与“单击鼠标”选项卡相同。

▶ 任务 5　对课件进行动作设置

1. 任务描述

在“认识水果”课件中，将最后页的视频超链接到第二页幻灯片处，将苹果图片超链接到《果宝特攻》动画片视频文件。设置第二页到第六页每当鼠标经过文字时，要有水果的标准英文发音。

2. 操作步骤

(1) 打开演示文稿“认识水果”。

(2) 选中最后一页幻灯片中的文本框，在“插入”选项卡中单击“超链接”，在左侧选择区选择“本文档中的位置”，选择“2. 番茄(tomato)”，选中后单击“确定”按钮，如图 8-5-9 所示。

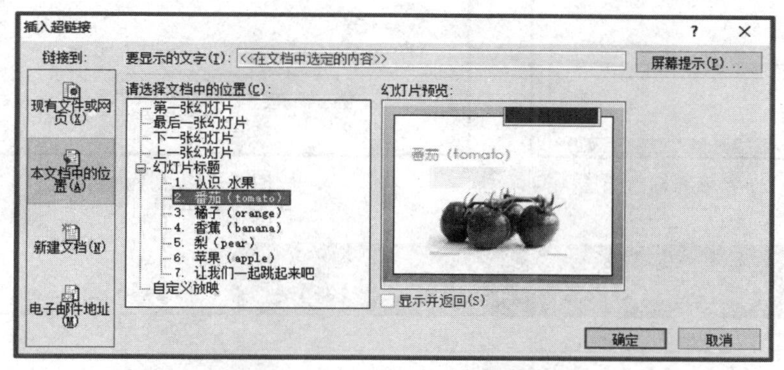

图 8-5-9 选择超链接素材

(3) 选中第二页幻灯片中的“番茄”图片，在“插入”选项卡中单击“超链接”，在左侧选择区选择“现有文件或网页”，找到《果宝特攻》动画视频，单击“确定”按钮，如图 8-5-10 所示。

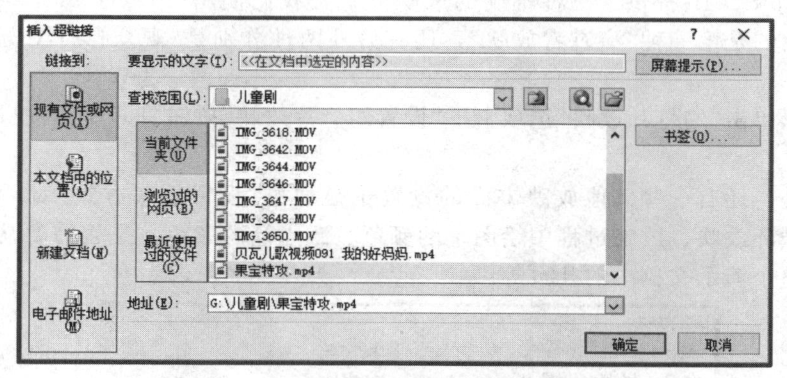

图 8-5-10 设置超链接内容

(4) 选中第二页文字文本框，单击“插入”菜单中的“动作”按钮，弹出“动作设置”对话框，如图 8-5-11 所示。选择“鼠标移过”选项卡，在对话框下方有“播放声音”选项，勾选“播放声音”选项，单击右侧下拉列表，最下方有“其他声音”选项，单击后弹出“添加音频”对话框，如图 8-5-12 所示。选择音频文件后单击“确定”按钮。

(5) 设置第三页至第六页幻灯片中鼠标移动过文字发出英文发音效果，操作步骤同上。

(6) 制作完毕后保存演示文稿。

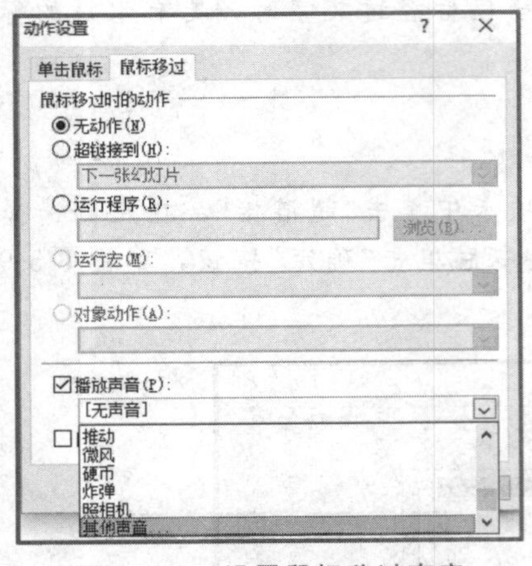

图 8-5-11　设置鼠标移过声音

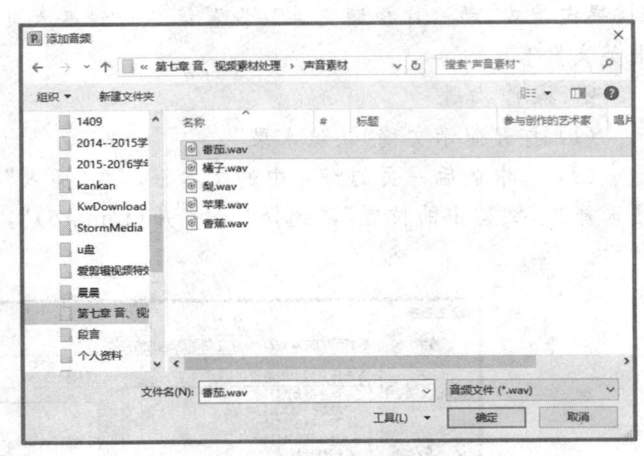

图 8-5-12　添加音频

8.6　演示文稿放映、打印与发布

8.6.1　放映演示文稿

单击"幻灯片放映"选项卡下选择"从头开始"或"从当前幻灯片开始"即可放映演示文稿。

PowerPoint 2010 提供了三种不同的放映方式，我们使用 PowerPoint 2010 制作课件时，一般使用的是第一种"演讲者放映"，还有另外两种分别是"观众自行浏览"和"在展台浏览"。

我们可以单击"幻灯片放映"选项卡下"设置幻灯片放映"按钮打开对话框进行设置，如图 8-6-1 所示。

除此之外，还有一些其他放映方面的设置也是通过"设置放映方式"对话框进行设置的。如是否循环放映、放映过程中绘图笔的颜色、激光笔的颜色、是否需要从头放映、是否需要放映整个演示文稿中的几页等。

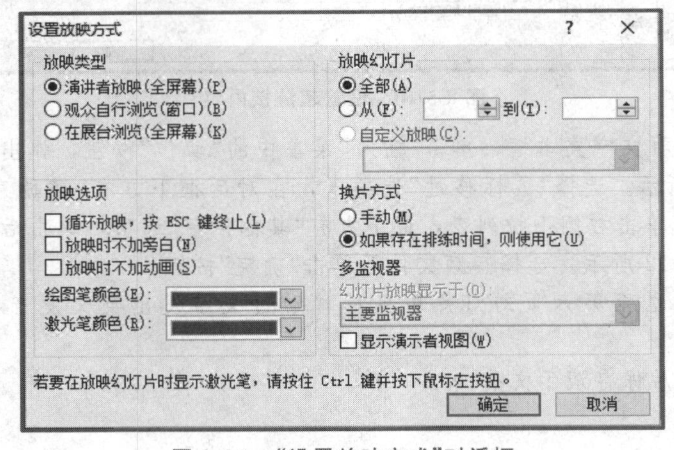

图 8-6-1　"设置放映方式"对话框

▶ 8.6.2 打印演示文稿

多数演示文稿均设计为以彩色模式显示，但幻灯片和讲义通常以黑白或灰度模式打印。以灰度模式打印时，彩色图像将以介于黑色和白色之间的各种灰色调打印出来。

(1) 打开需要打印的演示文稿。

(2) 单击“文件”，在弹出菜单中单击“打印”按钮，如图 8-6-2 所示。

(3) 单击“整页幻灯片”设置打印版式。

(4) 单击“颜色”调整颜色输出效果。

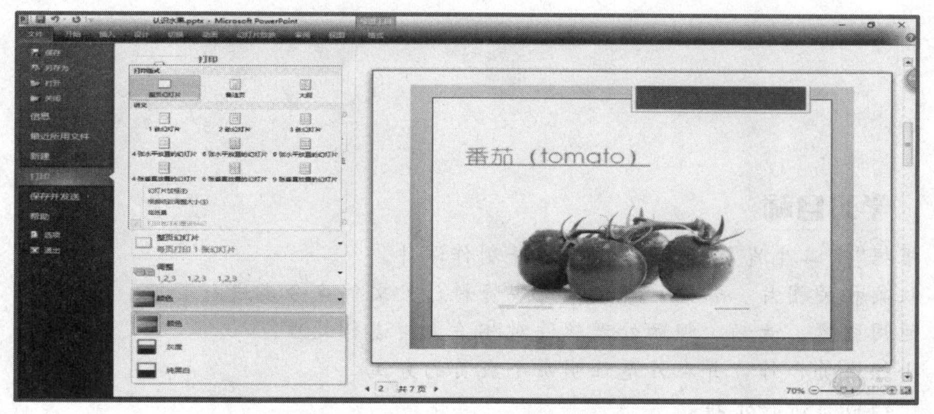

图 8-6-2　打印演示文稿

▶ 8.6.3 发布演示文稿

若要在其他计算机上放映幻灯片，而该计算机上未安装 PowerPoint 2010，则无法放映。这时可使用演示文稿的打包功能，将演示文稿打包到文件或 CD，甚至可以把 PowerPoint 2010 播放器和演示文稿一起打包。这样即使计算机上没有安装 PowerPoint 2010 软件，也能正常放映演示文稿。

另一种方法是将演示文稿转换到放映格式。对于制作完成的演示文稿，单击“文件”在弹出菜单中选择“保存并发送”命令，如图 8-6-3 所示，可进行发布。

图 8-6-3　发布演示文稿

9 项目9 Chapter 9 综合实例大演练

>>> 学习目标

1. 根据"十二生肖"活动方案，设计并制作课件。
2. 收集相关图片、音频、视频及文字资料，按文件夹分类进行管理。
3. 运用图像、音频、视频处理软件对相关素材进行处理。
4. 小组成员合作，并在片尾注明每个成员的分工。
5. 小组成员进行汇报。

通过前面的学习，我们掌握了信息技术基础的相关技能，在本项目中，我们将通过一个幼儿园真实的活动案例"十二生肖"，综合运用前面学习的相关知识，一起来制作一个教学课件。

9.1 项目准备

▶ 9.1.1 "十二生肖"活动方案

1. 活动目标

(1) 知道十二生肖是我国特有的习俗，了解十二生肖的排列顺序。

(2) 发现游戏中出现的疑问，能参与讨论并加以解决。

2. 活动准备

(1) 幼儿每人一套十二生肖操作材料。

(2) 多媒体课件。

(3) 生肖大转盘一个(自制)。

(4) 幼儿对家人生肖的调查记录表。

3. 活动过程

(1) 唱唱说说——激发幼儿活动的兴趣。

—我们都是中国人，每个中国人都有自己的属相，你属什么？老师也有属相，你们知道老师属什么吗？

—十二生肖是我们中国人发明的哦，你们会唱十二生肖的儿歌吗？（播放课件，师幼共同演唱十二生肖的儿歌）

—儿歌真好听，十二生肖又代表什么呢？在十二生肖里，谁排第一？跟在老鼠后面的是谁？之后又是谁？（幼儿自然回答，教师相应出示十二生肖的图片）

—究竟十二生肖是指哪十二个动物？你能一口气把他们说出来嘛？（根据幼儿的回答播放教学课件）

小结：每个生肖代表一年。当小老鼠排第一的时候，十二生肖的排列顺序就是“鼠牛虎兔龙蛇马羊猴鸡狗猪”，猪是最后一个。

过渡：今年是什么年？如果这个动物排在第一的话谁排在第二呢？请大家排排看。

(2) 列横队排一排——尝试轮换排列十二生肖的前后位置，幼儿每人一套操作材料，将今年生肖排第一，依此类推。

—这次谁排第一？紧跟第二的又是谁？谁排在最后一个呢？

—排在老虎前面和后面的分别是谁？

小结：十二生肖是按照一定顺序排列的，不管谁排第一，后面的动物都紧紧跟在原来的动物之后，不能前后任意调换。

过渡：每个人都有自己属相，你属什么？你的家人属什么？

(3) 我的家人属什么——交流各自家人的生肖调查表。

—是不是家里人有几个人就有几种生肖呢？有没有家人的生肖是相同的？

—按自己的调查表我们做个小统计：我家有几个人，有几种生肖？

—我们一起来归类调查表，将人口数和生肖数相同的放在一边，不同的放在另一边观察两边各有多少家庭。

过渡：你会发现了什么秘密呢？我们这里有个生肖大转盘，一起来研究一下。

(4) 转盘排一排——进一步讨论生肖和年龄之间的关系。

—为什么有的家庭人数和生肖数不同？

—为什么有的家庭中有人年龄不同但生肖相同呢？

—每个人的生肖会不会变呢？

小结：每个人的生肖是不会变的，十二生肖就像这个大转盘一样，假如今年是龙年，生肖大转盘转起来，明年是蛇年，转到第十二年是兔年，接着又从龙年开始接着转。

过渡：中国人真聪明，知道了生肖还能算出年龄，现在我们就来玩一个游戏。

(5) 动动小脑筋——开展“看谁算得快”的游戏。

—小明属鸡，姐姐比他大3岁，小明的姐姐属什么？

—小华属猴，今年6岁，属羊的朋友今年几岁？

—小天属马，属牛的朋友比他大还是比他小，相差几岁？

9.1.2 项目分析

根据活动方案，在本活动中可以对课件进行如下设计。

(1) 课程开始，运用视频创设情境，吸引幼儿学习兴趣。

(2) 通过图片来帮助幼儿直观地认识十二生肖。

（3）运用设置动作链接来对课件进行非线性地播放，灵活应对课堂出现的各种情况。
（4）插入十二生肖歌音频文件，在幼儿活动时播放。
（5）可以插入十二生肖相关视频故事，供幼儿欣赏、观看。

9.1.3 项目分工

可以按照如下任务进行组内成员分工。
（1）文字、图片及音频、视频等素材的搜集。
（2）设计文字脚本。
（3）图片及音频、视频处理。
（4）PPT 合成。

9.2 项目实施

9.2.1 素材搜集和整理

1. 文字资料

搜集十二生肖的相关文字内容保存到 Word 2010 文档中。

2. 图片资料

搜集十二生肖图片及相关背景图片等，分类进行保存。

例如，上网搜索卡通鼠图片，在选中图片上右击选择“图片另存为”选项，如图 9-2-1 所示。

图 9-2-1　下载图片

3. 音频素材

下载十二生肖相关的 MP3 歌曲和动物的音效。

例如，上网搜索十二生肖 MP3 歌曲，选中歌曲进行下载，如图 9-2-2 所示。

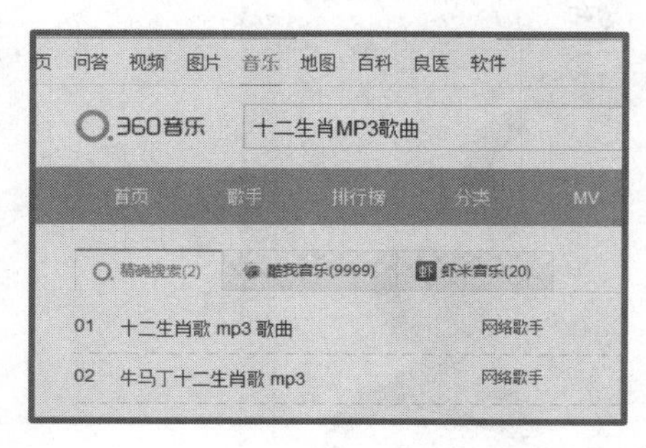

图 9-2-2　下载歌曲

4. 视频素材

搜索十二生肖相关素材并下载。

将所有素材按文件夹进行管理，如图 9-2-3 所示。

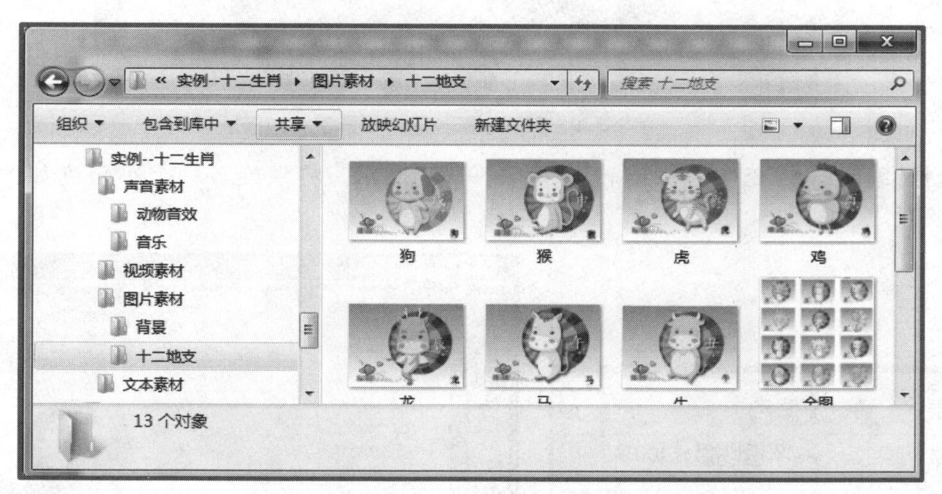

图 9-2-3　素材按文件夹进行管理

▶ 9.2.2　素材处理

用前面学习的软件对各类素材进行处理，使其满足使用需求。这里，我们以图片素材处理为例。

本实例对所有动物图片在 Photoshop 中进行背景透明处理，去除背景图片水印，十二生肖动物做 GIF 动画效果。

下面我们以“牛”为例，做一个牛晃动的动画效果。

(1) 打开图片文件，“牛 .jpg”。

(2) 改变画布大小。

(3) 选择魔棒工具，选择背景白色，反向选择，选中牛的图片，如图 9-2-4 所示。

(4) 选择“复制”→“粘贴”命令，出现新图层，如图 9-2-5 所示。

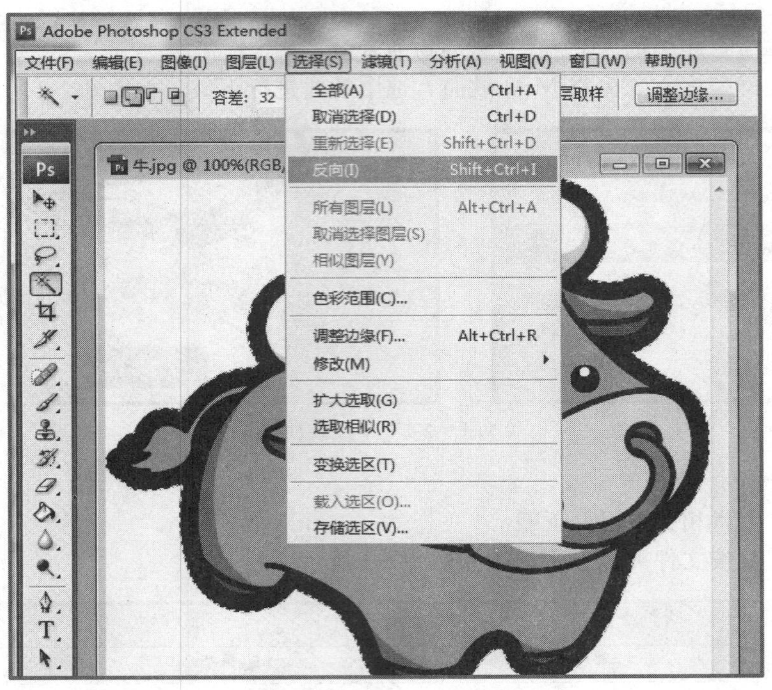

图 9-2-4　反向选择、选中牛的图片

选择“编辑”→“变换”→“旋转”，如图 9-2-6 所示。将牛旋转一个小角度如图 9-2-7 所示。

图 9-2-5　出现新图层

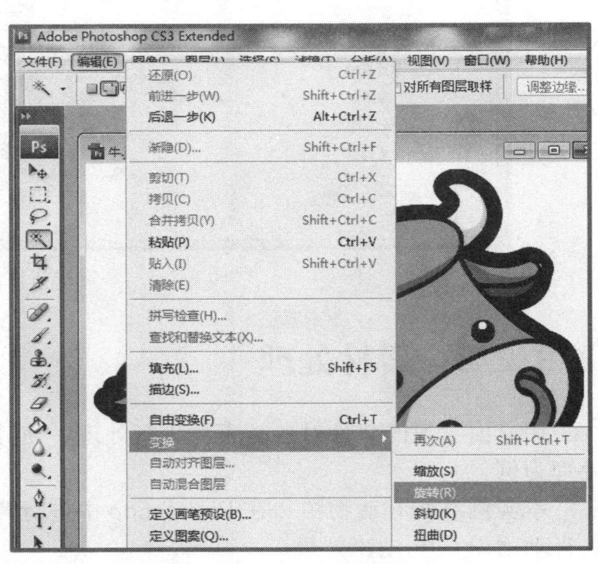

图 9-2-6　选择“旋转”命令

（5）打开动画面板，设置时间，如图 9-2-8 所示。

图 9-2-7 将牛旋转一个小角度

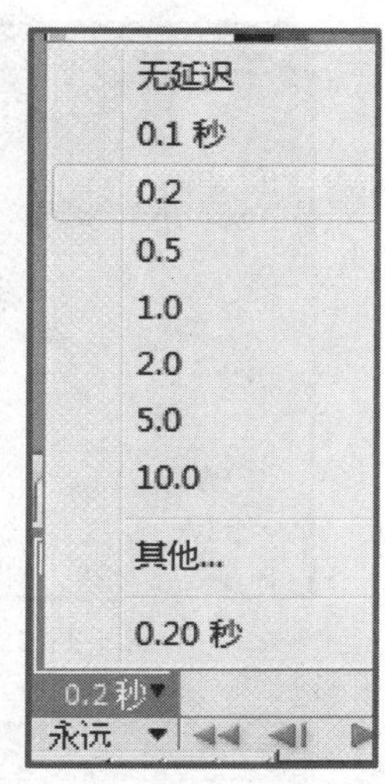

图 9-2-8 设置时间

(6) 选择"复制所选帧"按钮，将第一帧复制，如图 9-2-9 所示。

图 9-2-9 复制所选帧

(7) 在图层面板，第一帧设置如图 9-2-10 所示，第二帧设置如图 9-2-11 所示。

图 9-2-10 第一帧设置

图 9-2-11 第二帧设置

(8) 点击播放按钮 ▶ ，牛晃动起来。文件保存为"存储为 Web 和设备所用格式"，弹出对话框，单击"存储"按钮，如图 9-2-12 所示。设置保存类型为". gif"，如图 9-2-13 所示。

图 9-2-12　文件保存为“存储为 Web 和设备所用格式”

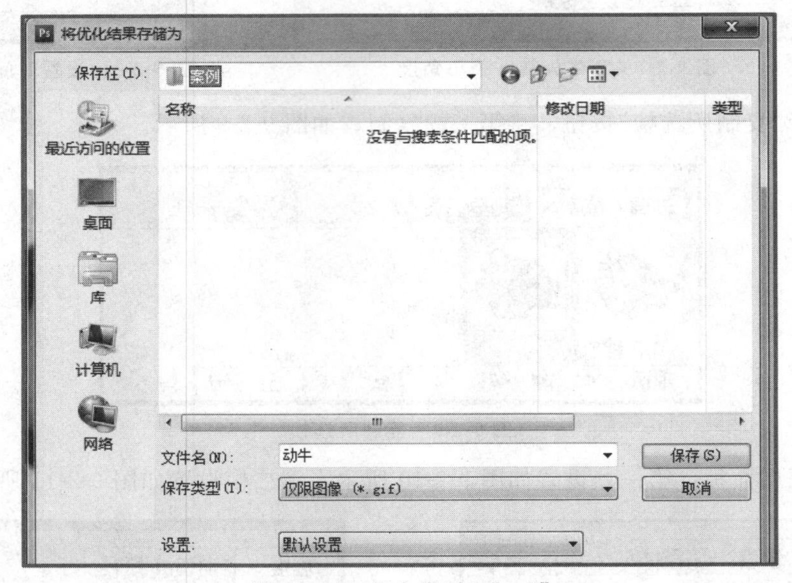

图 9-2-13　保存类型为“.gif”

9.2.3　设计文字脚本

文字脚本是多媒体课件设计与制作的桥梁。脚本编写的质量直接影响着课件开发的质量和效率。

1. 脚本是多媒体课件设计、制作和使用的联结纽带

多媒体课件设计包含两个方面的内容：一是从教与学的需求出发，确定课件中的教学内容、教学过程、教学策略和教学信息呈现方式等；二是从多媒体技术的特点出发，确定课件的系统结构等。这里还有从计算机角度考虑相应的设计结果实现时的一些问题，如各种信息在屏幕上的排列、显示和交互控制方式，以及多媒体信息处理中的各种方法和技巧等。如果在课件制作前不做出统一、细致的计划和设计，将大大影响开发效率和质量。

在通常情况下，特别是一些较大的课件，必须充分考虑制作脚本的编写。脚本是基于

课件设计的结果编写出来的，不是将课件设计的结果翻版。脚本设计是一种创造性劳动，有效的脚本设计既能充分体现课件的设计思想和要求，又能对课件制作给予有力的支持。

2. 脚本是多媒体课件制作的直接依据

脚本中应给出各种教学信息，包括学生的应答、对答的判断、处理和评价以及交互控制方式等内容，同时对课件制作中的各种要求和指示给予表示。例如，课件运行时各种内容的显示及其位置的排列、显示的特点(颜色、动画)和方法，即课件制作人员要从脚本中得到编程的指示和要求。课件制作只是在实现脚本时提出的蓝图，脚本设计是保证课件质量、提高课件开发效率的重要手段，没有优秀的脚本，就不可能形成优秀的课件。

3. 脚本有助于完成每一帧屏幕的画面设计

界面设计是对课件运行时每一屏幕中的各种信息的排列格式和显示特点的设计。当然，对某一屏幕的设计，不能只考虑这一帧画面，还应该基于整个课件的设计思想和设计要求，使画面具有统一性、连续性和系统性。

下面我们来设计“十二生肖”PPT 的文字脚本，如表 9-2-1 所示。

表 9-2-1　“十二生肖”文字脚本

幻灯片序号	名称	内容	动画	切换	备注
1	封面页	图片：十二生肖全图	淡入	扇形展开	插入音频儿歌“十二生肖”
		艺术字标题：十二生肖	伸展进入	单击切换	
2	总目录	插入 SmartArt 图形	向下擦除	涟漪	
3	视频	播放视频“十二生肖”儿歌、回总目录按钮	无	垂直百叶窗、单击切换	
4	十二生肖目录页	背景图 1、艺术字 1～12 个数字、回总目录按钮	无	盒状收缩	12 个数字分别链接十二生肖动物 5～16 页
5～16	十二生肖	依次插入十二生肖图片、插入动物音效、每页插入目录按钮	设计自定义路径	华丽型→立方体	目录按钮链接第 4 页
17	十二地支目录页	插入十二生肖图片、回总目录按钮	按时间顺序分别设置淡入出现	盒状展开	分别链接到相应页面
18～29	十二地支	依次插入十二生肖地支图片	无	华丽型→库	超链接回到十二地支目录页 17 页
30	十二地支全页	图片：十二地支全页、回总目录按钮	淡入	揭开	
31	视频	十二生肖故事、回总目录按钮	无	推进	
32	片尾致谢艺术字	致谢艺术字、回总目录按钮	无	涡流	

9.2.4 PPT合成

(1) 新建文件，选择空白模板，设置幻灯片背景色为淡黄色。

(2) 第 1 张幻灯片插入图片、艺术字（红色填充、白边、阴影效果）、音频，如图 9-2-14所示。

图 9-2-14　第 1 张幻灯片插入图片、艺术字和音频

(3) 复制第 1 张幻灯片作为第 2 张幻灯片，删除图片和音频对象，插入 SmartArt 中的“交替六边形”，填充文字如图 9-2-15 所示。此页将作为多媒体课件的总目录呈现，分别链接到相应页面。

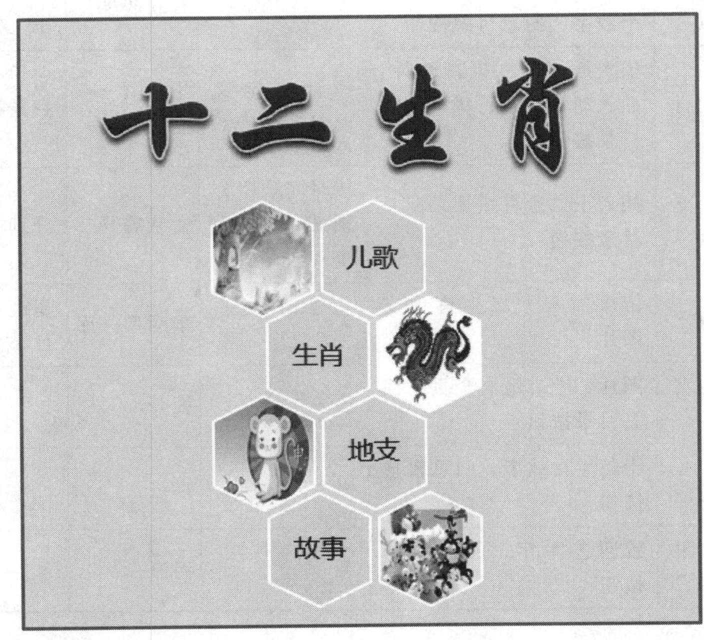

图 9-2-15　第 2 张幻灯片插入 SmartArt 中的“交替六边形”

（4）第 3 张幻灯片插入视频“十二生肖”儿歌。

（5）第 4 张幻灯片背景用图片进行填充，插入 12 个数字。这 12 个数字将分别链接到相应的动物，如图 9-2-16 所示。教师可以根据幼儿的回答，进行相应的点击。

图 9-2-16 第 4 张幻灯片

（6）第 5～16 张幻灯片，分别插入在 Photoshop 中处理好的十二生肖 GIF 小动画图片，插入动物声音特效的音频文件。

（7）第 17 张幻灯片插入十二生肖 JPG 图片。这 12 个对象将作为按钮，分别链接“生肖十二地支”幻灯片，如图 9-2-17 所示。

图 9-2-17 第 17 张幻灯片

(8) 第 18～29 张幻灯片分别插入十二生肖地支图片。

(9) 第 30 张幻灯片插入十二生肖地支总图。

(10) 第 31 张幻灯片插入视频“十二生肖故事”。

(11) 尾页可写致辞谢语或小组内成员分工等信息。

(12) 动画设置。以第 5 张幻灯片为例，可设置小老鼠沿曲线路径运动，如图 9-2-18 所示，效果如图 9-2-19 所示。

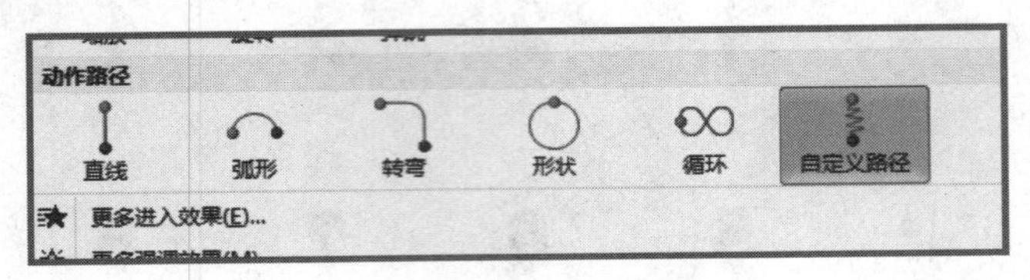

图 9-2-18　设置动作路径

图 9-2-19　设置小老鼠沿曲线路径运动

(13) 幻灯片切换。“华丽型”→“立方体”切换方式如图 9-2-20 所示，效果如图 9-2-21 所示。

(14) 设置超链接，实现幻灯片之间的非线性放映。

先为第 2 张幻灯片总目录页设置超链接，如图 9-2-22 所示。单击“交替六边形”中的生肖，将直接跳转到第 4 张幻灯片，如图 9-2-23 所示。

(15) 按钮的链接设置。绘制两个按钮：“目录”和“生肖”，如图 9-2-24 所示。右击“目录”按钮，设置超链接到总目录，如图 9-2-25 所示。右击“生肖”按钮，设置超链接到生肖目录页，如图 9-2-26 所示。

(16) 将制作的按钮分别复制到相应页面。记住，一定要在制作最后环节制作链接，一个按钮做好后进行“复制”→“粘贴”操作，按钮所设置的链接也一起被复制。这样才能保证按钮位置和属性的统一。

(17) 打开浏览视图查看所有幻灯片，如图 9-2-27 所示。

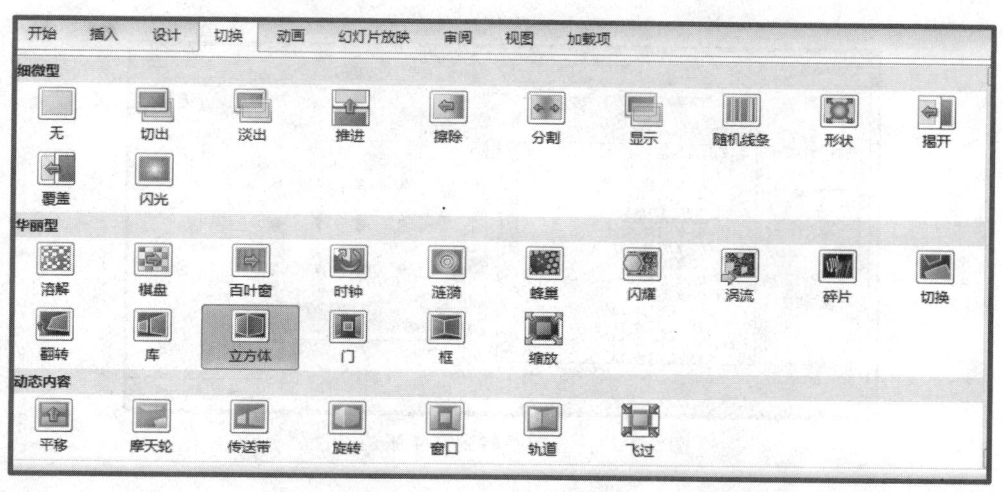

图 9-2-20 “立方体”切换方式

图 9-2-21 幻灯片切换效果

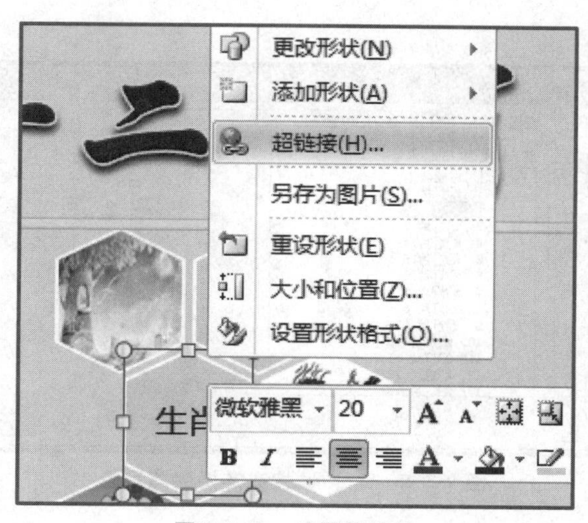

图 9-2-22 设置超链接

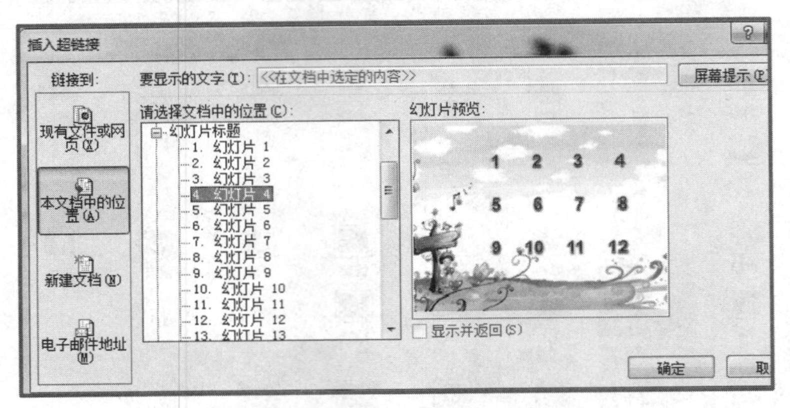

图 9-2-23　直接跳转到第 4 张幻灯片

图 9-2-24　绘制“目录”和“生肖”按钮

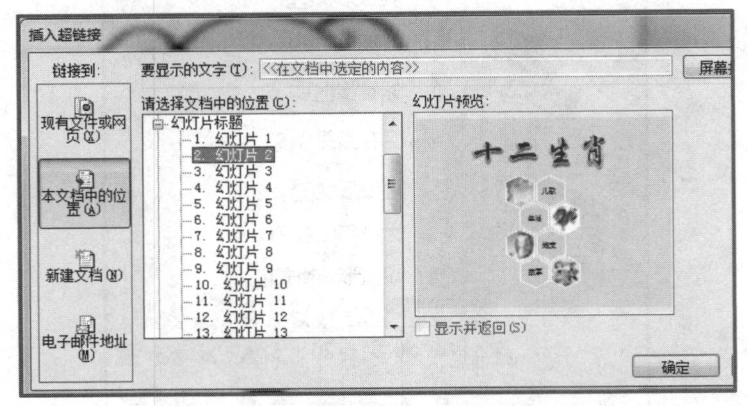

图 9-2-25　“目录”按钮链接到总目录

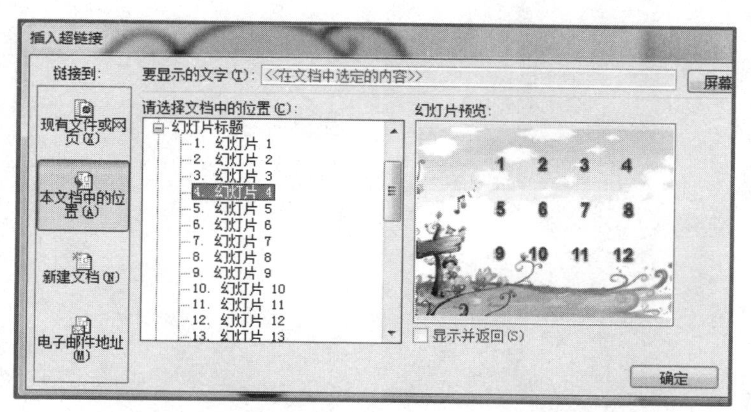

图 9-2-26　“生肖”按钮链接到生肖目录页

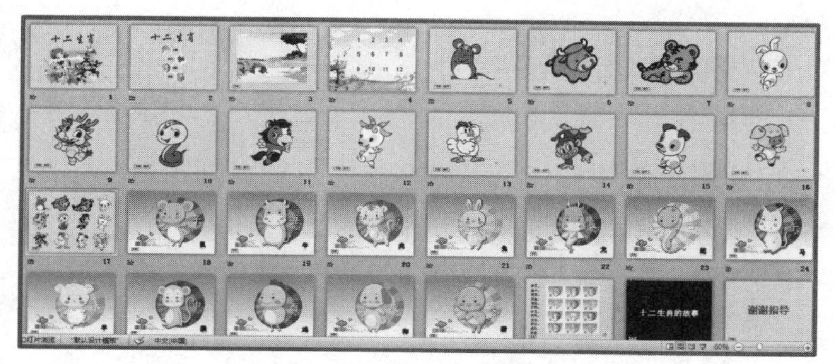

图 9-2-27　浏览视图查看所有幻灯片

9.3　项目汇报

以小组为单位模拟上课。介绍小组分工和制作感想，交流制作经验，老师进行适时点评。